U0950898

本书为国家社科基金重大项目“中医药传统知识保护专门制度研究”
（16ZDA236）阶段性成果

中药专利创造性

审查理论与实践

李昕
宋晓亭 著

知识产权出版社
全国百佳图书出版单位
—北京—

图书在版编目（CIP）数据

中药专利创造性审查理论与实践 / 李昕，宋晓亭著 .—北京：知识产权出版社，2021.11

ISBN 978-7-5130-7460-5

Ⅰ . ①中… Ⅱ . ①李… ②宋… Ⅲ . ①中药学—专利—审查—研究—中国 Ⅳ . ① G306.3

中国版本图书馆 CIP 数据核字（2021）第 057277 号

内容提要

本书以中药专利创造性审查标准为研究对象，分析中药专利审查标准的应然与实然状况，剖析现行审查标准在中药技术领域的运用和发展趋势，提出适合中药专利技术创造性审查标准的建设方案。

本书可作为中医药专业和知识产权专业学生的学习教材，亦可作为专利代理、知识产权律师和企业法务等实践工作者的参考资料。

责任编辑：宋　云　　**责任校对：**王　岩

文字编辑：卢文宇　　**责任印制：**刘译文

中药专利创造性审查理论与实践

李　昕　宋晓亭　著

出版发行：知识产权出版社有限责任公司	**网　址：**http：//www.ipph.cn
社　址：北京市海淀区气象路 50 号院	**邮　编：**100081
责编电话：010-82000860 转 8388	**责编邮箱：**hnsongyun@163.com
发行电话：010-82000860 转 8101/8102	**发行传真：**010-82000893/82005070/82000270
印　刷：三河市国英印务有限公司	**经　销：**各大网上书店、新华书店及相关专业书店
开　本：720mm × 1000mm　1/16	**印　张：**17.75
版　次：2021 年 11 月第 1 版	**印　次：**2021 年 11 月第 1 次印刷
字　数：271 千字	**定　价：**88.00 元

ISBN 978-7-5130-7460-5

出版权专有　侵权必究

如有印装质量问题，本社负责调换。

序

中华人民共和国成立以来，中国政府一直高度重视中医药事业的发展。1958 年 10 月 11 日，毛泽东同志指出“中国医药学是一个伟大的宝库，应当努力发掘，加以提高”。2018 年 10 月 22 日，习近平主席指示“中医药学是中华文明的瑰宝。要深入发掘中医药宝库中的精华，推进产学研一体化，推进中医药产业化、现代化，让中医药走向世界”。

围绕着中医药如何发展，国务院及其各部委始终集思广益、研精覃思。2002 年 11 月 1 日，国务院办公厅转发科技部、国家计委、国家经贸委、卫生部、药品监管局、知识产权局、中医药局、中科院制定的《中药现代化发展纲要》；2007 年 2 月 11 日，科技部、卫生部、国家中医药管理局、国家食品药品监督管理局等 16 部委联合发布《中医药创新发展规划纲要（2006—2020 年）》；2016 年 2 月 26 日，国务院印发《中医药发展战略规划纲要（2016—2030 年）》；2017 年 7 月 1 日，《中华人民共和国中医药法》开始施行；2019 年 10 月 20 日，《中共中央 国务院关于促进中医药传承创新发展的意见》发布，中医药振兴发展终于迎来难得的天时、地利、人和的大好时机。

但是，中医药的创新发展和知识产权保护工作应当如何开展始终是社会关注的重要话题之一。2015 年 10 月 8 日，中国科学家屠呦呦获得 2015 年诺贝尔生理学或医学奖，她利用自己的药学知识和对中医药学的理解，创造性地研制出抗疟新药——青蒿素和双氢青蒿素，实现对疟原虫 100% 的抑制率，为中医药的创新发展和走向世界树立了一个样板。2019 年 12 月底在全球大流行的新型冠状病毒肺炎，一下子把中医药又推向了防疫抗疫的第一线。中医药界在短时间内根据新冠肺炎疫情发生的时间、季节和临床表现，制定出以“清肺排毒汤”为代表的系列治疗方案。当然，随着国人知识产权意识的提高，“清肺排毒汤”很快被申请为专利，并最终得到授权，同时也对我国《专利法》的修订产生了一定影响。

在完整继承中医药学的基础上，促进中医药现代化与国际化已是历史趋势。在世界贸易经济发展及市场竞争日益激烈的情况下，如何充分发挥专利机制的制度优势和中医药的天然优势及原始优势，是摆在中医药学界、法学界及知识产权界的重要课题。中药产业如何在国际竞争中保持其自身的原创优势，始终立于不败之地，如何充分利用现行知识产权制度，尤其是专利制度来强化中医药自身的创新能力和市场竞争能力，显得尤为重要。近年来，我们通过对国内中药企业进行广泛调查走访，对其发生的相关专利纠纷尤其是无效及诉讼案件进行了分析，发现专利制度有其促进中医药技术创新的一面，但也存在揠苗助长、南辕北辙的现象。我们必须对我国现行的专利制度尤其是有关中药专利的审查标准进行适应性修改。

我的博士生李昕具有药学知识背景，在该项目研究中多次与我在国内外进行调研座谈，对有关案例进行深入分析，并选取专利审查中的关键条件——创造性作为我们重点研究的目标。研究发现我国已经建立了较为完善的专利审查制度，对中药专利也在实践中形成了一套具有操作性的规则；但研究也同时发现，中药企业对专利申请中的范式选择和撰写思路仍存在误区，中药专利的审查原则和方法仍然陷于化学药的具体套路中，影响并约束了中药产业的创新发展。研究探索分析出一套有利于中药产业创新发展的专利审查规则将有利于中药企业的发展，有利于中药行业的正确导向。

本书在成就过程中，恰遇国家知识产权局发布《中药领域发明专利审查指导意见（征求意见稿）》，以本书主要内容作为基础而提供的修改意见得到了国家知识产权局有关部门的肯定。相信中国中医药行业在具有中国特色的、正确合理的审查指南指导下，将得到完全充分的发展，引领中药行业为中国人民健康作贡献，为中国民族企业参与国际竞争发挥重要作用。

2021年8月25日

目　录

第一章　中药产业与中药专利

中药是在中医理论指导下，用于预防、治疗、诊断疾病并具有康复与保健作用的物质。[1]中药的发明和应用，在我国有着悠久的历史，并具有独特的理论体系和应用形式，充分反映了我国历史文化、自然资源方面的若干特点，因此人们习惯将凡是以中国传统医药理论指导采集、炮制、制剂，说明作用机理，指导临床应用的药物，统称为中药。中药的概念内涵与中医密不可分，所谓“中医药不分家”，同时涵盖了包括汉族和少数民族医药在内的知识体系，共同反映了中华民族对生命、健康和疾病的认识，[2]中药知识及技术同样涵盖了指导遣方用药的中医知识与技能。

与中药这一较为广义的概念共同存在的还有诸如本草、草药、中草药、中药材、中药饮片、中成药及民族药等多种概念名词。中药主要源于天然的植物、动物、矿物及其加工品，其中来源植物的居多，故有“诸药以草为本”的说法。五代后蜀医家韩保升说：“按药有玉石、草木、虫兽，直云本草者，为诸药中草类最多也。”[3]因此，自古相沿也将中药称作为本草。草药系指广泛

---

[1] 钟赣生. 中药学［M］. 北京：中国中医药出版社，2012：1.

[2] 在中国 2016 年颁布的首部《中医药法》中也没有在内涵及概念上区分中医与中药，在其第一章总则第二条中指出中医药是反映中华民族对生命、健康和疾病的认识，具有悠久历史传统和独特理论及技术方法的医药学体系。

[3] 唐慎微. 证类本草［M］. 尚志钧，等校点. 北京：华夏出版社，1993：1.

流传于民间、在正规中医院应用不太普遍、为民间医生所习用且加工炮制尚欠规范的部分中药。中草药则是中药和草药的混称。由此可见，本草、草药及中草药与中药的概念在本质上没有区别，在历史上常常相互混用。中药材是指在中医药理论指导下，所采集的植物、动物、矿物经产地初加工后形成的原料药材，可供制成中药饮片、提取物及中成药。中药饮片系指中药材经过炮制后可直接用于中医临床或制剂生产使用的处方药品。中成药是指以中药饮片为原料，在中医药理论指导下，按规定的处方和方法，加工制成一定的剂型，标明药物作用、适应证、剂量、服法、注意、规格等，供医生、患者直接选用，符合药品法规定的药物。中成药是中药复方或单方使用的成品药剂，也是我国传统医药的重要组成部分。民族药是指中国少数民族地区所习用的药物，其药源与汉地中药基本相同，它是在吸收中医药学及国外医药学相关理论和经验的基础上，又在实践中逐步发展形成具有本民族医药学特色和较强地域性的药物，如藏药、蒙药、维药、傣药、苗药、彝药等，广而言之，民族药与中药同样都是中国传统医药的重要组成部分。

中药产业是指在中医理论的指导下，从事中药的研究、开发、经营以及相关经济活动的国民经济部门。[1]从产业链角度来看，中药产业横跨农业、工业、商业及知识经济四类体系，[2]其中，中药农业产业涉及中药材种植（养殖）、加工、运输及经营活动；中药工业产业涉及以中药饮片加工、中成药制造、中药有效成分提取和中药衍生物的生产制造；中药商业产业涉及围绕包括中药材、中药提取物、饮片、成药和其他中药衍生物等中药产品的买卖及其服务；中药知识经济产业涉及基础研究、技术开发、技术标准及技术的知识产权保护。[3]在中药产业发展中，中药农业是基础，中药工业是主体，中药商业是纽带，中药的研究与开发是关键。[4]从对象客体的差异性角度来看，中药的三大支柱产业包括中药材、中药饮片及中成药的生产与制造。中药材指

---

[1] 施建勇．中药产业经济与发展［M］．上海：上海科学技术出版社，2002：58–81.

[2] 李悦书，郜江海，刘霁堂．中药产业集群类型及进化路径分析［J］．科技管理研究，2010，30（22）：151–154，185.

[3] 刘颖．我国中药产业竞争力评价体系研究［D］．北京：华北电力大学（北京），2011：18–19.

[4] 黄志勇．基于 R–SCP 分析的我国中药产业竞争力提升研究［D］．长沙：中南大学，2012：29.

中医指导下应用的原生药材，部分药材具有“药食同源”的特点，可直接用于食品和保健品；中药材按中医药理论、经过炮制方法加工炮制后制成中药饮片。其中，中药饮片颗粒是将中药材进一步提取和浓缩而成的单位颗粒，具有不需煎煮、服用方便等优点；单味或多味的中药饮片精制后即为中成药，包括用中药传统制作方法制成的丸、散、膏、丹等剂型和用现代药物制剂技术制作的中药片剂、针剂、胶囊、口服液等专科用药。

在当今现代化社会进程中，区域发展始终以经济发展为中心，利用现代科学技术全面改造人类生存的物质条件与精神条件。专利作为一种知识产权，作为商业策略的工具化特征被逐渐强化。专利制度的经济学价值就在于促进技术交易与应用，如果没有专利制度，发明人绝不会大胆地与他人分享技术成果，而是会非常谨慎地将发明作为技术秘密保护；但在建立专利制度后，授予发明人可以交易的专利权，就会促进专利技术的本国内转移与跨国转移。中药专利为促进中药产业发展发挥了积极的促进作用，一方面，通过专利技术的实施、转移、质押等运营活动，直接产生实质性的经济效益；另一方面，即使那些没被产业化运用或运营的中药专利，通过及时准确地披露中药专利文献信息，也能够有效促进社会各界了解并应用这些专利，起到推动中药产业创新发展的作用，从而更进一步促进国家经济的发展。因此，中药专利研究归根结底要与中药产业研究相联系，两者之间密不可分。

1.1　中药产业的发展历程

中药产业的发展在历史不同时期展现出不同的特征。从中国古代至近代，中药的施用都是由中医医家诊断不同的患者，随证下药开具处方。中药生产长期以来以个体经营为主，其生产者也是经营者，生产者自我封闭，专有技术不外传，通常为传统型“前店后厂”的产业模式。直至中华人民共和国成立后，新中国高度重视和大力支持中医药产业发展，基本建立了鼓励创新的中药注册管理制度。中药产业依靠政府主导建立国有中药企业，生产经营规模有所扩大。改革开放后，政府提供优惠政策，倡导社会创办具有不同产权形式的中药工业企业，一方面延伸中药产业链，实现区域中药工业体系自主化，另一方面拓展中药产业链，实现地区中药产业规模化。中药产业链中的不同环节也经历了各自发展历程。

中药材产业是整个中药产业发展的基础。从20世纪80年代开始，我国中药材种植开始向基地培育模式发展。“九五”期间，国家科技部曾设立专项基金支持中药材种植基地的建设，自1999年我国提出中药材生产质量管理规范（Good Agriculture Practice，GAP）概念、2003年开始实施GAP认证以来，[1]中药材规范化生产逐渐为社会各界所认同。中药材种植的规范化及GAP基地建设，有利于推动中药材品质和供应的稳定性，降低行业经营风险。但中药材大部分属于植物类产品，其本质上仍属于农产品，受自然及市场价格波动等因素影响较大。

中药饮片是中医临床辨证施治必需的传统武器，也是中成药的重要原料，其独特的炮制理论和方法，无不体现着古老中医的精深智慧。随着其炮制理论的不断完善和成熟，目前中药饮片已成为中医临床防病、治病的重要手段。从供给来看，由于国家产业政策的支持及市场需求的拉动，中国中药饮片行业发展迅速，市场供给较为充分。但是，部分野生药材尚未实现规模化种植、繁育，且中药材的产量和品质易受产区自然灾害、气候条件等因素影响，这直接影响中药饮片的市场供给。从需求来看，我国人口总数继续增长，老龄化进程加快，人们健康意识不断提高，居民消费能力稳步增强，我国中药饮片市场需求呈现快速增长态势。此外，中药饮片供求还受到重大突发性公共

[1] 参见国务院关于印发《中药材生产质量管理规范认证管理办法（试行）》及《中药材GAP认证检查评定标准（试行）》的通知［EB/OL］.［2020-04-28］. http：//www.gov.cn/gongbao/content/2004/content_63083.htm. 但随着简政放权举措的推行，2016年国务院已取消了国家食品药品监督管理总局的中药材GAP认证行政许可事项，参见总局关于取消中药材生产质量管理规范认证有关事宜的公告（2016年第72号）［EB/OL］.［2020-04-28］.http：//www.nmpa.gov.cn/WS04/CL2138/300136.html.

安全事件，甚至是市场炒作等因素的影响。❶

中成药产业是利润收益水平最高的中药产业。自古以来，中药汤剂虽是最经典的用药方式，集中体现了中医辨证论治的精髓，但中药汤剂煎服耗时、携带不便、药材利用率低，且煎煮时间与方法对汤剂的疗效都有不同程度的影响，难以适应现代快节奏生活方式的变化和需求。从20世纪50年代开始，中成药以其便于携带、储存和规模化生产的优点得到重视，中药治疗逐渐演变为规范化治疗，但当时的中成药剂型品种依然较少，主要是中药传统剂型；至20世纪90年代，中药行业倡导中药现代化，中成药已经占据中药产业的鳌头，同时随着更多中成药科研及生产机构的建立，中药品种增多，剂型已从丸、散、膏、丹等传统剂型，发展到滴丸、片剂、膜剂、胶囊等40多种现代剂型。用饮片煎煮汤剂的使用量不断萎缩，全国中药饮片的用量正以每年14%—28%的速度递减，饮片占整个中药销售额比例，从20世纪50年代的70%下降到90年代的30%，2006年中成药与饮片的销售统计比例数据为8.16：1.14，绝大部分中医院饮片销售额仅占中药总销售额的10%左右。这说明最具传统中医特色的汤剂使用量正在减少，取而代之的是中成药产业发展的广阔空间。❷

近年来，国家大力推动中药质量提升和产业高质量发展。2014年开始推广和试行中药溯源工程，药材的质量得到进一步的监控，也进一步促进中药产业的规范化发展；随着人们对个体化治疗的渴望愈加强烈，中药饮片的需求日渐增加，中药饮片的规范化炮制是今后中药产业发展的方向之一；同时，中成药产业发展将面临产业升级和结构调整的压力。将现代信息技术运用到中药生产中提高智能制造水平是中成药生产发展的趋势。人工智能、区块链和大数据分析等技术也将进一步提升中医药产业的创新路径和发展空间。

---

❶ 在2003年“非典”期间，部分防“非典”中药材如板蓝根、金银花、大青叶、芦根、贯众、防风、苍术、柴胡等中药材价格不断暴涨，民众大量购进预防“非典”的中药材，致使市场上凡是有卫生部推荐处方上所列的中药品种，其价格必然成倍飙升，而且带动了其他药材价格直线上涨。

❷ 刘晖晖，李盛青，詹若挺，等.中药配方颗粒发展现状与临床推广应用面临的主要问题分析［J］.世界科学技术·中医药现代化，2011，13（1）：9-17.

1.2 中药专利保护制度的发展历程

从中国专利制度践行的30多年来，中药专利保护也经历了风雨兼程的30多年。中药知识产权法律保护历来受到国家的重视，随着中国对知识产权保护的重视与推进，专利逐渐成为保护中药新产品的主流方式，中药专利数量变化整体趋势深受知识产权战略措施和中医药发展政策的影响，根据相关年度国家医药与知识产权政策以及监管措施政策，经归纳总结，中药专利保护制度走过了“蛰伏、萌发、争议、成长、变革”五个阶段（见图1.1）。

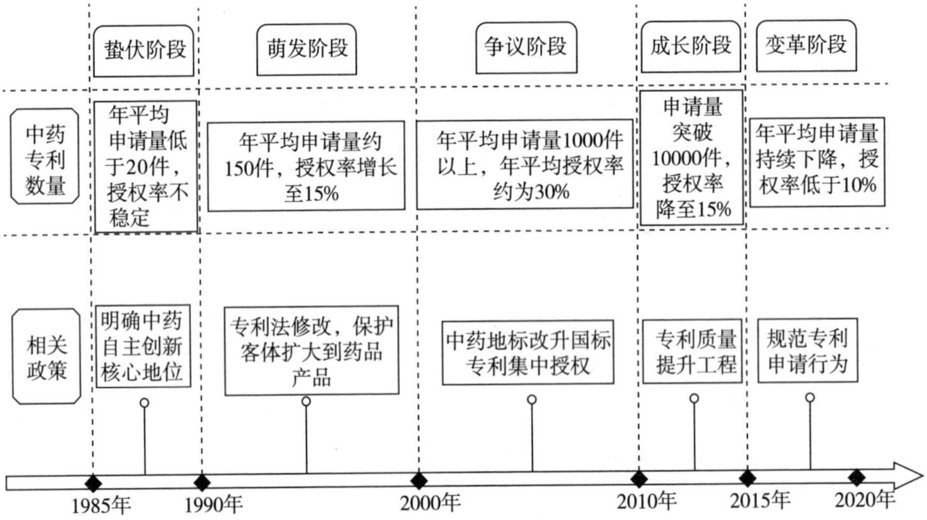

图1.1 我国中药专利保护制度发展历程

1.2.1 蛰伏阶段（1985—1991年）

这一阶段，中国整体的药物研发水平及创新能力较为落后，中药制药尚处于依靠传统经验的开发阶段。1987年11月，党的第十三次全国代表大会提出了制定《中长期科学技术发展纲领》，1990年2月，国务院发布《中长期科学技术发展纲领（讨论稿）》，纲领将中医药学及民族医药学的研究列为20世纪内至21世纪20年内着重解决技术问题的重点领域，并提出要改进药品的传统生产技术，从顶层设计上第一次明确中药自主创新的核心地位。❶1986年，国务院成立相对独立的中医药管理部门，各省、自治区、直辖市也相继成立中医药管理机构，为中医药发展提供了组织保障。1991年，第七届全国人民代表大会第四次会议将“中西医并重”列为新时期中国卫生工作五大方针之一。

这一阶段也是中国第一部《专利法》刚刚起步实施时期，专利还是一个新鲜的舶来品，中国出于对社会利益与公共健康的考虑，仅对“药品和化学物质的制造方法”授予专利权，而将大部分药品配方及物质成分的技术方案拒之门外，这使中药相关专利基数很低，❷对中药技术的知识产权保护还是以药品行政保护为主，故而这一阶段中药专利保护的整体形势如冬眠期一般沉寂。

这一阶段，中药专利的年平均申请量及授权量均较少。由于当时整体的专利制度还处于起步阶段，此时中药专利领域的审查人员极为缺少，中药专利审查尚未在实践中总结出行业内基本规则，对中药专利的授权审查主要集中在是否满足专利客体条件以及新颖性条件，尚无对创造性水平高度的要求概念。中药专利申请质量较为粗糙，说明书和权利要求书等文书撰写质量不高。例如，权利要求仅有1—2项的案例比比皆是，实际上难以起到保护产品技术的作用。

1.2.2　萌发阶段（1992—2000年）

这一阶段，国家科技政策开始重视对中药基础理论的现代科学验证与诠释，以及中药标准化及规范化建设研究，科技部将中药复杂组分的定性与定

---

❶ 房耘耘，石学峰，程薇，等.建国以来中医药科技管理相关政策回顾［J］.中医药管理杂志，2010，18（11）：961-963.

❷ 检索innography专利数据库，1985—1990年间申请的中药专利仅107件，其中只有30件获得授权。

量、中药材规范化种植研究、中药化学对照品研究等专题列为“九五”期间科技攻关计划的重大项目，[1]1996年国家正式启动中药现代化发展战略，由国家科委（现科技部）与国家中医药管理局共同承担了国家“九五”攻关课题“中药现代化发展战略研究”，以促进中药制药摆脱依靠传统经验生产的惯有模式，而向工业产业化与规范化生产模式转变，将传统中医药的优势、特色与现代科学技术相结合，以适应当代社会的发展需求。[2]

1992年，中国《专利法》进行了第一次修改，由最初仅保护药品的制造方法扩大到对药品产品也可授予专利权，使更多类型的中药创新技术方案可以获得专利保护，并延长了专利保护期限，中药专利保护意识逐渐开始为人所知。同时政府对一批具有自主知识产权的大型中药企业也给予重点扶持，使中药品种与产量均有明显增长，一批颇具规模的中药企业开始崛起，[3]产业竞争现象开始萌发。

这一阶段内，中药专利数量经历第一次增长，中药专利的基本法律保护架构在实践中得以完善，基本形成了“中药组合物”“制备方法”“中药提取物”为保护主题的主流方向，并逐步开始探究中药专利的撰写与申请策略等具体问题，比如开始讨论“封闭式”或“开放式”撰写方式、说明书对权利要求书的支持性内容等。虽然中药专利数量有所提升，但仍与中药产业发展状况不匹配，[4]在审查政策上倾向以专利数量积累为驱动，对中药专利授权审查的尺度相对宽松。

1.2.3 争议阶段（2001—2010年）

这一阶段，中国正式加入世界贸易组织（WTO），经济与贸易内外部环境的重大改变促使中药制药产业的现代化进程进一步加快。为了加入WTO，

---

❶ 乔延江，卢建秋，马群，等．“九五”以来中药分析学科发展报告［C］// 中华中医药学会中药分析分会第三届学术交流会论文集．北京中医药大学，2008：2-8.

❷ 文翠兰．中药现代化发展战略［J］．世界科学技术，1999（1）：7-10.

❸ 丁安伟．中药现代化发展历程的回顾与思考［J］．江苏中医药，2004（10）：1-4.

❹ 王月茹，谢伟，王剑龙．我国中药品种专利保护状况分析［J］．中国科技信息，2019，597（1）：22-24.

中国加大对专利的保护力度，按《与贸易相关的知识产权协议》(TRIPs) 内容进一步调整完善专利司法和行政执法的有关规定，并简化了专利审批程序，力求药品专利保护框架合乎国际惯例。2002 年，国家制定颁布了《中药现代化发展纲要 (2002—2010 年)》，同时也对《药品管理法》进行了修改，取消中药地方药品标准（简称“地标”），全面实施统一的国家药品标准（简称“国标”），并汇编为《国家中成药标准汇编——中成药地方标准上升国家标准部分 (1—13 册)》。2003 年，为继承和发展中医药学，保障和促进中医药事业的发展，保护人体健康，国务院制定并颁布实施《中华人民共和国中医药条例》。2006 年，国家中医药管理局制定实施了《中医药标准化发展规划 (2006—2010 年)》，全面推进了中医药标准化战略。2008 年，《国家知识产权战略纲要》开始实施，知识产权被上升到国家战略高度。2009 年，国务院颁布实施《关于扶持和促进中医药事业发展的若干意见》，成为推进中药创新驱动发展的有力政策支撑。

这一阶段不但已逐步形成相对完善的中药管理政策体系，而且随着药品监管制度的改革，《专利法》也进行了第二次、第三次修改，通过修法确立“绝对新颖性”“平行进口”等机制，在医药领域实现与知识产权国际规则的对接，同时加大了专利保护力度，完善了司法和行政执法，简化并完善了专利申请、审批和维权程序。随着中药现代化的推进以及中药标准的提升，更多古典中药方剂被挖掘并以西化的药品专利保护模式授予专利权，中药专利数量进入第二次增长期。然而，这一时期由于正处于加入 WTO 的前后时期，为保护本土中药产业，降低“入世”对传统医药产业的冲击，中国专利局在 2000 年前后集中审理了积压的中药专利申请，同时由于取消地方药品标准而改为统一的国家标准的政策实施，大量中药企业将很多地方中药品种申请了专利，使得原来可以按照地方药品标准进行仿制的企业遭遇专利权人发出的侵权警告或侵权诉讼，[1] 而仿制企业大多选择对专利提出无效宣告请求，直接导致了中药无效案件数量的激增。这充分暴露出在药品管理改制阶段，中药

[1] 邓声菊，何黎清．地标升国标对药品能否获得专利保护的探讨 [J]．中国发明与专利，2008 (8)：63-64.

专利管理与审查制度的混乱与脱节。这一阶段开始集中暴露出中药领域存在“非正常申请”“政策性专利”等现实问题，专利数量的增长完全超出了中药技术的实际研发规律，给产业科学、实务发展都带来了负面影响，也为下一步国家行政部门的重拳监管提供了必要的依据。知识产权管理部门开始意识到专利数量与质量是一对需要通过政策加以平衡的矛盾体。

1.2.4 成长阶段（2011—2015 年）

这一阶段，中国将积极发展中医药事业列入《卫生事业发展“十二五”规划》的重点工作之一，中医药标准化工作被继续全面推进和不断发展。2012 年，国家中医药管理局发布《中医药标准化中长期发展规划纲要（2011—2020 年）》，作为“十二五”及今后一个时期指导中医药标准化工作的基本依据。从这一阶段后期开始，中国经济发展进入了新常态，创新引领发展的趋势更加明显，知识产权制度激励创新的基本保障作用更加突出，多个领域的发明专利申请量连续多年位居世界第一，中药专利申请量也呈现出爆发式增长态势，迎来了中药专利的第三个增长期，2015 年中药专利的年申请量达到峰值。中药领域专利申请量大幅增长，出现了较多价值不高、创新水平较低的专利申请，这与中药产业发展不相适应，并且阻碍了真正意义上的中药科技创新和经济发展。2015 年以后，中药产业利润持续下滑，其中的一个关键因素就在于中药产业整体的创新性不够。

2014 年，国务院办公厅印发了《深入实施国家知识产权战略行动计划（2014—2020 年）》，“量增质更优”成为部署知识产权创造工作中的“关键词”，同年国家知识产权局出台《关于进一步提高专利申请质量的若干意见》，进一步突出区域专利评价工作的专利申请质量导向，认为单纯追求专利数量已不能为国家经济发展提供更多创新动力，为进一步突出知识产权在创新驱动发展中的支撑作用，知识产权战略推进计划将提升知识产权创造质量列为任务之首，专利创造开始寻求从以往的数量规模型向质量效益型转型。随着专利质量提升工程的实施，中药专利授权率有逐步下降趋势。

1.2.5　变革阶段（2015 年以后）

这一阶段，中国将中医药发展摆上更加重要的位置，作出一系列重大决策部署。中国共产党第十八届五中全会提出“坚持中西医并重”“扶持中医药和民族医药事业发展”。2015 年，国务院常务会议通过《中医药法（草案）》，并提请全国人大常委会审议，为中医药事业发展提供良好的政策环境和法治保障。同年国务院办公厅印发《中医药健康服务发展规划（2015—2020 年）》和《中药材保护与发展规划（2015—2020 年）》，为促进中医药健康服务与中药材产业发展而制定规划。2016 年，全国人民代表大会常务委员会颁布《中华人民共和国中医药法》，成为继承和弘扬中医药，保障和促进中医药事业发展，保护人民健康的专门法律。2016 年，国务院印发《“健康中国 2030”规划纲要》，作为今后 15 年推进健康中国建设的行动纲领，提出了一系列振兴中医药发展、服务健康中国建设的任务和举措。同年国务院印发《中医药发展战略规划纲要（2016—2030 年）》，把中医药发展上升为国家战略，对新时期推进中医药事业发展作出系统部署。中医药行业发展和产业经济已经被提高到前所未有的国家战略的高度，有力地促进了中医药科技创新发展。

2015 年，《国务院关于新形势下加快知识产权强国建设的若干意见》出台，明确提出要提升知识产权附加值和国际影响力，实施专利质量提升工程，解决知识产权“大而不强、多而不优”的问题。随着专利质量提升工程的实施，2017 年国家知识产权局发布《关于规范专利申请行为的若干规定》，将“非正常专利申请”列入专利申请与审查的黑名单。这一举措虽然有利于挤出部分中药专利中的水分，但同时有可能挫伤部分正常申请人的积极性。近三年以来，中药专利申请量呈断崖式大幅下跌，中药专利授权率也在降低。2019 年发布的《中共中央 国务院关于促进中医药传承创新发展的意见》中提到，目前要加快推进中医药科研和创新，要健全赋予中医药科研机构和人员更大自主权的管理制度。对于当前中药专利的保护制度，确已到了需要思考如何根据自身状况寻求变革，以促进中药产业突破瓶颈制约、实现转型升级的关键时期。

中药产业发展与中药专利发展具有两个共同点：一是在不同的历史时期，两者都展现不同的特征，产业发展态势与专利保护制度都随时间而变化，其中最重要的影响因素在于大环境下的经济与医药卫生政策都对中药产业发展以及中药专利制度发挥至关重要的作用；二是中药产业发展与中药专利保护制度发展都已陷入瓶颈期，在经历了之前的明显增长态势后，两者都显露出“疲软”态势，无论是产业还是专利保护制度都在寻求转型升级与自我突破。

此外，中药产业与中药专利保护制度两者之间，也存在一定互动关系。产业增长会带动专利申请量的增长，当产业正处于蓬勃发展期时，会有更多的创新成果产生，基于专利申请量的累积，专利的授权量也会增长。同时，产业刺激政策也会影响专利授权的松紧程度，在产业正向发展的前提下，专利增长才有可能反过来进一步促进产业增长；当产业整体萎缩时，创新成果会呈减少趋势，为防止低水平创造“以次充好”，专利授权制度也会同时加强，不仅造成专利数量的明显下跌，同时加强的专利制度也会进一步对产业发展带来一些负面影响。

总体来说，中药专利发展受中药产业影响明显，呈现“一荣俱荣、一损俱损”的现象；而中药专利制度对于中药产业的发展，并没有很好地主动发挥影响作用，而是在受到产业影响之后再反作用于产业发展。

1.3 中药专利质量与创造性审查

通过对中药产业与中药专利保护制度发展历程的梳理，发现中药专利制度与中药产业发展态势密切相关，但中药专利制度并没有很好地发挥其在经济学理论上的制度价值功能，即没有很好地主动促进中药产业发展，其根本原因在于中药专利质量问题，即授权专利中具有产业化价值的不多，以及公开的专利文献中能够对技术进步产生明显促进作用的也不多。

1.3.1　中药专利质量颇具争议

专利制度在中药产业发展中起到不容忽视的作用，专利质量是专利技术发挥市场作用的关键因素。Mark A. Lemley 等用坏专利（bad patent）和低质量专利（low-quality patent）来表达类似的意思，将低质量专利归为三类：一类是显而易见的发明，如无屑花生酱和果冻三明治；一类是可笑的思想，如用激光笔逗猫的方法；还有一类是不可能的概念，如超光速旅游。[1] 自 1985 年《专利法》颁布实施以来，中药专利申请量与授权量总体保持上升趋势。但是中医药界与知识产权界对中药专利的质量始终存有异议。对中国中药专利质量的争议点主要有三个方面。

第一个方面的争议在于中药专利的个人申请量居多，而科研院校申请量较少，导致我国申请的中药专利技术含量不高，产业化速度滞后，中药市场多处于重复、低水平的生产，竞争力较弱。[2]

第二个方面的争议在于专利有效量较低，失效专利偏多。[3] 由于个人申请所占比重较大，而个人申请的多数专利只是对家族传承下来的复方、秘方剂量和配药进行简单的加减和置换，本身技术复杂程度较低，很多是“类同专利”“模仿专利”，有效量比较低。此外，中国医药企业研发投入偏低，只占销售额的 1%，而世界 500 强医药公司每年的研发投入占销售额的 15%—20%，[4] 如此低的研发投入很难保证产生高质量的专利。而且，很多中药专利申请人对专利的理解还不够透彻，只是盲目追求数量，把专利申请作为“面子工程”，即

---

❶ Lemley M A , Lichtman D , Sampat B N . What to Do About Bad Patents [J] . Regulation, 2005-2006, 28 (4): 10-13.

❷ 秦宇, 董丽 . 我国中药专利申请现状分析及建议 [J] . 中国新药杂志, 2016, 25 (8): 7-11, 26.

❸ 刘扬, 李海燕, 陆烨鑫, 等 . 国内中草药失效专利分析 [J] . 医学信息学杂志, 2014, 35 (8): 49-52.

❹ 严永和 . 论传统知识的知识产权保护 [M] . 北京: 法律出版社, 2006: 247.

为了提高专利申请量而申请专利，再加上很多地方出台的专利申请鼓励政策，使中药领域存在很多“政策专利”，这样容易导致专利质量更低。

第三个方面的争议在于多数中药专利并没有转化为具有市场价值的新药。中药专利申请量在飞速增长，但单纯的高申请量并不能完全等同于中药创新能力的提高，只有将专利应用到实际生产中，专利的经济价值才能真正体现出来。中药专利转化率低的原因与其有效量低的原因相同，研究水平有限是原因之一。此外，中药专利授予和中药新药审评之间相互分离，没有形成有效链接也是一个原因。专利是由国家专利局对其新颖性、创造性、实用性的审查，而新药是由国家食品药品监督管理局在药品安全性、有效性、可控性方面进行审评。这两种机构之间缺乏沟通机制，致使很多虽然符合专利“三性”要求，但是使用价值、实验价值、临床价值都很低的中药产品被授予专利。❶

1.3.2 创造性审查标准是控制专利质量的有效工具

在各国专利制度中，创造性标准随着不同时代而变迁，这对于专利制度的完善及产业的发展都极为重要。专利申请实质审查中的创造性标准，作为国家专利政策调整的杠杆，也一直是各大专利局关注的重点。❷为有效应对专利申请量和待审积压量日趋增多的挑战，最大限度地保证专利授权质量，保护本国的利益，美国、欧洲等专利部门都采取了一系列战略性方案。

2007年，欧、美、中、日、韩专利部门在夏威夷召开会议，一致同意“专利的质量水平和审查标准应该被提高”，并指出“相较于申请量来说应更重视专利质量”。专利质量主要由专利申请质量和专利审查质量共同决定，而专利申请质量又主要取决于发明创造水平和撰写水平。

2008年，欧洲专利组织在慕尼黑通过的在欧洲专利制度框架下应对审查

❶ 王志刚，贺云龙，田侃．专利转化视角下我国中药专利审查方式的再思考［J］．中国卫生事业管理，2014（12）：50–54.

❷ 尚颖，李彩芬．KSR 案后各国家和地区的专利创造性标准发展研究（一）［J］．中国发明与专利，2014（6）：66–69.

工作量不断增长的方案，其中主要的战略性建议就是提高专利授权标准，明确建议只对创造性突出的新技术授予专利权。而在此之前，日本已经作出了调整，日本专利局的审查部采取了统一审查和复审的标准等一系列措施以求在加快审查的同时保证质量，并将基准中有关创造性的审查标准规定了较高的尺度。[1]

由此可见，创造性标准的变化是在申请量持续增长而专利质量不高时，相较于“申请量来说应更重视专利质量”的共识下产生的，严格专利创造性标准会引导创新活动的方向，从而优化专利申请质量。2015 年，我国专利质量提升工程确立了“高水平创造、高质量申请、高效率审查、高规格授予”的工作导向，其中审查是权利保护的源头与基础，把好专利审查授权关，避免不当授权，向社会公众提供保护范围清晰适当、权利稳定可期的专利权是提升专利质量的关键所在。2016 年底，在国家知识产权局出台的专利质量提升工程实施方案中，包括四大重点工程、八大基础支撑，其中四大重点工程之一即专利审查质量提升工程，提出完善法律法规及相关政策、营造以质量为导向的舆论环境、加强审查质量流程保障等。对正在大力推进创新型国家建设的中国来说，专利法律制度应当起到引导和保护创新活动的主导作用。作为专利授权核心要件的创造性，其创造性审查标准的制定必然直接影响技术创新的质与量。为了有效促进创新发展，应当根据行业技术特征细分该领域的整体宏观发展状况，结合具体技术领域技术知识作出客观合理的审查判断，形成高质量的审查标准，有效促进行业专利质量的提升。

1.3.3　中药专利创造性审查标准亟待完善

专利体系同时具备法律性、技术性、经济性三种特性。按国际通例，对于专利创造性标准的研究及完善，通常都要考虑多方面因素，创造性问题不是单纯的法律问题，从欧、美、日医药发明的创造性标准的变迁即可看出，

---

[1] 刘艳芳，师晓荣，刘会英，等．浅议日本专利创造性标准的变迁及对我国的启示［J］．中国发明与专利，2017，14（7）：119-123.

标准的制定与修改过程中都对技术创新以及产业经济水平与能力加以衡量。❶❷因此对中药创造性审查标准的研究，也需要从多个方面予以考虑。

首先，从法律性角度来看中药创造性审查标准。创造性审查所依据的法律包括《专利法》《专利法实施细则》以及专利审查指南，其中，《专利法》及《专利法实施细则》都是其上位规定，仅有专利审查指南对创造性审查起到直接指导作用，是创造性审查最直接的法律依据。专利审查指南不仅为审查员提供法律依据，同时也为申请人进行专利管理提供依据。目前，专利审查指南中没有针对中药专利的审查标准，对创造性的审查都是套用或是借用化学药及组合物标准，然而一个中药发明专利的产生，最初要进行文献检索、研究课题立项、实验室研发试验，取得成果后再进行申请书、权利要求书的撰写，专利“三性”评价审查，获得保护后还要进行科技成果产业化、产权运作等，直至产生经济效益。在此过程中，会涉及许多技术方面的问题，法律及规范性文件中不能全面回答如何表达关键技术、专利公开程度、专利审查标准等问题，但这些复杂的科学要求必须通过制定适宜的相关标准来细化衡量，有了这些具体的标准，在执行中药专利保护的相关法规时，才能有据可依，提高专利审查的透明度和效率，降低中药专利侵权纠纷的发生率，切实增强中药专利保护法规的操作性。❸而且这些标准只有是清晰的、公开颁布的，才有可能让公众根据这样的标准预期其案件处理的结论与后果（授权或驳回）。目前，专利审查指南中尚缺乏关于中药专利审查的专门规定，现行的审查规则是长期以来在中药专利审查实践中，从化学药物以及组合物专利审查标准中借鉴并总结成中药专利审查操作规则。且这个规则也会随着化合物及组合物审查标准的变化而变化，从这个操作性质的规则中也未系统归纳总结出一套完整的、统一的、书面意义上的标准。为了提高中药专利的稳定性和审查的可预期性，中药专利的审查标准也应同化学药、组合物药物等其他

❶ 李蓓．浅谈专利创造性判断标准对创新活动的影响［J］．中国发明与专利，2014（2）：36-39.

❷ Tatsuya Tada. Revision of Examination Guidelines of the JPO，Description Requirements［EB/OL］.［2019-12-04］. Examination Standards Office the Japan Patent Office. http：//www.nyipla.org/images/nyipla/Documents/JPO/2_RevisionExaminationGuidelineJPORequirements.pdf.

❸ 李帆，孟锐．浅析现有中药专利保护的缺陷［J］．中国药房，2011（3）：193-195.

领域一样，从规定的清晰性、公开性、连续性、不矛盾性等方面作进一步完善，使中药专利审查有法可依、有法必依，使官方行动与公布规则之间保持一致性。

其次，从技术性角度来看中药创造性审查标准。创造性作为专利审查政策调控的重要手段，直接影响到解决案件积压、调节经济创新活动等现实问题。若要真正发挥其调控专利质量的功能，则要充分考虑产业异质性。产业异质性理论认为，不同产业的差异性是客观存在的，没有理由假定单一的专利制度会广泛激励不同产业的创新。[1]而中药产业与其他医药产业包括化学药物或生物药物产业都存在差异，至少体现在两个方面：第一，研发的理论基础不同，中药研发基于中医药理论，其与化学药物、生物药物基于现代药理学、药物化学、生物化学等理论基础完全不同。第二，研发过程与理念不同，中药的研发很多都是从临床应用返回实验室研究的过程，最开始的应用主要是经验性的，很多缺乏临床试验记录，而化学药研发则是从实验室研究到临床研究的过程，研发理念是实验性的。中药研发与化学药研发本身就存在理论基础、临床性与实验性等方面的矛盾，这样的技术矛盾也是产业异质性的表现，技术上的根本差异要求中药与化学药不能沿用同一个专利标准和规则。根据产业异质性与杠杆理论对专利质量控制的启示就是：在不同的技术领域中，由于其行业的特殊性不应适用统一的创造性标准对专利质量进行控制，而应根据行业特点应用相应的理论对专利的有效性和权利要求范围进行相应的调整。[2]

最后，从经济性角度来看中药创造性审查标准。中药专利数量共经历三次增长阶段，然而，中药产业数据所占医药产业的份额并没有显示同样的增长趋势。近年来，中药产业整体呈现萎缩趋势，再加上随着国家专利质量提升工程的实施，提高了整体专利授权的审查标准，使中药产业数据的下滑趋势更加明显。长期以来，中药专利制度受产业发展趋势的影响较为明显，但中药专利制度对于产业发展并没有发挥有益的促进作用。因此，采用何种创

---

[1] Burk D L, Lemley M. Policy Levers in Patent Law [J]. Berkeley Olin Program in Law & Economics, Working Paper Series, 2003, 89 (7): 1575-1696.

[2] 丁宇峰. 专利质量的法律控制研究 [D]. 南京：南京大学，2016：63-73.

造性审查标准能促进创新与经济发展的共同提升，是目前完善中药审查标准所应重点考虑的问题。从整体专利审查的要求来看，提高创造性审查标准可促进申请人将重心转移到原创发明，促进中国由专利大国向专利强国推进，但同时也要兼顾考虑创造性适应的领域及其对中药产业的影响。为了有效促进创新发展，应当根据医药不同领域细分审查标准要求，结合具体技术领域的技术知识作出综合审查判断。此即高质量审查，而非盲目地收紧或抬高创造性审查标准。2019 年发布的《中共中央 国务院关于促进中医药传承创新发展的意见》中也提到，要突出中医药特点和发展需求，建立科技主管部门与中医药主管部门协同联动的中医药科研规划和管理机制。所以，采用与中药领域创新能力与技术发展特征相匹配的创造性审查标准，是建立体现中医药特点和发展规律的重要管理机制之一。

近年来，由于中药领域的个人专利申请数量较多、专利有效量与专利转化率偏低等因素，中药专利被长期质疑质量偏低。其中一个重要的原因是当前的创造性审查标准还没有真正成为控制专利质量的有效工具。由于专利体系同时具备法律性、技术性、经济性三种特性，因此对于专利创造性的研究与完善，也要综合考虑三方面因素，专利创造性问题绝不是单纯的法律问题，其与产业经济与技术特征都有密切的联系。即法律上的中药创造性审查标准，考察其是否具有明确的、清晰的、可供直接依据的书面标准，是否只是借用或套用化学药及组合物专利审查标准，从而在审查实践中形成操作规范和通识。技术上的中药创造性审查标准，考察中药创新研发与化学药创新研发之间是否存在异同，从而决定专利标准与规则。经济上中药创造性审查标准，考察中药专利制度与产业因素之间的影响。初步研究表明，以上三方面均表明当前中药专利创造性审查标准亟待总结规律、建立标准。

第二章　专利创造性审查理论在中药领域的运用

创造性的一般理论与原则决定了中药专利创造性高度的价值取向，并指导其审查基准的制定。为研究中药专利创造性审查的状况，本章先梳理了专利创造性审查发展历史，总结创造性审查的一般理论与原则。在此基础上分析创造性一般理论与原则运用于中药领域所应有的体现。

2.1　创造性审查的发展历史

现代专利制度的设立初衷是通过给予专利申请人一定期限和程度上的垄断权来认可其在技术上的创新和贡献，从而实现鼓励创新、推动社会技术发展的目的。专利制度在世界各地逐步建立的数百年时间里，经过不断的发展和完善，逐渐形成了以“实用性、新颖性和创造性”为专利授权核心要件的完整体系。然而，创造性作为专利授权的核心要件并非与生俱来。专利制度建立之初，在社会科学技术水平普遍落后的时况下，专利授权的条件仅需符合有用性和新颖性。随着科学技术的不断进步，较低的授权标准导致过多专利垄断和保护开始阻碍整个社会的科技创新和发展，渐渐与专利制度鼓励创新、推动技术进步的设立初衷不相适应。于是，在新颖性和实用性基础上，创造性作为专利授权的新要件应势而生，其总体的发展历史经历了思想萌芽的出现、实质条款的设立以及判断方法的完善三个阶段。

2.1.1 思想萌芽的出现

囿于科技和工业的发展水平，在专利制度的起始阶段，法律对发明的创造性尚没有严格的要求，“非显而易见性”要求在很长一段时间内都不是“显而易见”的。尽管如此，我们还是可以从早期法律规定以及专利授权实践中窥见带有非显而易见性观念的萌芽。

1474 年，威尼斯共和国颁布的《发明人法规》(Inventor by Laws) 中规定：“任何人在本城市制造了以前未曾制造过的、新而精巧的机械装置者，一俟改进趋于完善以便能够使用和操作，即应向市政机关登记。本城市其他任何人在 10 年内没有得到发明人的许可，不得制造与该装置相同或相似的产品。”[1] 其中首次对专利授权客体和条件进行了限制，除了要求专有技术应当是新的（新颖性）、能够使用和操作的（实用性），还提出了精巧的要求。虽然其中对发明限定为精巧的要求较为宽泛，但已能够构成专利创造性的思想萌芽，是创造性判断要求的雏形。[2] 但由于威尼斯的这部法律没有得到充分有效的实施，其对欧洲专利制度后续发展的影响很小，以至于作为近代专利保护制度起点的英国在 1623 年颁布的《垄断法规》(Statute of Monopolies) 中，[3] 并没有任何有关专利创造性思想影响的印记。法国在法国大革命后于 1791 年颁布了第一部专利法，1844 年颁布了第二部专利法，这两部法律也同当时英国的专利法一样，没有把创造性作为专利授权的实质条件。

在一些早期专利判例中，我们仍然能够发现对发明有除了新颖性与实用性之外的要求。例如，在 16 世纪英国的一些判例中，1569 年哈斯汀（Hasting）关于某种布匹的专利和 1571 年马希（Matthey）关于特定类型刀柄的专利就因为缺乏“发明价值”而被无效。科克（Coke）更是在比尔科特

[1] 汤宗舜 . 专利法教程（第 3 版）[M] . 北京：法律出版社，2003：7.
[2] 管荣齐 . 发明专利的创造性 [M] . 北京：知识产权出版社，2012：7.
[3] 郑成思 . 知识产权论（第 3 版）[M] . 北京：法律出版社，2003：6.

(Bircot)的熔炼方法专利无效案中指出“添加要比发明容易许多”。[1]但由于《垄断法规》没有规定发明须满足创造性，因此在其后的判例法中涉及这一问题的讨论和阐述只是偶尔隐藏在新颖性的争议之中。

1790年，美国国会通过的首部专利法——《促进实用技艺进步法案》(An Act to promote the progress of useful Arts)，其第一部分规定：“任何有用的技艺、产品引擎、机器或装置，以及任何以前不知道、没用过的改进”，只要“足够有用和足够重要(sufficiently useful and important)”，就可以授予专利权。[2]其中“足够有用”无疑指实用性，“足够重要”则是创造性思想的闪现。从文字表述来看，美国首部专利法规定的专利授权条件中，出现了关于创造性要求的色彩，也是继威尼斯1474年《发明人法规》后，创造性要求在专利制度发展史上的再次出现。时隔仅仅三年的1793年，美国在修改后的专利法第二部分中规定“任何机器、物质合成在形状或结构上的任何程度的简单改变，都不能认定为一种可专利的发现(discovery)”，[3]使创造性要求的思想得以进一步明确。但是，这些都仅仅作为有关创造性思想的文字流露，在具体执行的标准中，早期美国专利授权的标准也仅限于新颖性与实用性，虽然1790—1950年美国的专利法被修正了约50次，但国会一直坚持专利的制定法授权标准仅限于新颖性和实用性。

虽然专利创造性的思想萌芽在15世纪诞生于欧洲，且在美国首部专利法中予以体现，但从15世纪到19世纪中叶的几百年间，各国并不将创造性作为实际授权条件，只将新颖性和实用性明确作为专利授权的要件，用新技术与老技术之间的差异代表创新。这应当与400多年间比较落后的技术及其缓慢的发展速度有关：技术之间相对比较独立，联系并不是十分密切，对一项

---

[1] Frank D P. Standard of patentable invention from 1474 to 1952 [J]. The University of Chicago Law Review, 1952, 20 (1): 71-72.

[2] 参见 Patent Act of 1790, Ch. 7, 1 Stat. 109-112 (April 10, 1790)[EB/OL]. http://legisworks.org/sal/1/stats/STATUTE-1-Pg109.pdf.

[3] 这里的发现(Discovery)兼有发明(Invention)的含义。法条内容参见 United States Statutes at Large, Volume 1, 2nd Congress, 2nd Session, Chapter 11 [EB/OL]. https://en.wikisource.org/wiki/United_States_Statutes_at_Large/Volume_1/2nd_Congress/2nd_Session/Chapter_11.

新发明技术的创造性判断通常只需通过与在先现有技术一一对比的方式即可确定。因此，在技术发展的早期，专利申请技术的创造性只需要达到新颖性水平就能够满足要求。只要是新的，通常就具有创造性，在法律或专利审查执行标准中也就没有明确的针对创造性的要求。

2.1.2　实质条款的建立

随着工业革命开始后，科学技术发展突飞猛进，人们需要仔细地辨别技术之间的差异，仅有新颖性要求越来越难以满足实际要求，在执法中人们发现仅要求新颖性的局限性及其所造成的认识与实践的偏差，这种偏差导致过多的专利保护和垄断开始阻碍社会科技创新和发展，渐渐表现出与专利制度鼓励创新、推动技术进步的设立初衷背道而驰的现象。对创造性的要求逐渐在英美国家的判例中显现出来，通过一系列判例的推进最终使英美率先在制定法中对创造性要件进行规定，从而影响了其他各国的实体条款。

2.1.2.1　英美判例法的推进

1850 年，在美国联邦最高法院对 Hotchkiss v. Greenwood 案[1]的判决中，法院认为所涉专利与现有技术的区别“仅仅是材料的替换”“缺少超越本领域普通技师的必要灵感或技能”，因此维持原审判定专利无效。该判例实际认可了专利除新颖性和实用性外还需要其他的条件，将“发明”理解为具有比普通技术人员更高的技能要求，多数法官主张维持原审法院认定该专利无效的判决，认为仅仅是材料的替换，缺少“灵感和发明”。Hotchkiss v. Greenwood 案初步确立了“发明”应当有与“机械性技术”相区别的创造性这一原则，此后的许多案件则围绕着这种区分延伸出若干具体规则，例如“创造性天赋”标准（inventive genius test）、“创造性才能的创造性贡献”、“创造性才智”、“创造

---

[1] Hotchkiss v. Greenwood，52 U.S. 248（1851）.

性天赋火花”标准（flash of creative genius test）等。[1]但类似“天赋”“火花”性质的标准对于创造性判断仍然缺乏实际可操作性，带有较强的主观意味。

英语“obvious”源于拉丁文“ob via”，意思是“在路的前方”。1876年的Smith v. Goodyear Dental Vulcanite Co.案[2]首次涵盖了后来被称为“非显而易见性（nonobviousness）”及“辅助因素”的内容。[3]1889年的Thomson v. American Braided Wire案[4]中，英国上议院对使用编织的金属丝筒作为裙子的裙撑是否显而易见进行了论述。从19世纪80年代至90年代开始，单词“obviousness”出现在英语判决中用以表述专利的条件。20世纪30年代美国经济进入大萧条时期后，美国联邦最高法院对专利及专利垄断表现出格外严格的态度，提高了对专利创造性的要求，使这一时期联邦最高法院在每个涉及创造性的案件中都否决了发明的专利性。[5]创造性判断的主观模糊性和对发明的否定性，以及上下级法院判决中缺乏统一的标准，均引起各方强烈的不满与批评。美国法院在一些判决中暗含或明确拒绝专利的“创造性天赋”标准或“创造天赋的火花”标准，倾向于根据发明在结果上的技术贡献来确定其专利权。

2.1.2.2 美国《专利法》第103条

1952年，美国对其《专利法》作了重大修改，在第103条中正式规定了非显而易见性（nonobviousness）为专利授权要件，其原则性规定（a）款的内容是：虽然发明与第102条公开或者描述的现有技术并不相同，但如果专利

---

[1] 在1875年的Reckendorfer案（Reckendorfer v. Faber，92 U.S. 347（1875））中，美国联邦最高法院推进了Hotchkiss观点，引入“创造性天赋”（inventive genius test）标准。1891年Magowan案（Magowan v. New York Belting & Packing Co.，141 U.S. 332（1891））中，美国联邦最高法院采用“创造性才能的创造性贡献”“创造性才智”标准。1941年Cuno Eng’g Corp. v. Automatic Devices Corp.，314 U.S.84，90–91（1941），美国联邦最高法院提出“创造性天赋火花”标准（flash of creative genius test）标准。

[2] Smith v. Goodyear Dental Vulcanite Co.，93 U.S. 486（1876）.

[3] 李宗辉．专利“三性”标准的历史演进及其启示［J］．电子知识产权，2015（6）：79–86.

[4] Thomson v. American Braided Wire，[1889]6 R.P.C. 518，528（H.L.）(U.K.).

[5] 阿瑟·R. 米勒（Arthur R.Miller），迈克尔·H. 戴维斯（Michael H.Davis）．知识产权法概要［M］．周林，译．北京：中国社会科学出版社，1998：48.

申请与现有技术的技术方案的区别使专利申请的技术方案作为一个整体相对于发明作出时的本领域技术人员是显而易见的，则不能被授予专利。[1]美国1952年《专利法》第103条彻底推翻了创造性才能、天赋、火花等判断标准，取而代之的是采用相对于本领域技术人员“非显而易见”的标准。虽然这个标准仍然是一个主观判断，但是首次提出了与新颖性并列的评价创造性的新概念并写入制定法中，为创造性判断提供一个确定的思维方式，使主观判断也必须根据这个思维方式作出，不会使专利局和法院随意认定某个发明不具备专利性，并模糊地表述为不明确或不确定的“发明”。至少他们必须以相对于本领域技术人员显而易见这样的词语来表述，虽然本领域中一般技术水平是怎样的以及对什么是显而易见的最终决定仍是主观的，但这是一个较为明确并可以举出证据的表述，对于创造性审查与判断来说是一个进步。[2]

2.1.2.3 《欧洲专利公约》第56条

英国是欧洲国家中较早对创造性进行实体法律规定的国家。1932年英国在制定法中规定：要获得专利，技术方案应当不是显而易见的，而且相对于专利之前已经使用或公开的技术具有创造性步骤（inventive step）。[3]1963年，部分欧洲国家签订了《统一发明专利实体法公约》（简称为“斯特拉斯堡公约”），其目的在于统一成员的实体专利法，特别是与专利授权有关的实体专利法规范。在此基础上，1973年缔约成员签订了《欧洲专利公约》（European Patent Convention），并在1977年生效。《欧洲专利公约》规定：“对于任何技术领域的所有发明，只要是新的、有创造性并能在工业上应用，授予欧洲专利。”[4]关于创造性，《欧洲专利公约》使用了“创造性步骤（inventive step）”一词。第56条规定：“如果考虑到现有技术，一项发明对于本专业技术人员不是显而易见的，应认为具有创造性，在评定有无创造性时不考虑在申请日

[1] 35 U.S.C.103（a）.

[2] 石必胜．专利创造性判断研究［M］．北京：知识产权出版社，2012：25.

[3] Patent and Designs Act，1932，22&23 Geo. 5，c. 32（Eng.）.

[4] 参见《欧洲专利公约》第2编第1章第52条。

后公布的现有技术。”[1]《欧洲专利公约》通过实体法的方式在立法层面上统一了欧洲专利的创造性制度，各缔约成员参照公约内容修改了其专利法中关于专利的授权条件、审查要求、专利申请的形式要件等内容，法国（1968年）、英国（1977年）、德国（1980年）等欧盟主要国家陆续按照公约内容，修改了其专利法中关于创造性的实质要求。

2.1.2.4 中国《专利法》第22条

中国1984年第一部《专利法》中即规定了创造性要求，第22条第1款规定：授予专利权的发明和实用新型，应当具备新颖性、创造性和实用性。第22条第3款规定：创造性，是指同申请日以前已有的技术相比，该发明有突出的实质性特点和显著的进步，该实用新型有实质性特点和进步。中国《专利法》在1992年第一次修正、2000年第二次修正、2008年第三次修正、2020年第四次修正中都没有改变创造性的规定。欧洲与美国在创造性实体法规定中都使用了“显而易见性”，与之相比，中国《专利法》对创造性的规定则强调“突出的实质性特点”，并引入本领域技术人员的概念，重视发明人的超常“智力”。在1993年中国专利审查指南中引入了非显而易见性概念，规定判断发明是否具有突出的实质性特点，就是要判断对本领域技术人员来说，要求保护的发明相对于现有技术是否显而易见。

2.1.3 创造性判断方法的完善

虽然创造性成为授予专利权的实质性要求，但究竟什么是显而易见的，什么是非显而易见的，仍是一个无法被量化的概念。对创造性的判断往往带有很大的主观性，很难有非常统一的标准。[2]为了使“非显而易见”成为判断创造性时具有可操作性的标准，而非导致大量不同表述形式的“发明”标准，

---

[1] 参见《欧洲专利公约》第2编第1章第56条。EPC Article 56：“An invention shall be considered as involving an inventive step if, having regard to the state of the art, it is not obvious to a person skilled in the art.”

[2] 李永明. 知识产权法（第2版）[M]. 杭州：浙江大学出版社，2003.

各国都在不断地对创造性具体的判断方法进行完善。

2.1.3.1　Graham 四要素

最早形成的具有实际操作性与普及性的创造性判断标准，是美国联邦最高法院在 1966 年对格雷诉约翰第尔公司（Graham v. John Deere Co.）[1]一案的审理中确定的非显而易见性判断标准。[2]美国联邦最高法院列举了判断显而易见性时应当依据的事实要件，包括现有技术的范围和内容、现有技术与争议权利要求之间的区别以及相关领域的普通技术人员的水平，在这些前提下，再来确定技术方案是否显而易见。该案的判决受到美国专利商标局（USPTO）的充分尊重，美国专利审查指南根据该案判决制定了非显而易见性审查的“Graham 四要素”：（1）现有技术的范围和内容；（2）现有技术与所审查的权利要求之间的区别；（3）相应领域的普通技术水平；（4）辅助性考虑因素，包括商业上成功、长期渴望解决的需求、他人的失败等。在充分考虑上述四要素后，再确定该发明对该领域技术人员来说是否是显而易见的。Graham 四要素的考虑范围较为全面，为非显而易见性的审查标准奠定了基石。

2.1.3.2　“教导—启示—动机”检验法

1982 年，美国联邦巡回上诉法院（Court of Appeals for the Federal Circuit，CAFC）成立，作为专利案件的专门的上诉法院，CAFC 自成立起即致力于建立更为统一和稳定的非显而易见性标准。经 South Corp. vs. United States 案、In re Howard Sernaker 案、Dennison Mfg. Co. vs. Panduit Corp 案等一系列案件的总结和提炼，CAFC 逐步发展出一套“教导—启示—动机”的检验法（Teaching-Suggestion-Motivation Test，TSM）作为判断创造性的具体工作准则。根据 TSM 检验法，若多份现有技术参考文献提供了明确的教导、启示，并使所属领域普通技术人员有动机将它们结合起来形成发明，该发明是显而易见的。CAFC

---

[1] Graham v. John Deere Co., 383 U.S. 1（1966）.

[2] 尹新天 . 专利权的保护（第 2 版）[M] . 北京：知识产权出版社，2005.

认为，TSM 检验法不仅可以避免专利审查人员或法官采用基于发明人的公开而产生的“后见之明”来否定本应授权的专利，且使非显而易见性的判断在实践中更具有可操作性。经过大量判例的巩固，“Graham 判断流程 +TSM 检验方法”构成了美国专利非显而易见性审查的标准体系，在之后近 30 年中，美国专利的非显而易见性的授权审查及司法判定基本遵循这一方法体系。[1]

2.1.3.3　MPEP 七个判断原则

然而，在长期司法实践过程中，美国联邦法院法官为避免“后见之明”而开始过于依赖 TSM 检验法。众多批评者认为法官和专利审查人员对于 TSM 检验法日渐僵化的应用降低了专利的非显而易见性标准，导致了专利权过多过滥，阻碍了技术进步。上述问题在 2007 年的 KSR 案[2]中得以充分暴露。美国联邦最高法院在该案的最终判决中也认为，联邦巡回上诉法院过于僵化地利用 TSM 检验法，并重申了遵循 Graham 四要素判断流程的重要性，对 TSM 检验法进行了批判性的接纳。KSR 案后，美国专利商标局（USPTO）修订专利审查程序手册（Manual of Patent Examining Procedure，MPEP）并开始实施新的显而易见性审查指南，规定在应用 TSM 检验法时，仅从现有技术的文献中寻找证据的做法是不完备的，强调在 Graham 四要素事实调查必须完成的基础上，除了根据现有技术的检索进行 TSM 检验，还应加入七个主观因素判断，简称为 MPEP 七个判断原则。[3]其按顺序分别为：（1）根据已知方法结合现有技术要素以获得可预期结果；（2）已知要素简单替代以获得可预期结果；（3）使用公知技术以相同方式改善类似的设计（方法或产品）；（4）使用公知技术改进公知设计（方法或产品）以产生可以预料的结果；（5）“显易尝试”——从确定的有限数目的、可以预料的方案中选择，并具有合理的可预期的成功；（6）如果这种改变对于本领域普通技术人员来说是可以预料的，

---

[1] 丁锦希，傅凌宇，孟立立，等 . 美国专利非显而易见性 Graham-TSM 判定标准及其对我国的启示：基于“Pfizer vs.Apotex 案”的实证分析［J］. 上海医药，2015，36（13）：62-67.

[2] KSR International Co. v. Teleflex Inc.，550 U.S. 398（2007）.

[3] 李梅，高燕 . KSR 案后各国家和地区的专利创造性标准发展研究（二）［J］. 中国发明与专利，2014（7）：66-70.

则基于设计因素或市场动力的推动而使某一领域的公知技术发生改变以应用于相同领域或不同领域；（7）一些现有技术中的教导、启示或动机使本领域普通技术人员改进现有技术对比文件或结合现有技术对比文件中的教导以得到请求保护的发明。可见，专利创造性的审查标准变得更加灵活，同时 KSR 案后所确立的判断标准在后续联邦巡回上诉法院的更多判例中得以细化。总体来说，创造性审查标准得到了进一步提高。

2.1.3.4 “问题—解决”判断方法

欧洲有关创造性判断的具体方法形成在美国之后。1977 年《欧洲专利公约》生效，其中的第 56 条第 1 款规定：“在现有技术基础上，如果发明相对于本领域技术人员不是显而易见的，则发明具备创造性。”在具体的判断方法上，欧洲专利局上诉委员会确定了“问题—解决”判断方法，其步骤包括：（1）认定最接近的现有技术；（2）确定发明所要解决的客观技术问题；（3）考虑申请专利的发明，以最接近现有技术和客观技术问题的角度来看，对所属领域普通技术人员而言是否显而易见。在第三步的非显而易见性的判断上，欧洲专利局提出“可能—会”方法（could -would approach）。根据该方法，现有技术作为整体是否存在任何技术启示，该技术启示使所属领域普通技术人员面对该客观技术问题时，“会”（would）而不只是“可能”（could）考虑到该技术启示来修改或调整最接近现有技术，使之实现发明内容，即本领域技术人员是否被教导用发明申请的技术特征去获取发明申请取得的技术效果。[1]欧洲专利审查指南同时指出，对现有技术启示的客观分析仍然不能提供清晰的结论时，辅助判断因素具有重要性，但只是补救性的创造性判断考量因素。[2]

2.1.3.5 “三步法”判断

中国有关创造性的判断方法是在《专利审查指南 2001》中作出了具体的规定。创造性判断分为两部分内容，第一部分是对突出的实质性特点进行

---

[1] 参见 Guidelines for Examination in the European Patent Office，April 2009，C-Ⅳ，9.8.

[2] 参见欧洲专利审查指南 2013，part G chapter Ⅶ，7.

判断，应当以对所述领域的技术人员来说是否显而易见为标准。在具体的判断方法上确定了“三步法”判断步骤：（1）确定最接近的现有技术；（2）确定发明的区别特征和发明实际解决的技术问题；（3）判断要求保护的发明对本领域技术人员来说是否显而易见。第二部分是对显著的进步的判断，是以发明与最接近的现有技术相比能够产生有益的技术效果为标准。有益的技术效果的考量范围包括：（1）发明与现有技术相比具有更好的技术效果，例如质量改善、节约能源、防治环境污染等；（2）发明提供了一种技术构思不同的技术方案，其技术效果能够基本上达到现有技术的水平；（3）发明代表某种新技术发展趋势；（4）尽管发明在某些方面有负面效果，但在其他方面具有明显积极的技术效果。[1]从总体来看，中国创造性的判断方法更接近于欧洲专利局的“问题—解决”方法，需要认定区别技术特征及其要解决的客观技术问题。[2]《专利审查指南2006》在“三步法”的最后一步判断过程中，增加了“动机—启示”判断，规定“判断现有技术对创造性的影响时，不应当根据本领域的技术人员是否能够采用某技术方案，而应当根据现有技术给出的启示是否引导本领域技术人员采用该技术方案作出判断”[3]，则是借鉴美国TSM检验法在创造性中作最后判断。《专利审查指南2010》中扩大了对现有技术认定以及对本领域技术人员水平认知的考量范围，以提高创造性要求标准。同时，《专利审查指南2010》也列出了与欧美的辅助判断因素相同的判断发明创造性时须考虑的其他因素。

2.1.4　创造性审查的国际趋势

2.1.4.1　标准趋同化

从以上创造性审查的发展历史来看，虽然专利创造性思想起源于欧洲，

---

[1] 参见中国《专利审查指南2010》第二部分第四章3.2节。

[2] 国家知识产权局专利局审查业务管理部．审查指南修改导读［M］．北京：知识产权出版社，2002：79.

[3] 国家知识产权局专利局审查业务管理部．审查指南修订导读（2006）［M］．北京：知识产权出版社，2006：160.

但第一个真正将创造性要求写入制定法，并通过一系列判例逐步形成具体判断标准的是美国，且美国始终在创造性判断标准的演变中发挥引领作用，各国对于创造性的判断标准均受美国提出的“非显而易见性”影响。尽管世界各国对于“创造性”这一授权要件的描述和具体判断方法有所不同，但都逐渐趋向于采用“非显而易见性”作为基本标准，要求发明必须与现有技术相比是非显而易见的，即发明人应当在发明时经历一定程度的、体现人类智慧的劳动过程，以达到技术进步的要求。

随着创造性条款的设立，创造性的判断方法也在不断地发展完善。世界各国都在不断探索既符合立法宗旨又行之有效的判断方法。将美国、欧洲、中国的创造性判断方法进行比较不难发现，虽然三者的创造性判断方法各有特点，但总体判断思路没有实质性差异，这体现在如下方面：（1）均要求判断的主体是本领域技术人员；（2）均强调对本专利和现有技术分别进行整体看待；（3）判断思路基本相同，都是客观分析发明的改进，进而在整体现有技术的基础上尝试重构发明。通过对美国、欧洲、中国的创造性判断方法共性的总结，可以发现创造性判断方法的内涵在于：以本领域技术人员的视角在对发明和现有技术进行客观和整体理解的基础上，比较分析发明的改进，进而在整体现有技术的基础上尝试重构发明，根据现有技术是否促使本领域技术人员有足够动机形成发明，判断发明的显而易见性。其中，重构发明的过程包括发明解决的技术问题是否显而易见，也包括发明解决技术问题的技术改进手段是否显而易见。

无论是美国“Graham 四要素判断流程 +TSM 检验法”，还是欧洲“问题—解决”判断方法，抑或是中国的“三步法”，这些创造性的判断方法的内涵即创造性本质的判断思路为全世界通用。反过来说，符合创造性判断共同思路的各种具体判断方法都在统一的内涵范畴之内。

2.1.4.2 方法客观化

由于创造性判断固有的主观性、判断主体水平的模糊性且易受事后眼光

(hindsight)的影响，导致创造性判断标准常被认为易变、难以捉摸。因此各国在对专利案件的审理中，都希望能够形成相对稳定的创造性判断方法，以避免对现有技术的事后眼光分析(ex post facto analysis)，并酌情考虑辅助判断因素，共同促进创造性标准的客观化。

美国 Graham 案确立了判断创造性的事实要件，但如何进一步明确判断的步骤及思路，联邦巡回上诉法院采用了“教导—启示—动机”检验法，这是促进创造性判断客观化的重要一步。该检验法认为，要认定权利要求显而易见，只能是因为在现有技术中、技术问题本身或本领域技术人员知识中公开了结合现有技术的教导的动机或提示。同时，为了避免事后眼光分析以及受审查员主观因素判断的影响，美国审查指南规定，为了正确地判断创造性，审查员必须回到正好在发明作出之前还不为人所知的时候，穿上假想的本领域技术人员的“鞋”，在考虑所有事实因素后，才能决定专利申请作为一个整体在发明作出时相对于本领域技术人员是否显而易见。创造性判断必须基于现有技术得出的事实而作出。[1]

欧洲专利局上诉委员会所应用的“问题—解决”方法同样是为了确保客观地判断创造性，以避免对现有技术的事后眼光分析。根据欧洲专利局上诉委员会的案例法，创造性判断必须基于发明人的客观而不是主观的成就。[2]从客观地认定现有技术开始，技术问题也应当基于客观标准进行认定。正确适用“问题—解决”方法可以最大限度地避免事后眼光分析，即不会受到发明申请的事后眼光影响，从而在现有技术中得出超出本领域技术人员客观上推导出来的内容。这种方法同时适用在判断发明申请对现有技术的贡献中，有利于本领域技术人员从客观的、技术上可行的、统一的角度进行比较与判断。

我国《专利审查指南》也在专节中规定：审查发明的创造性时，由于审查员是在了解了发明内容之后才作出判断，因而容易对发明的创造性估计偏低，从而犯“事后诸葛亮”错误。审查员应当牢牢记住，对发明的创造性评价是由发明所属技术领域的技术人员依据申请日以前的现有技术与发明进行

---

[1] 石必胜．专利创造性判断研究［M］．北京：知识产权出版社，2012：74.

[2] 参见 T1/80, OJ 1981, 206; T20/81, OJ 1982, 217; T24/81, OJ 1983, 133; T248/85, OJ 1986, 261.

比较而作出的，以减少和避免主观因素的影响。[1]

2.1.4.3　领域专业化

创造性判断的客观化同时促进了在实际审查中，专利审查部门越来越重视对相同、相似情况适用相同的判断规则的总结，以形成较为统一和稳定的操作指南供所有审查员参考。对于常见技术领域的发明创造性判断，稳定而统一地适用相同的创造性判断规则，反过来也有利于创造性判断的客观化。这些统一适用的规则必须根据技术领域的共同属性确定，而且在具体适用过程中应当遵循具体问题具体分析的原则，避免机械地适用统一规则。

主要国家和地区在判断发明是否包含创造性步骤时，需要在考虑现有技术基础上，确定该发明对于“相关技术领域内的一般技术人员”而言是否显而易见。这里强调要在“相关技术领域”中去判断，每一个技术方案都有属于自己的技术领域，各个领域中技术方案的审查又具有各自一定的特殊性，这就要求在不同的技术领域，专利授予应该基于不同的创造性标准。此外，不同领域内技术发展的创新水平不同，其所带动的产业经济发展水平也不相同。创造性作为专利审查授权的核心，通过采取不同的审查判断标准干预不同发展水平的创新活动。只有采用与不同领域各自的创新能力相匹配的创造性审查尺度，才能更好地为国家的科技发展添砖加瓦。

世界上主要国家和地区已形成的领域化创造性判断标准包括机械、物理、电学、化学以及生物技术等领域，对于这些领域的发明专利创造性都有专门规定。不同技术领域创造性审查的专门规定要根据其技术发展状况而定。比如机械、物理、电学及化学领域是发明专利创造性概念、判断方法和标准的来源地，其中的技术开发和使用较早，现有技术已较为丰富，普通技术人员的技术水平非常高超。对这些领域的小改进不但容易做到，而且没有多少实际价值，而专利创造性判断标准宜高不宜低，应当严格适用专利创造性判断方法。生物技术领域相对于以上传统技术领域来说为新兴领域，虽然其很多发明也是在现有技术基础上与多领域技术结合的成果，但由于技术发展非常

---

[1] 参见《专利审查指南 2010》第二部分第四章 6.2 节。

迅速、未公开技术大量存在和公知常识的滞后性，生物技术领域中的普通技术人员的一般技术水平的相对值要低于传统技术领域。与传统技术领域相比，在生物技术领域普通技术人员产生事先无法预测的技术效果相对容易，因此其创造性规定也必然不同。

2.1.5　中药专利创造性审查历史概述

1985 年中国第一部《专利法》颁布实施时，出于对社会利益与公共健康的考虑，当时的《专利法》仅对“药品和化学物质的制造方法”授予专利权，而将大部分药品配方及物质成分的技术发明拒之门外，从而使中药相关专利数量在专利制度起步期较少。直到 1992 年《专利法》第一次修改，由最初仅保护药品的制造方法扩大到对药品产品也可授予专利权，使多类型的中药发明可以获得专利保护，中药专利数量的积累过程才正式开始。1985—1992 年，由于整体的专利制度还处于起步阶段，此时中药领域的审查人员更为稀少，同时中药领域的发明申请数量也比较少，中药专利审查尚未在实践中总结出行业内基本规律。当时对中药专利的授权审查主要集中在是否满足专利客体条件以及新颖性条件，尚无对创造性水平高度要求的概念。

1993—2000 年，随着药品专利授权客体范围的扩大以及中药现代化发展战略的实施，中药专利进入第一次增长期。这一时期在审查政策上倾向于以中药专利数量积累为驱动，对中药专利授权审查的尺度较为宽松，包括对创造性的要求仍然没有明确的标准，发明技术方案只要具备区别于现有技术之外新的技术特征，同时具有一定的产业意义，通常都能够得到授权。

2001—2010 年，随着中国正式加入世界贸易组织，中药现代化进程进一步加快，大量古方及民间组方被挖掘开发制成新药，中药专利数量进入第二次增长期。这期间在医药领域基本实现与国际专利审查规则的对接，对中药专利的创造性审查建立在借鉴化学药组合物专利创造性审查的基础上。虽然随着中药发明申请的日益增多，审查员逐渐从审查实践中总结实务操作标准，但考虑到对民族医药产业的保护，在实际审查中相较于化学药创造性标准，对中药发明的创造性还是放宽了一些要求。

2011—2015年，中药专利迎来第三次增长期，专利数量在2015年达到峰值。但在此后，学术界与实务界都清醒地认识到，中药专利创造性审查表面上借鉴了化学药组合物的审查标准，但又无法执行与化学药组合物创造性标准同样的要求，导致产生并累积了很多价值不高、创新水平较低的中药专利。

2015年以后，学界开始思考是否需要针对中药发明制定专门的审查标准，国家知识产权局也组织局内外部门和机构陆续开展多项中医药审查标准、专利分析和保护策略课题研究。例如，2016年开展的"中药领域专利保护的策略研究"、2017年开展的"中医药国际化的知识产权保护策略研究"等。2020年，国家知识产权局起草形成了《中药领域发明专利审查指导意见（征求意见稿）》，标志着关于建立并实施中药专利独立的审查标准的政策已被提上日程，科学制定适合中医药领域特点的专利审查标准，为下一步将中医药领域发明专利申请的审查标准纳入专利审查指南作好充分准备。但由于各国国情、相关配套制度等方面的不同，目前传统医药领域国际间的专利审查标准仍需进一步协调，未来仍需加强对中医药领域专利审查标准的研究，并积极参与国际交流，不断制定、完善具有中国特色，又能够获得国际认可的审查标准。随着中医中药走向世界，相信中药专利审查标准也能够进一步发挥国际影响力。[1]

2.2 创造性审查的理论与原则

2.2.1 创造性审查的理论基础

创造性是专利授权最重要的实质要件，是在比实用性和新颖性更抽象的层面上衡量一种发明在科研成果中充分体现出的科学研究造诣。对于中药发

[1] 国家知识产权局关于政协十三届全国委员会第二次会议第2959号（科学技术类177号）提案答复的函［EB/OL］.（2019-09-10）［2020-07-03］. https：//www.yaozui.com/p793656.html.

明来说，就是要将一般的中医药知识的实践应用与科研创新区分开来，将单纯的中医药技术工艺与创造性发明区别开来。创造性理论也体现于专利制度基本理论中，是专利制度价值得以实现的关键。

2.2.1.1　财产权劳动理论

财产权劳动理论的代表人物是英国哲学家约翰·洛克，其在著作《政府论》（*Two Treaties of Government*）下篇中写道："由于他人身体和双手的劳动归属于他个人，因此，无论什么物品，只要他改变了它的自然形态，他就混合进了某种属于他的东西，从而使该物品成为他的个人财产。由于该物品的自然形态已经被改变，劳动使该物品本身附着上了某种排除他人共有权的东西。因为该劳动无疑是劳动者的财产，只有劳动者本人有权享有该曾被加入的东西。"[1] 洛克财产权劳动理论是认知知识产权的一种重要理论。美国埃德温·赫廷格（Edwin C. Hettinger）对这一理论进行了修正，指出假如劳动果实是有价值的，并且这种劳动赋予该劳动者对该价值的财产权，那么它就只能赋予该劳动者对于他增加的那部分劳动果实的财产权，而不是对该生成品的全部价值。[2]

劳动可分为体力劳动与脑力劳动两种，脑力劳动是指以大脑神经系统的劳动为主，以其他生理系统的劳动为辅的人类劳动，发明创造就是脑力劳动的过程。专利作为发明者脑力劳动的成果，其中包含能够实现等价交换的一定的社会劳动量，专利审查机构必须确保每一项专利均具有"可转换为相当交换价值的使用价值"。因此，专利审查机构设置了创造性这一门槛，实质上是判断在该项谋求专利制度保护的发明创造之中，是否包含一定的社会劳动量。

2.2.1.2　回报理论

回报理论是专利经济理论的主要理论之一，其认为发明者在发明创造过

---

[1] 约翰·洛克.政府论（下篇）[M].杨宇冠，李立，译.北京：中国政法大学出版社，2018: 23.

[2] Edwin C H. Justifying Intellectual Property [J]. Philosophy and Public Affairs，1989，18（1）: 31–52.

程中投入了大量的人力、物力和创造性劳动，专利权即一定的市场垄断权，是对发明者的一种奖励。[1]然而，专利制度在发挥积极作用的同时，会带来巨大的社会成本。这是因为专利制度下权利人获得在一定期限内的市场垄断权，在此期限内专利权人很有可能通过限制产量、抬高价格来获取垄断利润。这无疑会对本领域技术进步和社会经济发展产生负面影响，从而带来高昂的社会成本。社会成本最高的专利是那些包含最小的技术进步却取得最大的商业成功的专利，亦即专利权人获利最大的专利。回报理论在承认专利权人的市场垄断权的同时，强调专利权人利益与社会公共利益的平衡。为了解决专利的社会成本问题，回报理论主张采用严格的可专利标准，仅将专利权授予那些具有重大技术进步的发明创造，只有当某一发明创造的研究必须以专利权予以激励时，对该发明创造授予的专利权所产生的社会效益才能弥补其社会成本。

具体来说，在判断发明创造的可专利性时，回报理论所注重的发明创造的技术进步程度即创造性。这种技术进步的程度应当与专利权的范围存在对价关系，进步程度较大的发明授予范围较广的专利权，进步程度较小的发明授予范围较窄的专利权，没有技术进步的发明则不应当授予专利权。

2.2.1.3 合同理论

合同理论又称契约理论，也是专利制度所依据的重要理论之一。合同关系即一种交换关系，绝大部分合同是建立在对价的基础上，对价即代价，是双方利益的互换。[2]在专利制度中，合同理论认为双方的对价是“发明公开”与“审查授权”的互换，其主要目的之一在于通过接受社会公众的检验或道标社会公众审查发明，使发明符合专利授权条件，以保证专利具有较高的水平和价值。因为不同发明的水平实际上有高有低，价值有大有小，但授予专利权的发明一律享受相同期限的排他权利。因此，为保证每项专利都为相同

---

[1] 李明德．知识产权法［M］．北京：社会科学文献出版社，2007：185.

[2] 阿瑟·R. 戴维斯，迈克尔·H. 米勒．知识产权法概要［M］．周林，译．北京：中国社会科学出版社，1998：9.

期限的专利权提供足够的对价，就需要对专利设置一定的条件，剔除那些水平不高、价值不大的发明，这一条件就是创造性。专利创造性的发展史已经证明，不设置或设置较低的创造性条件，会令公开和授权的发明水平和价值较低，就会带来专利和技术垄断的泛滥，阻碍经济技术的进步；而设置较高的创造性条件，又会挫伤发明者发明创造以及技术公开的积极性，也不利于经济技术的进步。

2.2.1.4　勘探理论

勘探理论又称为展望理论，[1]也是专利经济理论之一。“勘探”是指开发一个已知技术可能性的特定机会，勘探理论认为申请专利就像是获得了对某个区域进行排他性开发的许可证，其最大的作用在于提前圈定市场，降低开发新技术的不确定性带来的风险。[2]该理论主张当某一发明创造具有客观的商业前景时，在其初始研发阶段即可提供专利保护，并采取较为宽松的创造性判断标准，其目的在于加强研发投资的安全性及促进创新。这样做的理由是：当某一新产品或新技术有超额利润可图时，竞争者便会纷纷涌入，在研发初期就授予专利，可减少重复发明所造成的损失，从而使专利制度的主要成本，即争夺专利权造成的浪费最小化。勘探理论提供了一种新的专利审查、授权和保护的思路，与回报理论相比，在勘探理论的指导下会采取较为宽松的专利创造性判断标准，在判断创造性时更多关注商业因素，对那些具有极高商业成功潜力或者厂商竞相研究的发明创造，会尽可能地授权和保护，勘探理论是创造性审查中辅助性考量因素提出的基础。

2.2.2　创造性审查理论的动因

创造性是专利“三性”中最重要的要件，因而被称为“授予专利权的首

---

[1] 闫文军．专利权的保护范围［M］．北京：法律出版社，2007：18.

[2] Kitch E W . The Nature and Function of the Patent System［J］. The Journal of Law and Economics, 1977, 20（2）: 265–290.

要条件”。[1]不同国家又有发明高度、发明水平、创造性活动、先进性、进步性等称谓。[2]创造性审查是专利审查中的重要环节，从发明创造行为及其过程的科学实质出发，可总结出对专利进行创造性审查的本质。发明创造行为是在人类的物质需要与自然物质世界之间相互矛盾、相互斗争、相互作用、相互协调过程中产生的。发明创造工作的基本过程通常表现为发现常人难以解决的技术问题，或者提出常人难以解决的技术问题，或者分析常人难以解决的技术问题，或者解决常人难以解决的技术问题的过程。[3]因此，发明创造的本质是主观和客观相互作用的过程，这个过程必须是提出了新的技术问题、分析了新的技术问题、解决了新的技术问题的过程。从哲学角度来看，真正的发明创造是技术发展过程中的一种跨越性、整体性的质变，即从一种技术状态到另一种技术状态的质变，而且不是一种普通的质变，应具有常人难以发现、难以分析、难以解决的特点。这时就需要考虑用什么样的“度”来衡量质变，规定在什么情况下为创造性技术智力成果，什么情况下为普通的劳动成果。因此，衡量技术质变的程度是区分真正的发明创造与普通技术性劳动，即专利创造性审查的本质与内涵。

一项发明可以授予专利的基本条件是其必须具备创新，但仅有创新还是不够的，发明必须“十分新颖”或者与行业现状有很大差别——这就上升到创新水平高度的问题。那么，为什么要在创新基础上设定一个评估标准高度呢？主要基于小增值性发明损害市场竞争、审查决定具有不确定性和难以保证足够的经济回报三方面的原因。

2.2.2.1 小增值性发明损害市场竞争

早在17世纪，英国法院在判决中就已经澄清，常规创新是商业通行的惯例之一。因为部分公司的产品通常要符合客户的要求，公司会设置默认产品，让某个公司将这部分边际调整设置为专利。这就意味着禁止其他公司进行日

---

[1] Menell P S，Lemley M A，Merges R P. Intellectual Property in the New Technological Age：2017 – Chapters 1 and 2［M］. Social Science Electronic Publishing，2017.

[2] 吴汉东. 知识产权基本问题研究［M］. 北京：中国人民大学出版社，2005：205.

[3] 刘俊士. 专利创造性分析原理［M］. 北京：知识产权出版社，2012：44.

常经营活动，只要求创新不要求其高度会损害市场竞争。因此，为了确保小增值性发明的专利不会威胁业已建立的产业，则必须设定创新水平的高度并审查每项发明是否达到。

2.2.2.2　审查决定具有不确定性

考虑到审查员决定的不稳定性，即对发明性的评估注定有不同的意见且不都是完善的，较低水平的专利创新要求比较高水平的创新要求更难被安全、准确地执行。较低水平的创新要求会使某些授予专利的技术不具有足够的新颖性。这样，就有可能将业已建立起自己业务的公司被排除在竞争之外，原因是它们侵犯了可能根本没有实质性创意的专利。考虑到专利局或者法庭有可能发生的错误，在新颖性基础上增加对创造性的审查，可以确保创新性的要求被充分执行。[1]

2.2.2.3　难以保证足够的经济回报

如果对创新性高度没有要求，任何边缘性的、简单的改进都可以替代发明，如果这样，初始专利就形同虚设。事实上，19 世纪法国的“改进执照”正反映了这一情况。[2]不审查创造性，在累积发明的框架下，任何改进都可获得专利授权，令专利不再有“稀有性”。专利所附加的经济价值也会遭到稀释，专利保护系统将不能保证发明者得到足够的经济回报。因此，考虑到经济回报才能够激励发明的作用，需要审查创造性来保持专利系统的运行。

2.2.3　法律意义上的创造性审查理论

创造性审查的法律解释可以有多种。一方面，创造性审查可被认为是一

---

[1] 多米尼克·格莱克，布鲁诺·范·波特斯伯格. 欧洲专利制度经济学：创新与竞争的知识产权政策［M］. 张南，译. 北京：知识产权出版社，2016：119.

[2] “改进执照”在巴尔扎克的小说《幻灭》中有所体现：在法国，发明者的痛在于改进执照。一个人花掉一生中的十年来寻找工业、机器或者其他发现的秘密，他拿到一纸证书，认为自己是这项发明的主人了；随之而来的是他之前完全没有料到的竞争者，只拧一下螺丝，就说改进了发明，然后从他手中把发明夺走。

种行政行为。行政行为是指行政主体在实施行政管理活动、行使行政职权过程中所作出的具有法律意义的行为，创造性审查行为的行为主体为国家知识产权局。专利创造性审查行为包括三种类型：第一种为发明专利申请的授权审查，发生在发明提出专利申请后，在对发明进行初步审查基础上，应申请人作出针对发明专利申请的实质审查请求，通过审查员依职权履行行政职责而作出的行政行为；第二种为专利申请被驳回后的复审，发生在专利申请人对国家知识产权局驳回其专利申请的决定不服而提出复审请求后，行为主体为国家知识产权局专利复审委员会（以下简称“专利复审委员会”）[1]；第三种为专利被提出无效后的审查，针对的是已获得授权的发明专利，应第三人提出的无效宣告请求而进行的审查行为，行为主体也为专利复审委员会。在这三种审查行为中，前两种为专利授权审查行为，最后一种为专利确权审查行为。专利创造性审查作为一种行政行为，具有行政法律意义并产生行政法律效果。对于专利授权审查行为，如经过审查员审查认为发明不具备创造性，则作出驳回申请或维持驳回的决定：驳回决定是国家知识产权局宣告实质审查程序终止的行政决定；维持驳回的决定是专利复审委员会宣告复审终止的行政决定，这意味着国家知识产权局认为该件发明不应授予专利。对于专利确权审查行为，如经过审查员审查认为发明不具备创造性，则作出宣告专利权无效的决定，这意味着专利权被撤销，同时该专利权被视为自始即不存在。专利创造性审查行为具有行政行为裁量性与从属法律性特征。专利创造性审查具有较大的自由裁量余地，以保证有效地实施专利行政管理，因此受个体主观因素影响较大。创造性审查必须有法律依据，具体来说主要包括《专利法》《专利法实施细则》以及专利审查指南。其中，专利审查指南虽然并不是严格意义上的法律文件，但它是国家知识产权局依据《专利法》及其实施细则制定的行政规范，是专利局和专利复审委员会依法行使行政职权的重要依据和标准，也是有关当事人在各个程序或阶段中应当遵守的规章。[2]

---

[1] 2019 年国家知识产权局专利复审委员会并入国家知识产权局专利局，不再保留专利复审委会名称，现业务部门名称为国家知识产权局专利局复审和无效审理部。全书同。

[2] 罗豪才，湛中乐．行政法学［M］．北京：北京大学出版社，2013：114–118.

另一方面，创造性审查也可被认为是一种行政程序，可理解为有关专利授权或确权的所有行为或者措施的所有步骤、方法和方式，既包括作出行政行为的程序，如专利授权，也包括行政复议的程序，如专利无效。创造性审查遵循行政程序基本原则，即公正原则、效率原则及相对人参与原则。无论是处于发明专利申请的实质审查、复审抑或无效审查，其审查程序必须公正，审查员必须平等对待各方当事人，排除各种可能导致不平等或者不公正的因素。根据审查指南的规定，创造性的审查是应申请人的请求而开展的。在审查过程中，如果审查员认为发明所有的创造性理由不充分、证据不明确，应当给申请人提供至少一次针对所依据的事实、理由和证据陈述意见或修改申请文件的机会，包括举行当面会晤；如果审查员作出驳回决定，驳回所依据的事实、理由和证据应当在之前的审查意见通知书中告知过申请人，申请人收到审查意见通知书还可以对审查员针对创造性不足的驳回意见进行申诉。虽然审查员为了节约程序、缩短审查过程，可尽量减少与申请人通信的次数，但是仍然不能违反请求原则和听证原则，因为相对人在程序上有了解并被告知与自己权益有关的行政行为的权利。当审查员在现有申请文本基础上初步认为发明欠缺创造性，不能直接作出驳回该发明专利申请的决定，而是必须首先通知申请人，为其提供陈述其发明具备创新性、修改申请文件的机会。在复审中，如专利复审委员会经审查认为复审请求不成立，也应当通知复审请求人，并给予其陈述意见的机会。同样在无效审查中，专利复审委员会应当将专利权无效宣告请求书和有关文件的副本送交专利权人，给予专利权人陈述意见的机会，专利复审委员会还会将其陈述的意见送交请求人，给予请求人反驳的机会，视案情需要，这样的过程在无效审查中可能会反复进行多次。[1]

2.2.4　创造性审查的基本原则

发明专利创造性审查原则作为某一国家或地区专利审查制度实施过程中有关专利创造性判断的法律原则，其作用在于：（1）指导对有关专利创造性

---

[1] 尹新天．中国专利法详解［M］．北京：知识产权出版社，2018：322，343，368.

审查法律规定的解释和推理；（2）填补有关专利创造性审查法律规定的空白；（3）规范和引导专利审查员在创造性判断中自由裁量权的行使。[1]各主要国家和地区的专利创造性审查原则已逐渐趋同，主要有公平原则、对比原则、技术贡献原则、整体评价原则、综合评价原则和避免主观因素影响原则。下面将以中国的《专利审查指南 2010》中具体的规定为例，逐一解释。

2.2.4.1 公平原则

创造性审查是实质审查中最重要的部分，从过程与程序上来说创造性审查要求以公平原则为前提。《专利审查指南 2010》[2]第二部分第八章“实质审查程序”引言中规定：专利实质审查程序通常只有在申请人提出审查请求的前提下才能启动，审查员只能根据申请人依法正式呈请审查（包括提出申请时、依法提出修改时或者答复审查意见通知书时）的申请文件进行审查。第二部分第八章 2.2 节“实质审查程序中的基本原则”中规定：在实质审查过程中，审查员在作出驳回决定之前，应当给申请人提供至少一次针对驳回所依据的事实、理由和证据陈述意见和/或修改申请文件的机会，即审查员作出驳回决定时，驳回所依据的事实、理由和证据应当在之前的审查意见通知书中已经告知过申请人。根据审查指南的规定，创造性的审查是应申请人的请求而开展的。在审查过程中如果审查员认为发明所有的创造性理由不充分、证据不明确，应当给申请人提供至少一次针对所依据的事实、理由和证据陈述意见或修改申请文件的机会，即举行会晤，会晤应当在审查员已发出第一次审查意见通知书后进行，并且申请人可在答复审查意见通知书的同时或者之后提出会晤要求，也可由审查员根据案情的需要向申请人发出约请，在实务中简称为“一通”“二通”……而且审查员如果作出驳回决定，驳回所依据的事实、理由和证据应当在之前的审查意见通知书中已经告知过申请人，申请人收到审查意见通知书还可以对审查员针对创造性不足的驳回意见进行申诉。虽然审查员为了节约程序、缩短审查过程，可尽量减少与申请人通信的

---

[1] 刘作翔．法理学［M］．北京：社会科学文献出版社，2005：75-79.

[2] 本节相关内容均参见《专利审查指南 2010》。

次数，但是仍然不能违反请求原则和听证原则。实质审查程序中采用会晤、讨论等方式很大程度地保证了创造性审查过程中的公平，既保障了申请人对发明所包含的创造性的说明权与申诉权，也保障了其他相关人对发明创造性的质疑权。

2.2.4.2　对比原则

对比原则是指要在与检索得到的现有技术进行对比的基础上作出创造性审查。创造性判断的依据为对比文件，《专利审查指南 2010》第二部分第三章 2.3 节“对比文件”中规定：为判断发明或者实用新型是否具备新颖性或创造性等所引用的相关文件，包括专利文件和非专利文件，统称为对比文件。对比文件主要是国内外的公开出版物，引用的对比文件可以是一份，也可以是数份；所引用的内容可以是每份对比文件的全部内容，也可以是其中的部分内容。第二部分第四章 3.1 节“审查原则”中规定：与新颖性“单独对比”的审查原则不同，审查创造性时，将一份或者多份现有技术中的不同的技术内容组合在一起对要求保护的发明进行评价。

根据《专利审查指南 2010》的规定，创造性审查所用的对比文件是从现有技术中确定出的最相关的一份或几份文件，按照审查步骤一般要先确定一个最接近的现有技术作为对比的起点，它是判断发明是否具有突出的实质性特点的基础。在进行对比时，不仅要将申请文件与所确定的对比文件进行一一对比，以确定申请文件所包含的具体区别特征，而且要将申请文件与对比文件之间进行一对多的综合对比，以及将申请文件与一份对比文件中的不同部分结合起来对比；此外，很多时候对比文件之间也要进行两两比较。在这种全方位、多层次的对比要求之下才能够作出创造性判断结论。

2.2.4.3　技术贡献原则

技术贡献原则是指要从技术贡献视角出发对技术方案进行创造性判断。技术贡献意味着与现有技术相比，应有明显的技术性进步。所谓技术性，是指技术贡献应当利用自然规律的技术手段，解决技术问题，获得符合自然规律且有益的技术效果。有技术性进步的实质就包含了不相同（非显而易见）与有益的技术效果。[1] 中国《专利法》对创造性的规定包含了突出的实质性特点与显著的进步两个方面。《专利审查指南 2010》第二部分第四章 2.2 节“突出的实质性特点”中规定：发明有突出的实质性特点，是指对所属技术领域的技术人员来说，发明相对于现有技术是非显而易见的。如果发明是所属技术领域的技术人员在现有技术的基础上仅仅通过合乎逻辑的分析、推理或者有限的试验可以得到的，则该发明是显而易见的，也就不具备突出的实质性特点。第二部分第四章 2.3 节“显著的进步”中规定：发明有显著的进步，是指发明与现有技术相比能够产生有益的技术效果。例如，发明克服了现有技术中存在的缺点和不足，或者为解决某一技术问题提供了一种不同构思的技术方案，或者代表某种新的技术发展趋势。

在审查创造性时，以上两个方面要求并重。从审查逻辑来看，如果有实质性特点则具备显著的进步，如果有显著的进步则必定有实质的进步，这是创造性要件的“一体两面”，在审查实践中并不严格区分这两部分的审查，大多数时候是揉捻在一起进行审查，其原因就在于技术贡献本身即包含这两方面内容。判断专利是否具备创造性，从技术贡献角度看就是要判断发明人是否对技术进步做出贡献。如果没有做出技术贡献，或者技术贡献的程度太低，则不宜授予发明人排他性的专利权，这样才能确保专利权人与社会公众之间的利益平衡。

2.2.4.4 整体评价原则

整体评价原则要求在判断技术方案是否具备创造性时，应当针对权利要求限定的技术方案整体进行评价，而不是评价某一技术特征是否具备创造性。审查时，不但要将申请专利的发明作为一个整体来考虑，而且要将现有技术也从整体上加以考虑。《专利审查指南 2010》第二部分第四章 6.4 节“对要求保护的发明进行审查”中规定：创造性的判断，应当针对权利要求限定的技术方案整体进行评价，即评价技术方案是否具备创造性，而不是评价某一技

[1] 石必胜．专利权有效性司法判断［M］．北京：知识产权出版社，2016：42–47.

术特征是否具备创造性。

根据整体评价原则的规定，如果权利要求是技术特征的结合体，分别认定每个技术特征是已知或是显而易见，然后据此认为全部技术方案是显而易见的，这种方法是错误的。对多个特征组成的技术方案，创造性的判断不能仅仅依靠每个独立的特征，而是要考虑技术方案的整体技术构思。不能仅考虑每个单独的构成因素是否是公知的，而应当考察技术方案整体上是否具有独特的技术效果。具体如何贯彻整体原则，在创造性审查中应当注意：从发明中提炼技术要点要符合“整体评价”要求，揭示技术问题的原因是“整体评价”要求的一部分；对现有技术必须进行完整理解，对其中可能远离发明申请的教导也要作为技术方案的一部分来考虑。[1]在评价技术方案是否具备创造性过程中，对体现方案的必要技术特征的归纳相当重要，对必要技术特征的多列或漏列都会直接影响到该技术方案是否具备创造性的判断，应当结合体现技术方案的必要技术特征，针对权利要求限定的技术方案整体进行评价。

2.2.4.5 综合评价原则

综合评价原则的实质仍然为整体评价原则，在技术贡献原则基础上进一步细化整体评价原则在审查实践中该如何具体把握。《专利审查指南 2010》第二部分第四章 3.1 节“审查原则”中是这样规定的：在评价发明是否具备创造性时，审查员不仅要考虑发明的技术方案本身，而且要考虑发明所属技术领域、所解决的技术问题和所产生的技术效果，将发明作为一个整体看待。这个规定可以归纳为综合评价原则。

根据综合评价原则，发明创造的技术问题、技术手段或者技术效果中只要有一项是非显而易见的，技术方案整体上都有可能是非显而易见的。从技术贡献的视角来看，发明人做出技术贡献的发明点可能体现在技术问题、技术手段或者技术效果任何一个方面，或同时多个方面体现技术贡献。技术贡献的三要素包括：技术问题、技术手段以及技术效果。因此在创造性判断时，

---

[1] W.L.Gore & Associates, Inc. v. Garlock, Inc., 721F. 2d 1540, 220 USPQ 303 (Fed. Cir. 1983), cert. denied, 469 U.S. 851 (1984).

应当将技术手段、技术问题和技术效果多个方面结合起来进行立体的判断，全面地把握技术贡献。发明构思是指为专利技术做出创造性贡献的技术解决问题与相应技术手段的特定有机统一。其中，技术问题的发现与提出有时是创意性的，有可能为后来完成的发明创造带来创造性；有时技术问题与现有技术相比，可能区别特征并不显著，但是为前人已经提出的技术问题带来创造性的技术手段，也应当认定该发明相对于本领域技术人员是非显而易见的。同时，如果某个技术手段取得的技术效果是预料不到的，技术效果对于本领域技术人员则是非显而易见的，即使其技术问题与技术手段都是显而易见的，技术方案整体上也可能是非显而易见的。因此，对技术效果的衡量也是专利创造性判断必须掌握的技术信息。

2.2.4.6 避免主观因素影响原则

避免主观因素影响原则是指创造性审查中，应当尽量避免专利创造性条件固有的主观性及事后眼光的影响，同时还要克服判断主体的分散性。《专利审查指南 2010》第二部分第四章 6.2 节“避免‘事后诸葛亮’”中规定：审查发明的创造性时，由于审查员是在了解了发明内容之后才作出判断，因而容易对发明的创造性估计偏低，从而犯“事后诸葛亮”的错误。审查员应当牢牢记住，对发明的创造性评价是由发明所属技术领域的技术人员依据申请日以前的现有技术与发明进行比较而作出的，以减少和避免主观因素的影响。

之所以有这样的规定，其原因还是在于专利创造性条件存在固有的主观性，使得无论是在专利授权还是确权中，创造性判断都无法做到完全客观。早在 1920 年，美国联邦第二巡回上诉法院的汉德法官即指出，应当认识到创造性条件本身固有的主观性，他表示：“我知道在回答创造性条件在每个案件中引发的问题时，不存在客观标准”[1]“创造性条件的缺陷确实是它

[1] Wire Wheel Corp. of America v. C.T. Silver, Inc., 266 F. 221, 227 (S.D.N.Y.1919), aff’d, 266 F. 229 (2d Cir. 1920).

的不确定性”[1]。他还认为判断创造性从根本上来说就是主观判断。而“事后诸葛亮”，欧美审查指南中称之为“事后眼光”则是造成创造性条件主观性泛滥的重要因素，也是各国创造性判断时普遍面临的难题。在1911年的Diamond Rubber Co. v. Consolidated Rubber Tire Co.案中，美国联邦最高法院明确批评了事后眼光对创造性判断的影响，麦肯纳法官在判决中表示：“马后炮总是容易的，问题一旦解决了，就不再有困难，新事物常常看起来就在眼皮子底下，唾手可得，常人只要稍微注意一点就能发现，但法律对于专利的显而易见性判断却设定了不同于精明推测的标准。”[2]同时，在各级审查中由于审查员不同的专业因素，表现出对创造性不同的理解，具体判断规则难以统一。因此审查员应该牢记从发明所属技术领域的普通技术人员视角出发，依据申请日以前的现有技术与发明进行比较而作出判断结论，以减少和避免主观因素的影响。

2.2.5　小结

对专利进行创造性审查并不是在专利制度诞生之初即有的，它是随着技术水平不断提高、技术间差异不断缩小使专利授权要求不得不提高而产生的。在其产生过程中，具体又经历了早期创造性思想的萌发，而后在专利法中制定具体关于对创造性要求的条款，再到后来在实际审查指南或操作规范文件中不断完善创造性判断的方法。

专利创造性审查在理论上遵循财产权劳动理论，即衡量发明的技术方案中要包含足够的社会劳动量，确保所包含的社会劳动量具有可转换为相当交换价值的使用价值。这里要求专利具有的交换价值，也正是因为创造性审查在理论上还遵循合同理论与对价理论，即要求创造性审查机制在一定程度上发挥剔除功能，剔除那些水平不高、价值不大的发明，以保证授予的专利权必须与发明自身包含的交换价值对等。从内在层面则进一步要求我们必须考

---

[1] Van Heusen Products v. Earl & Wilson, 300 F. 922, 929 (S.D.N.Y. 1924).

[2] Diamond Rubber Co. v. Consolidated Rubber Tire Co., 220 U.S. 428 (1911).

虑设置多高的创造性条件来满足合同理论与对价理论的要求。设置创造性条件的目的在于防止小增值性发明损害市场竞争，并克服审查决定的不确定性，从而能够保证发明人获得与其劳动价值相当的经济回报。

从法律意义上来说，专利创造性审查既是一种行政行为，又是一种行政程序，它必须遵守法律行为与程序的公平原则，同时根据专利法的要求，作为技术审查的一项，创造性审查还要遵循对比原则、技术贡献原则、整体及综合评价原则。此外，创造性是人为设置的提升授权标准、剔除水平不高发明的工具，其高度（或称为“门槛”）的设定应符合技术发展的客观水平，而不能随意受主观因素影响。

2.3　中药专利创造性审查的本质

从专利法意义上来说，发明的创造性审查标准既是申请专利的标准，它决定了权利的范围与大小，又是专利权确权的依据，它决定了权利是否合法。而从创造性审查理论来说，创造性审查标准决定如何度量发明是否包含足够的社会劳动量以保证授权的发明具有交换价值。这一标准的高度应符合客观技术发展水平，并与技术创新标准保持一致。因此，中药专利创造性审查标准既要符合法律的公平公正原则，也要有利于实现社会价值。中药发明专利创造性审查标准深受现实中中药技术创新标准影响，并通过审查实践而形成，而现实中中药技术创新标准又受产业经济、技术发展趋势及审查案例等多方面因素影响，在考虑创造性宽度时，则需要考虑中药产业经济现状，中药技术发展趋势以及过往中药专利审查案例中所反映出的问题（见图 2.1）。

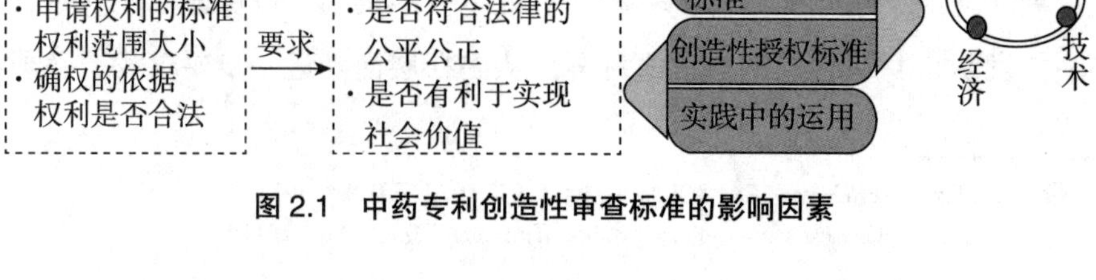

图 2.1　中药专利创造性审查标准的影响因素

2.3.1　充分衡量并体现中医药科学研究造诣

与其他技术领域一样，创造性同样是中药专利授权最重要的要件。从上一节关于创造性审查的理论与原则梳理来看，创造性审查标准是在比实用性和新颖性更抽象的层面上衡量一种中药发明在科研成果中是否充分体现出科学研究造诣，而将一般的中医药理论应用与科研创新区分开来，将单纯的中医药技术工艺与创造性发明区别开来的判断标准。

中药创新与其他技术领域创新最大的不同之处在于，其技术创新根植于中医药理论，而中医药理论的形成源于从古至今的医学临床实践，同时又不断在实践中接受检验并发展，反过来再丰富完善着理论。[1]因此中药创新的特殊性就在于中医药理论在实践中的传承与创新，这两者必然相辅相成，不可割裂。传承是创新的基础，创新是传承的目的，对中医药理论的传承与创新也最能够体现中医药科学研究造诣。

如何体现中医药科学研究造诣，实现中医药理论在实践中的传承与创新，其突破口主要有三点。

第一，立足临床需求，在解决临床问题中产生新的方法或产品。例如，血瘀是很多中医疾病在临床上共同的病理现象，影响着疾病的发生发展、预后转归。结合现代临床发病率较高的冠心病，从中医角度针对冠心病提出“心血瘀阻、血脉不通”病机，提出以活血化瘀法治疗冠心病，研制出精制冠心颗粒、芎芍制剂等一批新药，并申请了一些技术专利，包括“一种治疗心脏病的中药制剂及其制备方法（专利号 CN02146248.8）”“一种预防冠心病介入治疗后再狭窄和（或）治疗冠心病的药物及其制备方法（专利号 CN03100171.8）”“一种治疗冠心病心绞痛以及介入手术后再狭窄的药物（专利号 CN200310103833.2）”“一种防治动脉粥样硬化的中药及其制备方法（专

---

[1] 张伯礼，李振吉．中国中医药重大理论传承创新典藏［M］．北京：中国中医药出版社，2018：5-7.

利号 CN200510080152.8）”。

第二，以治则治法为突破口，从探索到深入、从一病到多病、从一法到多法、从轻症到重症，在对治则治法进行探究的过程中产生新的方法或产品。治则治法是中医在长期临床实践中总结出的治疗经验，例如，扶正化瘀法常用来治疗和预防多种脏器的纤维化，基于此申请的一系列专利包括“一种能改善肺纤维化的中药制剂（专利号 CN10093218.2）”“一种中药组合物在制备改善肾纤维化的中药制剂中的应用（专利号 CN03129035.3）”“一种治疗胆汁淤积、肝纤维化的药物及制备方法（专利号 CN200510024164.9）”。

第三，采用新技术、新方法，开拓新的研究领域及研究维度，使中药应用更符合现代化要求。例如，组分中药研究是在传承方剂配伍理论基础上，突破仅凭经验组方的局限，利用现代药物成分提取、分离及鉴定手段，创建了标准组分、组效关系、组分配伍、优化设计的技术流程，提出强化主效应，兼顾次效应，控制副效应的效应配伍理论，实现了从饮片配伍到组分配伍的转变。基于此申请的一系列专利包括“治疗冠心病心绞痛的中药制剂及其制备方法（专利号 CN02100879.5）”“芪参益气滴丸在制备防治老年痴呆药物中的应用（专利号 CN200510013503.3）”。

2.3.2 以发明人的努力程度确定创造性高低

创造性审查标准设定的宽度非常重要，若创造性审查设定较宽的标准，则任何一点较小的改进发明都能够获得专利权，这显然不利于持续性地促进创新。因此，中药发明创造性审查标准要能够排除小增值性改进发明，充分考虑发明人努力所应得的回报，在与回报对价基础上授予“等值”的专利权范围。

多数中药发明是在共有领域知识与技能基础上做出的，共有领域知识与技能根据专利法中关于创造性概念内涵可被解释为本领域普通技术人员所掌握的知识与技能，具体来说，主要包括有文字记载或使用记录与经验的古方、验方，已知的中药炮制工艺、制剂工艺与制备方法，这些都是中药发明的起点。在共有领域知识与技能基础上，发明人通过进行脑力劳动，包括无限次实验，长期的临床应用经验积累与总结，投入大量的人力、物力及财力等。脑力劳动的投入量与艰辛程度决定了发明所取得成果的边界，如果所做的努力使发明所产生的有益效果仍无法超过原共有领域所能达到的范畴，发明则为改进性发明；如果所做的努力非常之多，所产生的有益效果非常之大，已超出本领域普通技术人员知识与技能认知的范围，发明则为突破性中药发明。从发明的起点开始，发明人努力的部分则构成了发明创造性的部分。中药发明创造性的大小主要由发明人的努力程度来决定（见图 2.2）。当然历史上也存在不少并不需要付出很多努力的偶然性发明，但在中药领域中偶然性发明并不常见，主要是因为长期以来中药研发比较依赖于经验总结与临床应用，所用的药材原料都已有上千年应用历史，要想从中得到任何具有专利价值的发明成果，如果不投入相应程度的努力，则并不能轻易从“意外”或“偶然”之中得到。

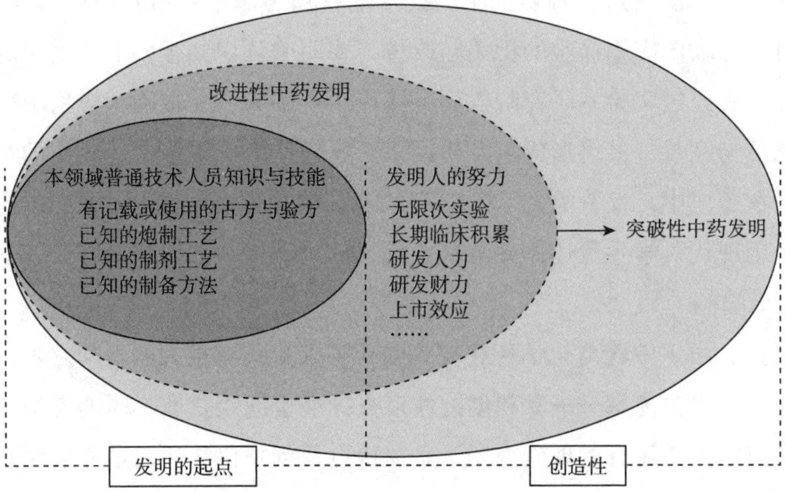

图 2.2　中药发明创造性的影响因素

2.4 中药专利创造性审查标准的应然特征

2.4.1 满足中药技术创新需求

中药创新采用与化学药创新不同的视角，具体包括研发理论基础不同、研发过程与方法不同、研究人员知识背景不同以及面临的技术问题不同，这就导致中药技术与化学药技术相比在创新需求上存在较大的不同。

中药研发理论基础要求中药创新应在中医药理论指导下，遵循“辨证论治”“君臣佐使”配伍理论，使各味药共同构成一个功效整体，与机体证候相对应而发挥有益的治疗作用是中药技术创新需求；同时还要考虑到每味药的性味归经及功效，在中药学理论基础上对药性作调整使用也是中药技术创新的需求。中药研发过程则要求中药技术创新须考虑中药研发的经验性特征，重视对中药临床应用经验的积累与改进，要明确认识到很多中药发明的过程其实并没有经过实验室研究阶段而直接应用于临床，并在临床应用中得以不断地总结与完善，最终形成了发明成果。此外，由于很多中药应用的经验已被湮没在历史中，仅有的文字记载不足以重现发明整个技术方案的内容，如能够运用现代科学手段还原并解释古代早已“失传”的中药发明，其创造性是不言而喻的。

因此，由于中药与化学药在技术创新需求上具有很大的不同之处，对于创新标准的法律衡量——专利创造性审查标准也应当具有不同的考量，应当综合考虑中医药特有的理论内涵、研发特色及创新优势，制定适合评判中药技术创新、符合中药技术发展需求的创造性审查标准。

2.4.2　顺应中药产业发展趋势

中药产业是我国具有战略意义的优势产业，在整个国内医药制造产业中属于收益水平较高的行业，据统计 2017 年中国中药产业（包括中成药与中药饮片）主营业务收入占全国医药制造业主营业务收入的 32.2%，利润总额占全国医药制造业利润总额的 29.0%，其中，中成药制造业的上述统计数据仅次于化学药品制剂数据，位居医药制造业领域第二位。2017 年至 2019 年中药产业整体利润率不低于 10.0%，已成为新的经济增长点。[1]

中药产业包括中药材、中药饮片和中成药三大支柱产业。中药材指中医指导下应用的原生药材，部分药材具有“药食同源”的特点，可直接用于食品和保健品。中药材经过按中医药理论、中药炮制方法加工炮制后制成中药饮片。其中，中药饮片颗粒是将中药材进一步提取和浓缩而成的单位颗粒，具有不需煎煮、卫生方便等优点；单味或多味的中药饮片精制后即为中成药，包括用中药传统制作方法制成的丸、散、膏、丹等剂型和用现代药物制剂技术制作的中药片剂、针剂、胶囊、口服液等专科用药。在中药加工药品中，中成药所占产业的份额最大，其次是中药材和中药配方颗粒。在整个国内医药制造产业中，中成药制造业主营业务收入仅次于化学药品制剂数据，位居医药制造业领域第二位。以 2017 年国家统计局公布的数据为例，中国中成药制造高技术产业主营业务收入占全国医药制造业主营业务收入的 24.6%，但是仍然需要注意的问题是，从 2016 年以后相比化学药主营业务收入的持续增长，中成药主营业务收入呈现下降趋势。工信部数据也显示，2017 年和 2018 年两年时间内，中成药主营业务收入累计下跌 37.7%，这距离《中医药发展战略规划纲要》中提出的“在 2020 年中药产业占医药行业产业的比重达到 30%”的目

---

[1] 参见国家统计局网站数据查询平台（http：//data.stats.gov.cn/search.htm?s= 中药）；杨洪军，李耿．中药大品种科技竞争力研究报告（2019 版）[M]．北京：人民卫生出版社，2020：7-8.

标越来越远。[1]

中药研发与化学药创新思路与过程的不同体现着二者的技术差异性，这样的技术差异性自然也导致了产业异质性，根据产业异质性与杠杆理论对专利质量控制的启示，就是在不同的技术领域中，由于其行业的特殊性不应适用统一的专利标准对专利质量进行控制，因此对于中药发明创新不能沿用与化学药相同的评判标准和规则，而应根据技术特点对专利的有效性、权利要求范围、审查标准等进行相应的调整，这样才能实现中药产业经济持续增长的目标。

2.4.3　符合中药专利创造性审查本质

从中药专利创造性审查本质理论出发，创造性判断应当首先在确定了发明的起点后，剥除本领域普通技术人员知识与技能部分，而单独考量发明人努力的部分，并通过发明人的努力程度来决定创造性边界。创造性审查标准犹如一把衡量发明创新程度的“尺子”，其本身具有的宽度决定了发明是否能够达到专利法意义上的创造性。这个宽度要能够衡量一种中药发明在科研成果中是否能充分体现中药科学研究的造诣，而将一般的中医药理论应用与科研创新区分开来，将单纯的中医药技术工艺与创造性发明区别开来。

创造性审查标准要充分衡量中药发明所体现的中医药科学研究造诣，就是要求审查标准的制定要立足中医药理论支撑，充分考虑中药创新技术特色。具体应考虑以下四个方面：第一，在审查中药发明创造性时对技术方案的考量应在中医药理论认知下进行，即使适应证为相对具体的西医疾病，也要按“辨证施治、方证对应、病证结合”原则，以及中药四气五味、升降沉浮、方剂配伍理论指导评价技术方案；第二，中药创造性宽度应当包含符合中药技术创新需求模式，切实激励中药经方、名方、验方的二次开发，尤其符合中药复方创新的发展需求，即具有整体观念、因人施治的判断理念。而将源自

---

[1] 朱萍，刘金健．代表委员：中药不等于辅助用药，中医药产业下行趋势［EB/OL］．［2020-07-03］．https：//finance.sina.com.cn/roll/2019-03-06/doc-ihsxncvh0263884.shtml.

中药材但采用现代技术方法开发的天然药物，纳入化学药专利审查范畴，原因就是天然药物与复方发明的研发理论不同，如果在审查上对两者不做清晰的切割，难免使中药创造性标准有顾此失彼、此消彼长的可能性；第三，中药专利创造性审查标准应高度贴合临床，以凸显临床价值、满足临床需求为创造性判断的重要条件，重视对人用经验证据的收集与解释[1]，而非单纯依靠细胞、动物模型实验数据的证明；第四，中药专利创造性审查要考虑发明是否有效，虽然药品有效性更多是药品监管部门注册审批需要考虑的，但中药与化学药不同，其物质、成分本身的创新不是其技术创新特色，而更多体现在临床作用效果方面。审查标准应当重视技术方案中对中药有效性的证明，且通过“真实世界研究”较为契合中药个体化和整体观疗效评价的特点。[2]

2.5　现有理论下的中药专利创造性审查基准

创造性理论与原则在中药领域具体应用时，首先要遵循创造性一般理论与原则，因其决定创造性高度设定的价值取向，并指导创造性审查基准的制定。同时，应当充分考虑中药技术创新的本质与特征，能够区分各类中药创新类别，明确各类别中药创新的技术内涵，创造性高度的设定应能够涵盖所有类别下真正的中药技术，而排除任何形式的虚假创新。

2.5.1　遵循创造性一般理论和审查原则

创造性理论是指导各技术领域发明进行创造性审查的基础，审查原则是创造性理论在审查中体现的具体内涵，具有理论性与普适性特点，因此中药发明创造性审查基准也应遵循创造性一般理论和审查原则。创造性是高度弹

[1] 陈凯先．发挥中医药原创优势推动中医药传承创新［N］．中国医药报，2020-10-16（01）．

[2] 孙鑫，张俊华，王雯，等．制定中国中成药真实世界研究技术指导原则促进中成药临床研究向决策证据转化［J］．中国循证医学杂志，2020，20（9）：993-999．

性、内涵丰富的工具，可以广泛地适用于技术特性和各种具体情况，并整合技术考虑之外的因素。低创造性会导致：（1）降低专利发明的寿命预期，因而取代它而不侵害其专利的改进会来得更早，这样减少了发明者收获预期；（2）会鼓励小发明，对大发明不利，因而前者可以受到保护，并取代后者，而这样成本也相对较低。换言之，低创造性鼓励小发明，产生破坏，不利于大发明。与之相反，高创造性会带来：（1）延长专有权的预期时间，有利于对专利发明者的回报；（2）不鼓励可能被市场阻碍或至多是需要向现有专利交付执照费用的小改进。中药创造性标准同样是调整中药专利质量的工具，其遵循创造性的一般理论，包括财产权劳动理论、合同理论及回报理论，在审查中遵循通用的审查原则。一般理论与审查原则决定了中药专利创造性高度的价值取向，包括以下三个方面：第一方面是增加有用的中药知识存量，第二方面是防止竞争者在发明人成果上搭便车，第三方面是促进中药技术交易与产业经济发展。

2.5.1.1　增加有用的中药知识存量

对于创造性的一种更有说服力的方法是把非显而易见性与不确定性以及成本相联系。[1]中药所用的原材料基本都是已知的东西，但其用法以及实际疗效依然是等待被人发明的对象。专利法意义上的创造性增加了中药领域有用知识的存量，并因此减少了药品应用的不确定性。

例如，如果在临床上存在五种组方，可分别治疗五位临床症状为高血压的患者。这五种组方的共同特点都含有天麻、杜仲、野菊花、杜仲叶和川芎。治疗结束后，五位患者的疗效反馈中均表示血压有所下降，其他如头晕、头痛、目眩、耳鸣、失眠或夜尿等症状有所改善的情况各自不一。这时就产生这样的疑惑：以上五味中药组方是否真的都具有改善高血压症状的功效？哪个组方的配伍是最佳的？五种组方是否有针对性地对于证候分型不同的高血压症状具有改善作用？这就产生了多个不确定性。如果有

[1] 杨旭杰，肖诗鹰，梅智胜，等．社会收益视角中中药组合物专利“三性”的价值评析［J］．中华中医药杂志，2011（5）：1143-1149.

人就此开展了临床实验或其他药理学或者药效学实验，搞清楚了以上任何一个问题，那就消除了一个不确定性，研制出一个新的中药组合物制剂用于治疗高血压，因而增加了中药领域有用的知识存量。此外，就以上不确定的问题而言，搞清楚五种组方的功效在证候分型上的不同，显然要比搞清楚其是否具有改善高血压症状的功效要困难，也就是说第三个问题的不确定性要比第一个问题大，因而研发成本要高。因此，可以这样总结，不确定性越大，研究成果专利的非显而易见性越明显，申报专利过程中相应的资本投入也就越多。

虽然中药组方的原料成分，即这些中药材使用历史已达千年，但是放在现今医疗水平及治疗要求下，不同药材间配伍是否真的能产生其理论记载的功效仍然具有不确定性。不确定性与成本是相互影响的，不确定就暗示着在通向成功之路上发生失败的可能性。这些失败代价高昂，而且因为这些成本是在这项成功完成的发明能够被授予专利并被商品化之前发生的，所以它们是额外的固定成本，看似容易相互搭配的中药组合背后实则凝聚了发明者的付出。

2.5.1.2　防止竞争者在发明人成果上搭便车

如果上文提及的不确定性的消除是一件成本很高昂的事情，那么既然这些成本是在体现该中药复方发明上市之前发生的，所以除非受到专利阻隔，否则竞争者就会被诱惑在一旁闲待着等，直到该复方新药研发成功而上市，然后在获准的复方专利基础上进行改进。同时，相对于化合物药来说，中药功效的可预见性相对较高，在功效可预见范围内，竞争者可能会在发明人的发明成果上搭便车。

例如，有一种用于治疗妇女崩漏的中药复方，其组方为地黄 450g、熟大黄 180g、地榆 450g、海螵蛸 300g、三七 180g、茜草 300g、蒲黄（炒）300g、淀粉 6g 组成。如果有人申报专利为一种治疗崩漏的药物，由以下重量份原料药制成：地黄 45 份、熟大黄 18 份、地榆 45 份、三七 18 份、茜草 30 份、炒蒲黄30份、海螵蛸30份、贯众炭6份。[1]这两个组方唯一的区别在于第二个组方较第一个多加了一味贯众炭，但现有技术已公开了贯众炭可用于治疗血崩等妇科疾病，并与原方其他组分间没有使用禁忌，因此进一步在原方基础上添加贯众炭对于本领域普通技术人员来说是易于想到的，组方二的产生是在组方一的发明成果上搭便车的行为。中药发明的创造性审查目的就是要杜绝这种行为，淘汰那些可预期技术效果的发明，鼓励那些对已有发明做出重大创新甚至突破基础研究现状的发明。

2.5.1.3 促进中药技术交易与产业经济发展

专利制度授予发明人可以交易的专利权，就会促进专利技术的本国内转移和跨国转移。在1992年《专利法》对药品专利保护客体还没有扩大之前，中药发明人大多数采取技术秘密形式来保护中药技术创新，他们不会大胆地与他人分享技术成果，虽然技术秘密保护能够有效防止他人免费使用或模仿其成果，但不利于技术自身进步及产业更新发展。

要实现专利制度促进产业经济发展的价值，始终离不开专利的创造性条件。中药专利创造性在经济学概念中，同样被认为是评价中药发明创新程度变量的度（size）。度的确切含义依赖于具体的评价模式，可以是方法发明减少成本的量，可以是产品质量提高的程度，也可以是新产品的市场规模。无论怎样，创造性的衡量都与发明的积极价值成正相关，但在经济学上这个创新程度变量的度应具有某个最佳水平，即创造性高度不能过高也不能过低。1969年诺德豪斯对专利保护的最佳水平进行了经济分析，他认为，最佳的专利保护水平是一个平衡点，超过这个平衡点的更强的专利保护通过激励创造活动而产生社会收益，同时也使社会负担更重的固定成本，最佳的保护水平必须是与边际社会成本和边际社会收益相等的点。[2]按照以上理论分析，提高或是降低中药专利创造性高度要求，

---

[1] 参见申请号为200510096361.1的中药专利，该专利授权后被提出无效宣告请求，参见无效宣告决定书WX15312、WX15314。

[2] Whitaker J K，Nordhaus W D. Invention，Growth and Welfare：A Theoretical Treatment of Technological Change［J］. Economica，1970，37（148）：443.

将会对中药产业经济发展产生影响，因此研究制定中药专利创造性审查标准则必须联系中药产业发展现状，根据产业发展与经济效益分析结果确定中药专利创造性的高度。

2.5.2　比照化学药技术区分中药技术创新类别

中药技术创新包含其自身创新与利用中医药知识和技术进行的创新。中药技术自身创新包括理论创新、诊疗方法创新、古方改良以及新的组方；利用中医药知识和技术进行的创新，包括利用中药资源来进行的创新以及利用中医药知识和技术的指引来进行的创新。[1]从专利制度的适应性角度来说，古方改良、新的组方、利用中医药知识和技术进行的创新以及利用中药资源进行的创新更加依赖于专利保护。部分利用中药资源或知识进行的创新，从研发过程及产品特质来看都已不属于中药范畴，对于这类中药技术创新发明的创造性审查，可按照化学药标准进行。中药创造性审查标准应涵盖有赖于专利保护的技术创新，但要在细则中设定其适用范围，并针对不同的类型而有所区分。虽然创造性一般理论与审查原则也可作为中药创造性审查的依据，但是其往往太过于宽泛，在相关法规中的记载也较为分散，只有在一定工作经验基础上才能对其有足够深刻的理解。不同审查人员视野及思维不同，对一般理论与原则的把握也会不同，因此实务中利用一般理论与原则审查中药发明创造性的可操作性欠缺，仍然需要制定具体的创造性审查基准。

2.5.2.1　古方改良

古方改良的思路主要包括三个方面，一是针对古方原有的不足，如藿香正气水虽然疗效较好，但口感太差令人难以接受，申请号为91107254.3的

---

[1] 宋晓亭．中医药创新中的知识产权新问题［J］．世界科学技术·中医药现代化，2011，13（3）．

发明技术有效地解决了口服液中乙醇含量高的问题[1]；再如健脑补肾丸是山东的一个经典老药，但其朱砂包衣含重金属汞，影响其市场的推广，申请号为94110752.3的发明技术解决了朱砂包衣的问题[2]，在确保疗效的情况下解决了原药的不足，同时也获得了市场的回报。二是改变原有剂型，如六味地黄丸是《小儿药证直诀》中的一个经典名方，由于现代制剂工艺的发展，六味地黄丸被改为六味地黄片、六味地黄胶囊、六味地黄口服液等多种现代剂型，改剂型的技术方案要取得专利授权，要证明改变剂型后药效不能低于原有剂型。三是古方的演绎，如平胃散出自宋代《太平惠民和剂局方》，后世据此化裁为香砂平胃丸（加木香、砂仁）、舒肝平胃丸（加半夏、枳壳、槟榔）和参香养胃胶囊（加党参、丁香、黄芪、两面针）等，这些新的组方都可以获得组合物专利。

2.5.2.2 新的组方

新组方的形成主要有两种形式。一种形式是挖掘民间验方再进行改良。例如，黔东南地区一直流传着运用石吊兰治疗肺结核的故事，贵州某制药厂据此研制了治疗肺病咳嗽的疗肺散，开始时作为技术秘密保护，后改名为益肺止咳胶囊，并申请了专利。贵州的另一药厂则直接把其中的主要药物（石吊兰）申请了制剂和制备方法专利并形成了新药石吊兰片（消核灵），具有清热解毒、软坚散结功效，用于治疗淋巴结结核。新的组方虽然可以通过专利进行保护，但难以阻碍他人通过破解“方义”来“合法仿制”或“不当利用”。如何设计有利于保护中药复方的专利技术特征描述方式和侵权判定原则是一个重要问题。新组方形成的另一种形式是实验室组方，是根据当前药品监管制度和专利制度而发展出来的创新形式，特点是药味少，每味药都有详细的药理、毒理分析，或者说是按照现代化合物药物的研制方法来配制，如金芪降糖片（由金银花、黄芪、黄连制成）、复方丹参滴丸（由丹参素、丹参

[1] 参见申请号为CN91107254.3的藿香正气液体口服制剂的制备方法专利［EB/OL］. http：//pss-system.cnipa.gov.cn/sipopublicsearch/patentsearch/showViewList-jumpToView.shtml.

[2] 参见申请号为CN94110752.3的一种健脑补肾丸的制作方法专利［EB/OL］. http：//pss-system.cnipa.gov.cn/sipopublicsearch/patentsearch/showViewList-jumpToView.shtml.

酮、三七皂苷、人参皂苷制成）。

2.5.2.3　利用中药资源进行的创新

这种创新方式主要是一些资源依赖性的专利技术，从自然资源中发现潜在的技术方案，它的市场价值是通过药材资源的获取和利用来实现，从而使专利权人的专利技术优势在市场上获得最大程度的释放。例如，瑞士罗氏公司开发的抗病毒药物达菲（Tamiflu）所含的虽然是一种化合物，并申请了专利，但这种专利化合物尚不能完全人工合成，而是要从产自中国广西、云南等地的八角中提取物经过多步化学反应而得。

2.5.2.4　利用中药知识或技术的指引进行的创新

利用中药知识和技术的指引进行的创新，主要是基于中药的药性理论有目的地选择有效部位或有效成分，从而可以直接发现治疗某种疾病的先导化合物，这是当前提倡的以中药为先导发展生物医药产业的主要形式之一，也是目前中药现代化的重要思路。这种创新形式的前提是要熟知中医药知识和相关技术，并借助现代科学技术来获得某些具有药用前景的先导化合物。如青蒿素的发现得益于李时珍《本草纲目》之记载青蒿“治疟疾寒热”，以及葛洪《肘后备急方》中治寒热诸疟方中记载“青蒿一握，以水二升渍，绞取汁，尽服之”等知识。

2.6　现有理论下中药专利创造性审查宽度

2.6.1　以不同类型的技术创新方式确定专利动机

本章 2.5 中列举了适合专利制度保护的中药技术创新类别，包括古方改良、新的组方、利用中药资源进行的创新以及利用中医药知识和技术的指引进行的创新。结合对实际中药专利保护范围的分析，本节进一步细化分析中药技术的创新方式及其各自的专利申请保护类型。根据不同的创新方式特点，分析不同类型中药技术创新的专利动机，具体包括中药提取物专利、中药组合物专利、中药制备方法专利、中药制剂专利等类型。

2.6.1.1 基于中药资源与知识研发的有效成分——提取物产品及方法专利

中药有效成分系指对中药（包括文献古籍记载的单味中药及其复方、民族民间药物、临床名方和名优中成药等）进行系统的活性成分研究，发现具有临床使用价值的活性化合物，再进行系统的药效、药代、安全性和临床评价，研发而成的单体化合物（其单体化合物含量大于90%）。在多数情况下，直接从中药中提取分离纯化得来的有效成分，由于药效作用不够强，或药代、安全性等方面存在的问题，不能直接开发成为新药，有效成分会作为“活性先导化合物”进行结构改造，并通过构效关系研究在先导化合物基础上设计并合成出药效强、药代行为好、安全性高的理想化合物，再将其开发为新药（见图2.3）。近八十多年来，从传统中药中发现了麻黄素、小檗碱、青蒿素、芦丁、五味子甲素、延胡索乙素、川芎嗪、青藤碱、甘草酸等至今仍在临床一线使用的药物；从民族民间药物中也发现了如石山碱甲、丁苯酞、胡椒碱（抗癫灵）、灯盏乙素、山栀苷甲酯、8-O-乙酰山栀苷甲酯、胡黄连苷Ⅰ、胡黄连苷Ⅲ、蟾毒灵、雷公藤甲素和乙素等药物或在国际上广泛关注的活性化合物。[1]

中药有效成分创新来源于中药，将中药作为供应其研发原料的生物资源，或受中医药传统知识指引或启发，从中找到可提供研发原料的来源，有效成分的效果认定通过药理学的作用机制来说明，可申请提取物专利、制备方法专利及制剂专利，与欧美国家研发并申请的植物药（herbal medicine）或天然产物（natural product）专利类似。有效成分创新通过中药提取物产品及方法专利予以保护的模式，符合西方国家对植物药开发利用的思路，有利于中药产业国际化，但需要注意的是，这种保护模式下，研发过程及理论

---

[1] 屠鹏飞，姜勇，郭晓宇．新形势下中药创新药物的发现与研发［J］．中国中药杂志，2015（17）：119-124.

方法与中医宏观的理念和辨证论治的原则很难挂钩，其本质上已属于“化学药”创新，完全可按化学药专利审查标准予以审查，不需要另立专门审查标准。

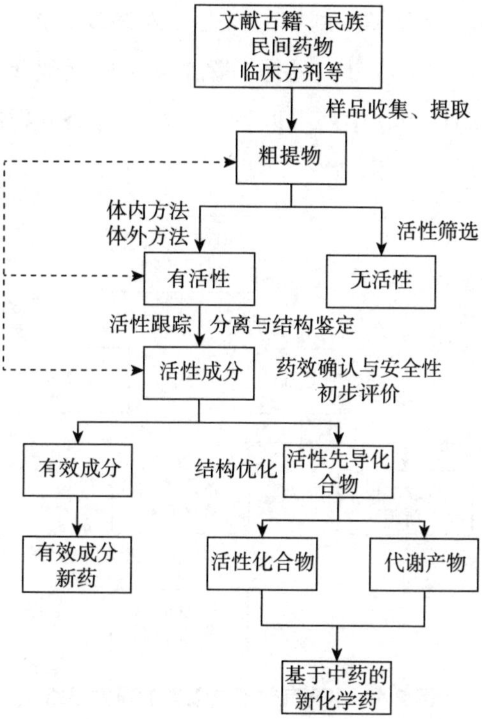

图 2.3　中药有效成分创新的研发思路

2.6.1.2　基于固有方剂研发的有效部位组分中药——组合物产品及方法专利

中药有效部位是指对单味中药或中药复方提取物进行活性筛选，发现的具有明显的药效作用的某一部位或某类成分、或数类成分的组合。中药有效部位的研究得益于中药基础研究的不断深入和中药现代化的发展，使中药成分的分离纯化技术得到快速提升，很多工艺已成为常规技术。分离纯化有效部位，去除无效、低效或有毒成分，降低服用剂量，告别中药制剂的“黑大粗”已成为现代中药发展的必然趋势（见图 2.4）。已开发利用的中药有效部位包括三七总皂苷（注射用血栓通）、人参总皂苷、薯蓣总皂苷（迪奥心血康胶囊）、蒺藜总皂苷、银杏叶提取物、银杏叶总内酯、雷公藤提取物等，很多作为有效部位新药已注册上市并产生巨大的经济效益。这些有效部位中药有的已确定为某一类成分的组分合集，例如，三七、人参或薯蓣中的所有皂苷合集；而有的并不单纯是某一类成分，只是去除了多数的无效成分，保留了所有发挥药效的部分，但仍称为某中药提取物，例如，银杏叶提取物、雷公藤提取物等。

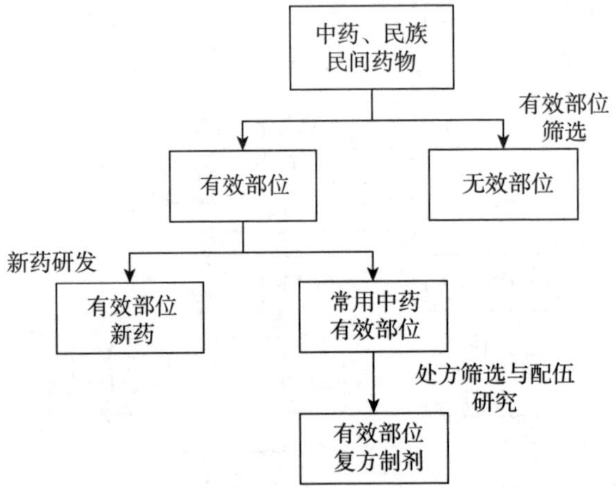

图 2.4 中药有效部位创新的研发思路

在有效部位中药基础上发展出的组分中药，是以中医药理论为指导，遵循方剂配伍理论与原则，吸收现代药物研制方法和技术，由有效组分配伍而成的现代中药，是创新中药研究的一种途径。组分中药的作用机制是基于组效关系的多途径、多靶点、多效应网络整合调节，既保持了中药方剂的优势，又提高了中药制剂质控水平。[1]组分中药同样重视方剂配伍理论，组分配伍优化设计是研制组分中药的关键技术。在中医药理论指导下，按照配伍的原则，引进现代药物设计的理念和方法，针对具体适应病证，以组效关系为基础，将若干中药标准组分按照强化主效应、兼顾弱效应、减少副效应的效应配伍

[1] Wang Y，Fan X H，Qu H B，et al．Strategies and techniques for multi-component drug design from medicinal herbs and traditional Chinese medicine［J］．Curr Top Med Chem，2012，12（12）：1356.

原则，进行活性导向下的配伍配比优化设计过程；同时，由于组分来源于有效部位或部位群，虽不比单体化合物清晰，但仍是具有较高同质性的成分群组合物，可具备稳定的制备工艺和质量控制标准。[1] 运用组分中药新药研发技术，已研发芪参益气滴丸、首乌丹参滴丸、加参片、脂肝清、三叶糖脂清片等新药，有的已经获批上市。[2]

有效部位或组分创新是在中医药理论指导下，依据中医“辨证论治”思想、“君、臣、佐、使”配伍理论以及每味药材性味归经及主治功效，通过临证加减、合方化裁或自组方等形式进行的创新。既可以对产品予以专利保护，又可兼具保护制备方法。其中，有效部位组分中药创新仍能与中医理论联系起来应用，以中医术语赋予其功能主治的要素，体现了中药组方配伍的特点，在维持原有疗效与理论基础上，在工艺及对功效的验证方面借用了现代方法，这与中药有效成分创新完全不以中医药理论为指导还是有一定的区别的。但是，作为中药专利保护的组分中药，其有效部位宜“粗”不宜“细”，各类成分含量在总体都不占有绝对优势，过“细”的有效部位破坏中药传统的以混合物总体综合应用的理论内涵，实质也应归于化学药专利类。此外，目前理论保护模式下，对于组分中药发明功效的验证并没有遵循在中医药理论指导下采用方证对应和病证结合的原则，而是以化学药实验方法为主，选择药理模型和药理指标，在分子、细胞及模型动物水平上进行评价，并没有综合评价所选择模型与临床病证的相关性与合理性。

2.6.1.3 基于固有方剂研发的组合中药——组合物产品及方法专利

中医药具有数千年临床应用历史，我们的祖先在与疾病斗争过程中，形成了数以万计的临床方剂，有记载于中医药典籍中的经古方，也有流传于民间或散落在各民族聚居区的组方，这些方剂虽有记载，但很多记载不

---

[1] Zhang J H, Zhu Y, Fan X H, et al. Efficacy oriented compatibility for component based Chinese medicine［J］. Acta Pharmacol Sin, 2015, 36（6）: 654.

[2] 张伯礼，陈传宏．中药现代化二十年 1996—2015［M］. 上海：上海科技出版社，2016：31.

全面而缺乏实用性，同时由于时代的变迁，人类基本体制、生存环境、饮食结构，以及疾病谱本身的变化，已有的方剂不一定完全适合现代疾病的治疗。因此，从有记载的中药经古方、民间方及民族方中筛选疗效确切的方剂进行开发，长期以来一直是中药创新方向之一。多数情况下还要根据病证的具体状况，对原方进行加减化裁。组合中药创新的内涵就是在基本方的基础上进行加减组合而形成若干个成方，并选择一定的剂型研制复方制剂，其特点在于考虑了疾病变化的过程，可专门针对疾病特定阶段发挥功效，以体现中医辨证施治的特点（见图 2.5）。组合中药创新的核心在于对功效的筛选与验证及其制剂工艺，要能够保证其疗效确切、安全性高、质量稳定可控，要具备系统的药效学评价与规范的安全性及临床评价，同时还应具备先进的制备与制剂工艺。[1] 运用组合中药新药研发技术，已研发的舒心通脉胶囊、桂龙咳喘宁胶囊、痫愈胶囊、乳块消颗粒等均已上市。

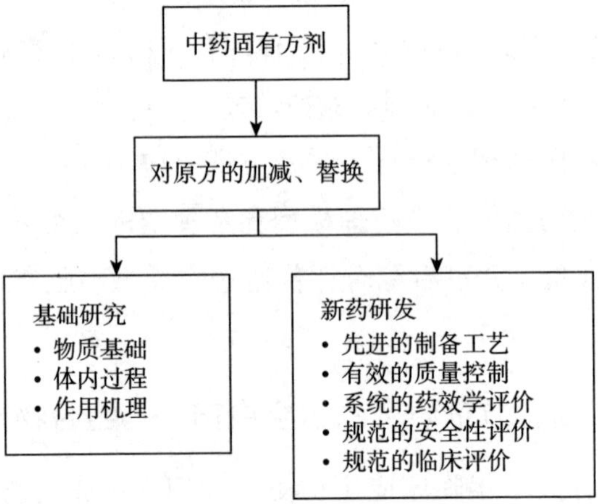

图 2.5 组合中药创新的研发思路

---

[1] 姜勇，李军，屠鹏飞．再议新形势下中药创新药物的发现与研发思路［J］．世界科学技术・中医药现代化，2017（6）：18–25.

组合中药的创新方式最能体现中药技术特色，与化学药研发的区别至少体现在两个方面：第一，研发的理论基础不同，中药研发基于中医药理论，包括“辨证施治、方证对应、病证结合”原则、中药药性配伍理论，其与化学药物、生物药物基于现代药理学、药物化学、生物化学等理论基础完全不同。第二，研发过程与理念不同，中药的研发是从临床应用返回实验室研究，最后又要回到临床的过程，研究思路多是“从方到药”，即已假定（甚至是确定）此“方”有效，研究人员具有中医临床医疗知识背景，所有的实验性工作只是满足现代法律政策要求的外围研究，研发的理念以经验性为主；而化学药研发遵循从实验室研究到临床研究的单向线性过程，研究思路是“从化合物到药”，研究人员多数为化学或药学专家，并不具有临床医学知识背景，研发理念以实验性为主。[1] 中药研发与化学药创新思路和过程的不同体现着二者的技术差异性。这样的技术差异性也导致了产业异质性。根据产业异质性与杠杆理论对专利质量控制的启示，就是在不同的技术领域中，由于其行业的特殊性不应适用统一的专利标准对专利质量进行控制，因此对于组合中药创新不能沿用与化学药相同的专利保护标准和规则，而应根据技术特点对专利的有效性、权利要求范围、审查标准等进行相应的调整。

2.6.1.4　基于临床有效方剂与名优中成药研发的制剂——制备方法及制剂专利

中药不同于化学药，很多都是在民间医疗实践中通过传统汤剂直接应用过程中发现其疗效的。中国有大量的中医临床医院和诊所，中医执业医师超过 30 万人，特别是大批具有长期临床经验的知名中医师，他们在长期的临床实践中积累了大量的具有确切疗效的临床方剂。对这些临床方剂，特别是具有一定前期研究基础和临床研究数据的医院制剂的转化，一直都是中药技术创新方向之一。实际情况中，这类创新主要是围绕临床功效建立药效学模型和评价指标，同时对工艺进行设计，进行规范化的临床试验，以现代药学研究方法验

[1] 蒋宁，张永祥，杜冠华．新思路·新方法：中药药理学研究与中药新药研发［J］．中国药理学与毒理学杂志，2016，30（9）：893-909.

证或评价其功效，并改进提取、纯化及制剂工艺使之适用于工业化生产（见图2.6）。知名中成药清开灵注射液、复方丹参系列、尪痹系列、脑心通、通心络胶囊等都是来源于临床方剂，是利用临床有效方剂创新的思路开发而成的新药。

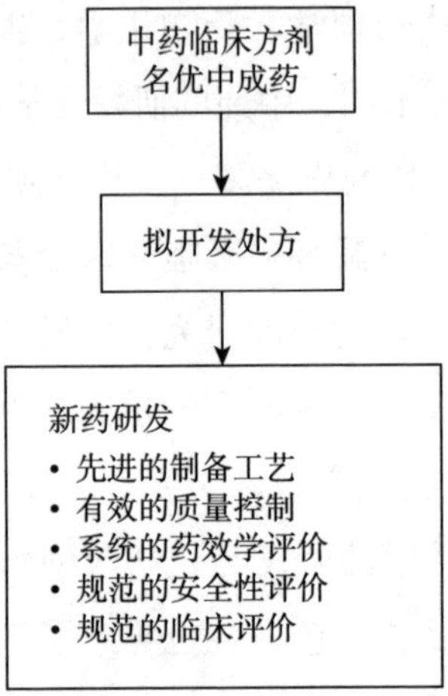

图 2.6　中药制剂创新的研发思路

名优中成药为临床长期使用确有疗效、安全性高、已具有较大的知名度和市场份额的中成药。对名优中成药进行系统的药效物质、体内代谢、药理作用与作用机理研究，阐明其主要药效物质和作用机理，再采用现代提取纯化技术，提取其有效部位或有效组分，将其研制成为工艺和剂型先进、服用剂量小、疗效确切、安全性高、药效物质明确、作用机理清楚、质量稳定可控的现代中药。基于名优中成药的创新研发，具有研发风险小、市场容易开拓等优势，是中药创新的新方向（见图2.6）。这类创新方式一是以名优中成药功效表达方式为核心进行工艺优化设计，应用现代分析技术及化学剂量学方法对工艺过程和关键参数进行辨析，优化中药提取工艺参数，建立科学合理的中药制备工艺体系，同时构建中药现代制剂体系；二是以名优中成药有效性表达特点为核心建立质量控制方法，针对中药生物属性、制造过程及配伍理论等自身特点，整合多学科知识，找出中药质量标志物，以此统领中药质量研究，进一步加强中药有效性—物质基础—质量控制标志物的关联度。[1]以此创新思路及方式进行的名优中成药二次开发产品包括藿香正气软胶囊、牛黄降压系列、六味地黄系列等。

基于临床有效方剂及名优中成药进行创新的制剂，既要保持其原有功效的发挥，又要实现现代工业化生产，创新的重点在于工艺方法，因此主要通过中药制备方法及制剂专利予以保护，相对于有效成分和组合物专利，制备方法与制剂专利虽然表面上属于外围专利，保护范围有限，但其实也能将产品保护包含其中。因此，新的中药制备方法及制剂是该领域的专利申请热点。[2]

然而，通过制备方法与制剂专利保护的模式，容易通过套用简单的现代制药方法或剂型，而产生大量的不当专利，反而不利于中药创新的传承与发展。对此类专利审查时，审查员注重发明实现了“个体化”向“产业化”的转变，由“汤、丸、散、膏、丹”变为片剂、胶囊剂、颗粒剂等现代制剂，但容易忽略研发过程中是否涉及运用中医药传统理论问题。例如，制备过程与剂型改变是否涉及原料配比的重新选择，是否仅仅是现代制药方法在中药领域的“移用”或“套用”，很多此类新制剂发明徒有其表，应用效果反而不如传统制剂。此外，审查中还容易忽略新的剂型改变是否解决中药制剂自身的特殊问题，或是解决了某类剂型在中药应用中的共性问题，而这类问题在化学药领域并不存在，将剂型本身所具备的有益效果作为发明技术方案的技术效果，而不进一步考虑发明技术方案是否能够实现治疗功效的提升，是否可解决中药制备与剂型方面的共性问题，例如，中药复杂化学体系的提取纯化制备，多组分物质的体内代谢问题，以及药物传输途径与体内暴露方式、药物动力学及生物效应规律的研究和评价等技术难题，软胶囊囊壳老化崩解迟缓问题、注射剂稳定性问题、挥发性成分稳定性问题、中药制剂的吸湿性问题、水难溶性药物的溶解性问题等。

---

❶ 张铁军．基于以临床为核心的中药新药研发思路与创新策略［J］．中国医药工业杂志，2016，47（9）：1136–1142.

❷ 吕茂平．我国新批准上市中药新药的专利保护状况分析［J］．中国中医药信息杂志，2016，23（7）：4–7.

2.6.2 试图采用与化学药创新不同的视角

2.6.2.1 研发理论基础不同

中药创新研发首先应在中药概念内涵下进行，具体内涵包括三个方面：第一，药物性能的表达有性味，即四气（寒热温凉）五味（酸苦甘辛咸），有归经，即脏腑、经络、三焦、卫气营血等，有升降浮沉。这些也被称为中药特性，即狭义的中药药性。第二，药物功效以中医药学术语表述，如解表、凉血、平肝、清热解毒、软坚散结、活血化瘀等。第三，药物配合使用时，按君臣佐使关系配伍，使各味药共同构成一个功效整体，与机体证候相对应而发挥作用，[1]配伍组方时还要考虑到药物的七情、相反、相畏、药对等关系。此外，具备如上基本内涵的药物，要顺应中医药学理论，使用并发挥其治疗功效，即按“辨证施治、方证对应、病证结合”原则确定机体状况而采取相应的治疗和预防措施。

与之相比，化学药具有与西医药学理论体系基本内容相适应的特征，其具体内涵包括三个方面：第一，化学药性能以其本身的物理和化学性质来表示，例如是液体还是固体，是酸性还是碱性等；第二，化学药功效以相应的病理、生理、生化等指标和术语来表示，例如抑制细菌、降低血压、升高血糖等；第三，化学药配合使用时，考虑药物间的物理与化学变化，例如沉淀、分解、相互反应等。至于生物活性也是考虑各个药物各自作用的结果，而不是把各种配合使用的药物作为一个功效整体。概言之，化学药的研发与应用基于现代药理学、药物化学、生物化学等理论基础，与中医药学理论基础的差别较大。

---

[1] 陈光，王阶．证候类中药新药研发的中医理论基础探讨：基于古代文献的中医方药干预模式研究［J］．中国中药杂志，2020，45（3）：704-708.

2.6.2.2 研发过程与方法不同

根据对中药技术创新类型的梳理，发现其主要类型都涉及或利用到已有的中药方剂，这些方剂有的具有使用历史记录，有的具有个体化临床治疗病例，对这些已有中药方剂的研发，其研发过程是从临床应用返回实验室研究，最后又要回到临床的往复过程，研究思路是“从方到药”，即已假定（甚至是确定）此“方”有效，所有的实验性工作主要是为了满足现代法律政策要求的外围研究，以及提升其应用范围与疗效的成药性研究；而化学药创新却不同，研究的开始往往带有偶然性，遵循从实验室研究到临床研究的单向线性研发过程，研究思路是“从化合物到药”。

对比以上中药与化学药研发过程，可发现中药研发偏向经验性特征，而化学药研发偏向实验性特征。正是因为中药研发以经验性见长而实验性不足的特点，经常被人诟病中药功效不可信，不具有科学性。在人类主流意识下，科学性的概念内涵具有实验性、逻辑性、证据性及数据性等几大特征，然而我们仍不能肯定科学性即为正确性，更不能把目前主流意识下所谓的科学与绝对正确联系在一起，[1]而错误地将以经验性为主的中药研发皆认为不足以信任其疗效。

此外，在中药研发中，应用中医理论诊法治法在临床实践中贯穿起来的思维方法，与化学药研发相比，很多中药不经过实验室研究阶段而直接应用于临床，且研究与临床应用同时并行，在这一过程中包括“理、法、方、药”四个基本内容。即需要明确病因病机，确定预防措施或治则治法，然后再组方遣药。然而化学药研究方法不是在基于实验与临床应用统一的理论指导下进行，也不能跳过实验室研究而直接进入临床应用。

2.6.2.3 研究人员知识背景不同

在不同历史时期，中药研究人员的知识背景有所不同。近代之前，中药研究人员要具备中医学理论的知识背景，中药研究重视应用效果，中药药

---

[1] 韩启德院士：中医不科学不代表不正确［J］. 科技传播，2014，6（11）：18-19.

性理论是中医理论体系的核心内容之一，是典型的源于博物学传统的学术体系。这类学科在研究中强调对自然的宏观观察与分类，注重事物的整体特征与联系。除了中医理论知识，近代之前的中药研究人员往往还要具备古代博物传统知识体系，例如名物学、地志学、农学、本草学和图学。[1]晚清民国时期开始，随着西医药等新知识的不断传入，传统本草学从形式和内容上开始向现代意义上的中药学转变，生药学方法的出现，对中药基原辨证工作产生影响，中药研究人员开始在药物化学及药理学背景下进行中药药效之理的探索，中医师及中药生产者在西药影响下对中药剂型及生产工艺做出很多改良。然而，不同时期中药研发人员的知识背景虽有不同，但研发主体仍以中医临床从业人员为主，所构建的知识体系包括基础中医理论知识，以及在临床从业中不断积累的经验，具体所掌握的技能及知识较为宽泛，且同时涉及临床医学及药学。

化学药研究人员的知识背景通常呈现细分化状态，由于化学药研发具有高度的实验科学性，研发过程流程化、步骤化，因此在每一阶段的研究中分工较为明确，每一阶段的研究人员所具备的技能及学科知识更为细致，研发一个化学新药通常是多个学科背景人员分工协作的结果，每个阶段研究人员所具有知识背景不足以单独完成研发，尤以化学、药学、生物化学领域的专家为主，通常缺乏足够的临床医学从业经验。

2.6.2.4　面临的技术问题不同

与化学药相比，中药创新面临的技术问题具有自身的特点。首先，中药研发需要解决中药系统组分的配伍及治法治则，中药复杂成分体系的提取纯化制备，多组分物质的体内代谢问题，以及复杂组分药物传输途径与体内暴露方式、药物动力学及生物效应规律的研究和评价等技术难题，[2]而这类因成分组成而带来的技术问题在化学药研发中并不突出。其次，很

[1] 王振国，张冰，曾英姿，等．中医药理论的近代嬗变及其影响：以本草诠释方法为视角［J］．山东中医杂志，2019，38（1）：1-8.

[2] 张铁军，王文燕．中药新药研究的系统思维［J］．世界科学技术，2005（1）：6-11，133.

多临床有效的中药方剂应用过于个体化，并不适应工业化生产，若要开发为复方制剂，中药多组分释药技术以及制剂工艺还要满足工业化生产的实际需要，以实现制剂的工程化、产业化转化。此外，在化学药领域较为常规的剂型，若要对中药开发同样的剂型目前尚存在一些共性的关键技术问题。例如，软胶囊囊壳老化、崩解、迟缓问题，注射剂稳定性问题，挥发性成分稳定性问题，中药制剂的吸湿性问题，水难溶性药物的溶解性问题等。

2.6.3　创造性审查宽度易受政策因素影响

2.6.3.1　受专利数量的政策调整

检索自《专利法》颁布以来的中国中药专利数量，[1]截至 2019 年 11 月 5 日，中药专利申请共计 159722 件，专利授权共计 33353 件。从历年数据来看，在 1990 年之前的中药专利申请尚处于起步阶段，年申请量不足 100 件，年授权量不超过 10 件，年平均授权率低于 5%；1990 年至 2000 年间，中药专利申请量经历第一次增长期，申请量从 1990 年的 95 件增长至 2000 年的 950 件，年授权量由不足 10 件增长至超过 100 件，年授权率从 3.2% 增长至 15.5%，且在 2000 年出现中药专利授权率峰值，当年授权率高达 80.7%；2001 年至 2011 年间，中药专利申请量经历第二次增长期，申请量从 2001 年的 1992 件增长至 2011 年的 6489 件，年授权量由 619 件增长至 3470 件，这一期间的年授权率平均维持在 30% 左右，但在 2011 年当年的授权率增长至 53.5%，成为中药专利授权率第二峰值；2012 年至 2015 年间，中药专利申请量经历第三次增长期，这一期间年申请量突破万件，从 2012 年的 10105 件增长至 2015 年的 23800 件，年授权量从 2774 件小幅增长至 4014 件，但年授权量从 2014 年开始持续下降，年授权率也开始持续下降，从 2012 年的

[1] 数据来源于大为 innojoy 专利数据库，检索式为（'中药' or '中草药' or '中草' or '纯中药' or '中药材' or '复方中药' or '纯中草药' or '天然植物' or '中药提取' or '中药方剂' or '中药组'）and（PICG='A61K36' or PICG='A61K35'），检索时间：2019 年 11 月 5 日。

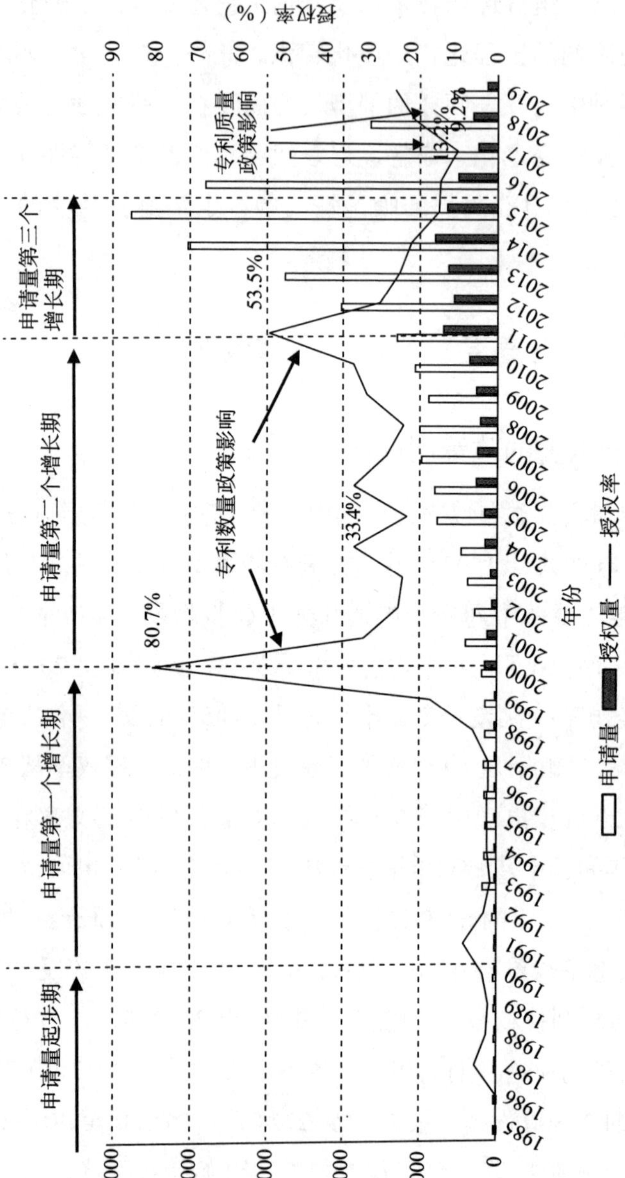

图 2.7　中药专利数量变化趋势（1985—2019 年）

27.5% 下降至 2015 年的 13.5%；2015 年后中药专利申请量首次开始断崖式下降，同时专利授权率继续保持下降趋势，2017 年中药专利授权率仅有 9.2%（见图 2.7）。

从整体数量来看，2015 年是中药专利数量的分水岭，2015 年之前中药专利数量一直保持增长态势，且经历了三次增长期，增长速率均较前一次高，授权量与授权率中间虽有波动，但整体上随申请量保持增长态势，表明在 2015 年前，中药专利一直以数量积累为主，并在 2000 年与 2011 年前后，明显受到专利数量刺激政策影响，从而形成后两次大幅度增长。而在 2015 年后中药专利数量整体回落，既包括申请量也包括授权量，授权率已降至历史最低点，表明中药专利授权审查制度在 2015 年以后已明显收紧。

2.6.3.2　受专利质量的政策调整

近 20 年间，前十年的中药授权率整体上维持平稳态势，后十年则明显呈现减小趋势，但在 2000 年与 2011 年前后，中药专利的授权率却较为突然地呈现增大现象，这主要还是因为受政策指挥与调控。2000 年前后，由于我国处于加入 WTO 的准备期，为了保护本土中药产业，降低加入 WTO 后对传统医药产业的冲击，国家知识产权局实质上降低了中药专利的授权标准，集中受理并授权了很多中药专利，使这一时段的授权率明显高于前后时期，形成了第一个峰值；在 2011 年前后，受国务院发布的《关于扶持和促进中医药事业发展的若干意见》影响，为加快提升中药产业发展水平，国家知识产权局也在此期间降低了中药专利授权标准，使这一时期的授权率形成了第二个峰值。

可见，中药专利的授权率与国家经济政策息息相关。近年来，由于受“高质量、稳增长”的经济发展政策的影响，中药专利的授权率也一直处于收紧状态。尤其是 2015 年国务院发布《国务院关于新形势下加快知识产权强国建设的若干意见》中明确提出要实施专利质量提升工程，2016 年国家知识产权局出台专利质量提升工程实施方案后，中药专利授权率进一步下降。在审查实践中，中药专利创造性审查标准实质为响应政策要求的调整工具，为遵循政策“指挥棒”的指导提供现实方便，当需要提高授权率时，对创造性的把握随之放宽，当需要收紧授权率时，对创造性的把握适时收紧。对政策及授权率的迎合使中药专利创造性审查标准无法从根本上实现客观化，这为实践中忽略中药技术需求而造成的审查不适问题埋下了隐患。

第三章 现行中药专利创造性审查标准的实践

通过对专利创造性理论及中药技术创新类型的梳理，总结了中药专利创造性理论需求特征。由于中药专利审查规则最初都是借鉴化学药专利，形式上也未形成专门的审查标准。因此，在研究中药专利审查标准时，首先要从审查实践中梳理总结出现行实际采用的标准。

为了准确掌握现行中药专利创造性标准，我们检索搜集了中药复审专利审查意见决定书共计 284 件，中药无效专利审查意见决定书共计 134 件，通过对所有中药复审与无效专利审查意见书的研读，根据中药技术创新类型将中药专利保护客体予以分类，归纳总结审查实践中采用的各类中药专利创造性判断要件，同时通过文本分析，抽取在创造性判断中明确涉及或者考虑到的共性因素，分析这些因素的特征以及在创造性判断过程中的相互关系，从而形成中药专利创造性审查标准范式。

3.1 中药专利类别及保护范围与表述形式

在专利法意义下，中药是一个外延非常宽泛的技术概念，它不仅包括通常所说的中成药，还包括中草药的生药材以及中药提取物等。笔者通过对 418 件中药复审及无效专利保护客体的梳理与总结，得知就申请专利的“中药”一词，其含义主要包括中药产品、中药方法及中药新用途三方面内容，其保护客体类别与学界文献所属类同:（1）中药产品，包括中药复方及单方产品，这两类各自又可分为以中药材为原料制成的任何剂型药物及提取物，包括中药有效成分、有效部位及有效组分；（2）中药方法，包括中成药的制备方法、中药提取物的提取方法、中药材的炮制方法等；（3）中药新用途，包括已知中成药的新用途、已知中药材的新用途、已知中药有效部位的新用途。[1]不同客体对象的中药发明，因权利要求的表述形式及其所能要求的保护范围也有所不同。从保护力度来说，一般中药产品权利要求保护力度较大，方法权利要求保护力度较小，用途权利要求保护力度介于前两者之间，但是用途权利要求在中医药领域往往能发挥更加特殊的保护作用。[2]

产品专利具体可分为复方专利与单方专利两种，方法专利具体可分为提取分离专利、制剂工艺专利、药材炮制专利及检测分析专利四种。通过对418 件中药专利文献的研读，我们总结出中药产品专利中复方专利的权利要求可通过三种形式进行限定，涵盖四种技术创新类型；中药产品专利中单方专利的权利要求可通过三种形式进行限定，涵盖三种技术创新类型。中药方法专利可通过四种形式进行限定，涵盖三种技术创新类型。中药用途专利可通过一种形式进行限定，涵盖一种技术创新类型（见图 3.1）。以下将结合对相关文献的梳理，举例说明每类中药专利的保护范围以及权利要求的具体限定形式。

3.1.1 中药产品专利

在中药领域，涉及产品相关的客体范围主要包括中药复方、中药单方及中药相关产品。每类又分别具有多种权利要求表述形式，不同的权利要求表述决定了不同的保护范围。

---

[1] 郑永锋 . 中药领域发明创造的专利保护［J］. 世界科学技术，2003（2）：11-16，76.

[2] 郑永锋：中药专利保护的客体分类——中医药知识产权专家访谈之一［EB/OL］.［2019-12-11］. http：//www.chinamsr.com/2005/0624/2915.shtml.

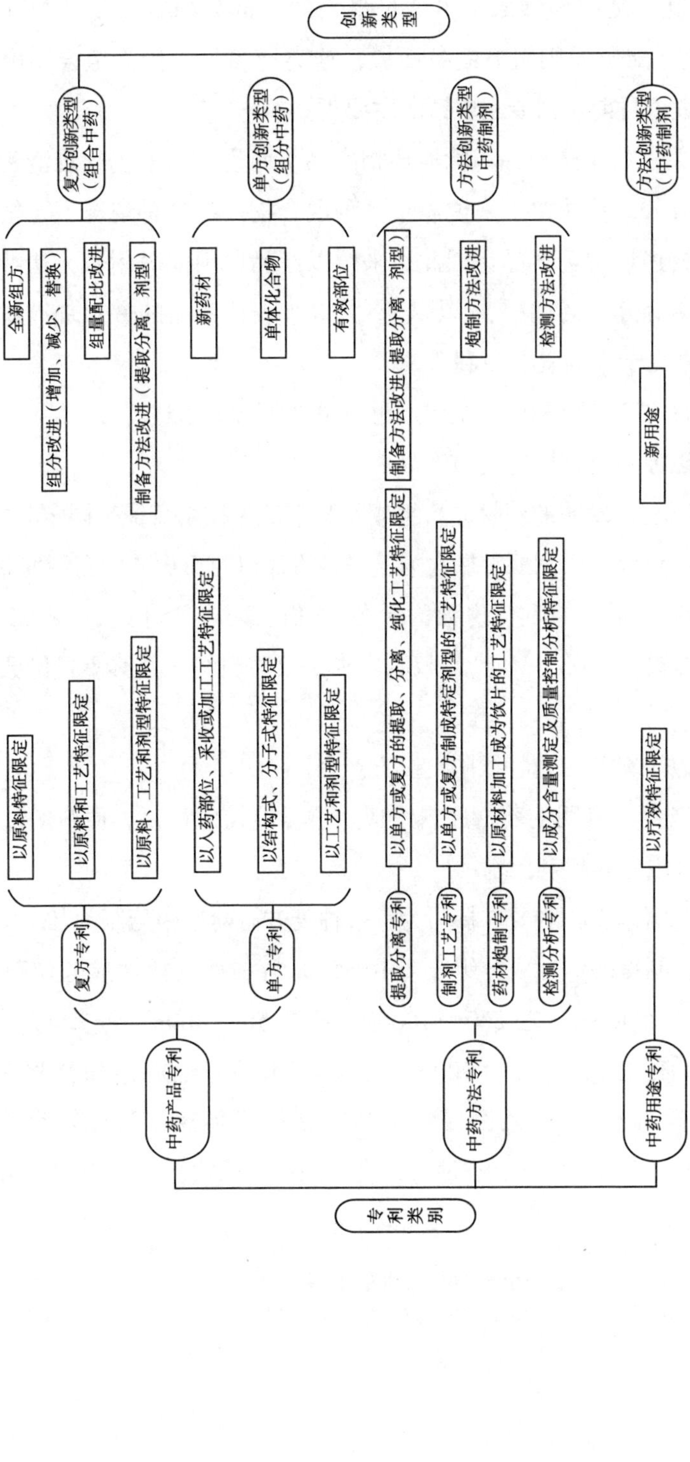

图 3.1　中药专利类别及创新类型

3.1.1.1　中药复方

中药复方是中药领域中申请量最大的一部分内容。复方制剂大多是以“君臣佐使”配伍原则组方制备而成，这类产品可以作为组合物申请产品专利，它代表了目前中药专利申请的主要类型。

对于大多数中药产品（除非药物产品）而言，目前仍很难清楚地说明其具体组成成分，从法律上来说属于一种混合物。在这种情况下，很难用其成分组成来描述该中药产品。因此，采用以产品原料同时附带方法特征（包括制备、检测、分析的过程、步骤、参数等）表述产品的方式来描述中药产品发明，更常见于中药复方专利。

中药复方产品权利要求主要通过以下几种方式表述。

（1）以原料特征限定复方产品

通常以复方发明的药材原料组成及其重量为技术特征来限定其权利要求。

例如，可以将权利要求撰写为：一种治疗口腔炎症的中药制剂[1]，其特征在于，各中药原料的重量份数为天冬 25 份、麦冬 25 份、玄参 25 份、甘草 12.5 份、山银花 30 份。该产品权利要求是以原料组成及其重量份数为特征进行表述的。

（2）以原料和工艺特征限定复方产品

通常以复方发明的药材原料组成、重量以及对该复方原料的加工工艺为技术特征来限定其权利要求。

例如，可以将权利要求撰写为：一种复方血栓通中药制剂[2]，其特征在于由下列原料制得的活性成分组成或由下列原料制得的活性成分加药学上可接受的附加剂组成：三七 200—1000g、黄芪 50—400g、丹参 40—250g、玄参 60—400g、三七药渣粉 100—800g。其中的三七药渣粉是将三七粉碎，加体积分数 50%—90% 乙醇浸渍或超声提取或加热回流或渗漉二次，第一次 3—6 天，第二次 1—3 天，滤过，合并滤液，回收乙醇并浓缩至相对密度为

---

[1] 参见申请号为 CN200710151989.6 发明专利权利要求书。

[2] 参见申请号为 CN200910215815.0 发明专利权利要求书。

1.05—1.30，药渣烘干，粉碎成细粉，过筛即得三七药渣粉。该产品权利要求以原料和工艺特征相结合的方式表征。

（3）以原料、工艺和剂型特征限定复方产品

通常以复方发明的药材原料组成、重量以及对该复方原料的加工工艺、复方制剂特征与工艺为技术特征来限定其权利要求。

例如，可以将权利要求撰写为：一种治疗腹泻的药物[1]，其特征在于该药物是由下列重量配比的药物制成：黄连提取物39份、厚朴提取物39份、木香油10份、干姜油12份、适量辅料，其中……分别将粉碎后的黄连、厚朴、木香、干姜提取有效活性物质，其中黄连用乙醇作为溶剂，回流提取干燥后以盐酸精制得精制品；厚朴、木香、干姜分别采用超临界二氧化碳流体萃取装置提取有效活性物质，……将适量辅料在64℃加热熔融，加入黄连提取物细粉搅拌均匀，使完全溶解，再依次加入厚朴提取物、木香油、干姜油，搅拌均匀，搅拌时间为10—30分钟，保温，在64℃下滴制，滴管口径为1.2—2.5mm，滴入0℃的甲基硅油中，将形成的滴丸沥尽并擦去冷却液，制成滴丸，即得。

3.1.1.2　中药单方

中药单方产品包括中药材以及从中药材中提取获得的有效成分或有效部位。中药材是指用于制备中药的原药材，这种原药材有的是植物全草或某个部位，有的还需要对其炮制加工。如果这种药材是一种现有技术中从未记载过可以作为药材使用的材料，可以申请新的中药材专利。

从中药材中提取获得的有效成分或有效部位主要是指以特定的工艺或方法，从中药材当中提取分离出的活性物质，如果该物质结构式是可知的，则为有效成分，可以申请化合物专利。如果从中药材当中提取分离出的活性物质，结构式尚不清楚，可以通过工艺参数或方法等特征表征该单方产品。

中药单方产品权利要求主要通过以下几种方式表述。

---

[1] 参见申请号为CN200510013603发明专利权利要求书。

（1）以入药部位、采收或加工工艺特征限定单方产品

通常以单方发明中单味药材的入药部位、特定的采收、粗加工及炮制工艺为技术特征来限定其权利要求。

例如，可以将权利要求撰写为：一种中国中药野芙蓉中药材及饮片，[1]其特征是选择在一定时限内野芙蓉 *Abelmoschus manihot*（*L.*）*Medicus* 鲜品花进行采收，作为产品原料，限定时间以野芙蓉花蕾顶端开裂为基点时间，以距上述基点时间前后相距 3 小时内开放的鲜品花为最好，在距此基点前 36 小时和其后 18 小时这段时限外的花一律弃去不用。……在采摘野芙蓉鲜品花后的 8 小时内用以下方法脱水干燥、磨粉：对选采的野芙蓉花，如采用常压对流加温脱水干燥方法，脱水过程宜在 36 小时完成，超过 7 天时间的弃去不用，对合格的成形干燥品粉碎至 30 目以上细度；如采用冷冻干燥法冷冻速度可随意，但鲜花堆放不宜超过 8 层；也可对采收的鲜品花进行磨浆处理后脱水干燥得 30 目以上细粉。

（2）以结构式、分子式特征限定单方产品

通常以单方发明中从单味药材中提取分离出的具有特定结构或分子式的化合物为技术特征来限定其权利要求。

例如，可以将权利要求撰写为：①如下结构所示的化合物[2]：……②根据权利要求 1 所述的化合物，其特征在于：所述化合物是从猴耳环嫩枝和叶中提取分离得到的。

（3）以工艺和剂型特征限定单方产品

通常以单方发明中从单味药材中提取分离有效成分的工艺及其制剂特征为技术特征来限定其权利要求。

例如，可以将权利要求撰写为："①一种灯盏花素粉针剂[3]，其特征在于由灯盏花素水溶性盐和注射用水溶性药用辅料组成，灯盏花素水溶性盐的含量为 5%—30%（重量百分比），余量为药用辅料。②根据权利要求 1 所述的灯

---

[1] 参见申请号为 CN01115699.6 发明专利权利要求书。

[2] 参见申请号为 CN201510329178.5 发明专利权利要求书。

[3] 参见申请号为 CN93106319.1 发明专利权利要求书。

盏花素粉针剂，其特征在于灯盏花素水溶性盐为灯盏花素碱性氨基酸盐。……④根据权利要求 1 所述的灯盏花素粉针剂的制备方法，其特征在于由以下步骤组成……”

3.1.1.3　中药相关产品

这里所说的相关产品是指含有中药的非药物产品，包括加药食品（功能食品）、保健品和含中药的化妆品。所说的加药食品是指以食品为载体，加入了具有医疗功用的中药制备而成的食品；保健品是指在一些用品当中加入中药制备而成的产品，例如药枕、保健袋等；含中药的化妆品是指在化妆品当中加入了中药活性成分，使化妆品具有一定的医疗作用。这些产品均可申请产品专利。中药的非药物产品不在本书研究讨论的范围内，在此不再详述。

3.1.2　中药方法专利

中药方法专利的保护范围主要涉及活性成分的提取分离、制剂工艺、中药材的加工与炮制方法、中药检测方法四个方面。方法专利权利要求的撰写形式，一般包括原料组成和制备工艺，原料组成通常为已知的，权利要求限定的主体为制备方法、炮制方法、测定方法等。这类专利的权利要求可以是独立的方法权利要求，也可作为产品权利要求后面的从属权利要求，既可为复方中药的方法权利要求，也可为单方中药的权利要求。根据《专利法》第 11 条的规定，方法权利要求的保护范围除保护该专利方法之外，还延伸到保护由该方法直接获得的产品，通常在组分原料特征上难以直接体现出创新的中药发明，都会选择这种保护方式，具体分类及其表述形式如下。

3.1.2.1　活性成分的提取分离方法

通常以提取、分离及纯化中药材或中药组方中活性物质的工艺方法为技术特征来限定其权利要求。

例如，可以将权利要求撰写为：一种从生药牛膝中生产口服药物牛膝多糖的生产方法[1]，包括生药洗涤、干燥、浸泡、透析、离心和浓缩干燥，其特征是将干燥后的生药牛膝经切片或粉碎，用2倍或2倍以上重量的水浸泡，浸泡液用碱或碱的水溶液调节pH值至6.0—8.0，浸泡时间等于或大于10小时，过滤，滤液用对流水进行透析，透析时间等于或大于16小时，透析后离心，取上清液干燥或先浓缩再干燥。

3.1.2.2 中药制剂工艺方法

通常以提取、分离及纯化中药材或中药组方中活性物质并制成特定剂型的工艺方法为技术特征来限定其权利要求。

例如将权利要求撰写为：一种制备脉络宁静脉注射液的工艺方法[2]，其特征在于：①将金银花、牛膝、玄参、石斛四味药按重量比为：金银花10%—40%，牛膝15%—35%，玄参15%—40%，石斛10%—35%的比例配伍并充分混合；②加水浸煮，沸腾后取出清液，再次加水浸煮，沸腾后取出清液；③……

3.1.2.3 中药材的加工和炮制

通常以对中药材原材料进行加工处理使之成为符合标准饮片的工艺为技术特征来限定其权利要求。

例如将权利要求撰写为：①一种草乌药材的炮制方法[3]，其特征在于，将草乌药材依次通过切片、抢水和干蒸处理，获得草乌炮制品。②根据权利要求1所述的草乌药材的炮制方法，其特征在于，所述切片处理为：将草乌药材切成竖片……

3.1.2.4 中药检测方法

通常以对中药原植物、中药材以及中药制剂的鉴定、成分含量测定、质量控制等分析方法为技术特征来限定其权利要求。

---

❶ 参见申请号为CN89104492.2发明专利权利要求书。

❷ 参见申请号为CN92107848.X发明专利权利要求书。

❸ 参见申请号为CN201410495316.2发明专利权利要求书。

例如将权利要求撰写为：①一种中药有效成分检测方法[1]，包括如下步骤：取待测中药，用溶剂提取，得中药提取液备用；将中药提取液与活性细胞混合，培养后，取上清液；用高效液相色谱法检测中药提取液的上清液。②权利要求1的检测方法，其特征在于：待测中药是单味中药或中药复方；提取中药的溶剂可以是水和/或有机溶剂；对含有机溶剂提取液，浓缩去除全部有机溶剂后，用缓冲液或低于3%的增溶剂溶解，制成中药提取液备用。……

3.1.3　中药用途专利

这里所说的用途是指药物的第二用途，也就是新用途的发明。包括已知中药材的新用途发明、已知中药材活性成分的新用途发明和已知中药制剂的新用途发明。中药用途专利与其他医药用途专利没有较大的区别，但作为一种较为特殊类型的权利要求，医药用途专利申请与撰写要避开疾病治疗方法，而另辟蹊径地针对新的医疗用途发明给予保护，一般可作为延长原有药物专利保护期，或是老药的“二次创新”的重要手段。

中药用途专利审查目前参照化学领域发明专利标准中相关的规定。《专利审查指南2010》第二部分第十章4.5节“用途权利要求”中规定：用途发明的本质不在于产品本身，而在于产品性能的应用。因此，用途发明是一种方法发明，其权利要求从性质上归属于方法权利要求类型。中药新用途专利仍可以组分及制备方法作为权利要求特征，撰写形式通常为“某药在制备治疗某病的药物中的应用”等属于制药方法类型的用途权利要求申请专利。

例如，将权利要求撰写为：一种复方中药的用途[2]，其特征在于：由以下重量份的当归100—500份、牡丹皮50—400份、赤芍50—400份、柴胡50—400份、桃仁50—400份、陈皮50—400份、香附100—500份、益母草50—500份、牛膝30—250份、白芍50—400份、延胡索50—400份组成的复方中

[1] 参见申请号为CN200410041115.1发明专利权利要求书。

[2] 参见申请号为CN201110207399.7发明专利权利要求书。

药在制备治疗乳腺增生药物中的应用。

3.2 不同主题下中药专利创造性判断思路

3.2.1 基本情况

现行中药专利保护主题包括复方发明、单方发明、方法发明及用途发明四大类。各类中药发明的创造性在判断步骤上适用“三步法”。首先，应当在现有技术中确定与该权利要求所述技术方案最接近的技术方案，对上述两个技术方案进行特征分析，找出它们之间的区别技术特征；接着，根据这些区别技术特征所能达到的技术效果确定发明实际解决的技术问题；然后，从最接近的现有技术和发明实际解决的技术问题出发，判断对所属技术领域的技术人员而言，引入这些区别技术特征所形成的该权利要求技术方案是否是显而易见的，同时考察这些区别技术特征的引入是否导致该权利要求技术方案相对于最接近的技术方案产生有益效果。

中药专利创造性审查遵循发明专利创造性审查的一般原则，对创造性要求同样包括应具有突出的实质性特点与显著的进步。突出的实质性特点即指发明相对于现有技术，对所属领域的技术人员来说是非显而易见的。发明的显著的进步是指发明与最接近的现有技术相比能够产生有益的技术效果。对于任何类别或创新类型的中药专利来说，突出的实质性特点与显著的进步都是满足创造性的外在基本要求。

目前在审查实践中，针对中药发明专利没有专门的审查标准，中药有效成分创造性审查参照化学药标准，对于大部分仍以粗提取物、有效部位或有效组分为主要组成的中药复方产品，则借鉴组合物审查标准。由于中药专利具有原料药较多、作用机制复杂、不能通过化学结构完全表达产品特征、很多中药为祖传或民间验方、大多没有经过系统的临床效果验证等特殊性，在审查实践中与所参照的化学药或组合物标准相比，其审查标准存在一定区别。

虽然专利审查规则中尚没有形成中药发明领域专门的书面标准，但在审查实践中已形成了有关中药专利创造性审查的基本准则，构建了中药领域发明创造的专利保护框架。❶

3.2.2 复方发明

中药复方通常是根据病情的需要，结合单味中药的性质和功能等特点，进行适当的配伍，以调其偏性、制其毒性，控制和调解多种单味药的作用方向，目的是增强、减缓、改变单味中药的既有功能，消除其不良反应，从而起到相辅相成或相反相成的预期效果，并使各个单味中药通过“君、臣、佐、使”合理的组合形成适应某种或某几种疾病的有机整体，达到中医辨证施治的最终目的。❷

对于大多数中药复方来说，很难清楚说明其具体组成成分，从法律上来说属于混合物。因此在本领域的技术实践当中，复方产品专利通常利用组分、组量以及制备方法表征产品的权利要求，即通过原料组成、制备工艺和/或剂型工艺来限定中药产品的保护范围；❸其中以原料组成为主要特征的专利，大多数以本领域的常规技术工艺制成，产品的医疗作用与生产该产品的原料配方组成有着密切的关系，原料组成这一重要的技术特征是这一类复方专利申请的发明点之所在；以原料组成附带其制备工艺和/或制剂工艺为主要特征的复方专利，其工艺方法是复方产品技术效果发挥的关键。

根据复方专利与现有技术相比区别特征的表现类型，其创造性判断分以下几种情况。❹

3.2.2.1 全新组方

如果申请专利的中药产品其组成是一种全新的组方，现有技术当中没有

❶ 郑永锋．中药领域发明创造的专利保护［J］．世界科学技术，2003（2）：11-16，76.

❷ 杨柏灿，文小平．方药学［M］．上海：上海科学技术出版社，2010：20.

❸ 郑永锋．中药专利申请的现状分析及审查标准［J］．中国新药杂志，2000（1）：61-64.

❹ 张清奎．医药及生物领域发明专利申请文件的撰写与审查［M］．北京：知识产权出版社，2002：312-315.

记载与之相近或类似的产品。对于这种全新的中药产品，要求只要证实了其医疗效果（有益的技术效果），该产品即具备创造性。这类中药复方专利其组方在申请专利之前多以祖传秘方、技术秘密等方式自行保护，有的则通过行政保护方式加以保护，如由国家药监部门审核批准成为中药品种保护等，例如，已上市中药香菊片（以化香树果序、野菊花为主）、盘龙七片（以盘龙七、扣子七等为主）、通脉降脂片（以笔管草、荷叶为主）、前列通片（以八角、茴香油、肉桂油为主）等都是全新的中药组方。[1]这类全新组方产品的相关技术既申请了专利，又利用其他行政保护手段。全新组方申请专利后权利一般较为稳定，被提出无效的数量也较少，即使被提出无效宣告请求后，审查主要围绕专利在申请前是否存在已被公开的证据，很少对技术方案本身创新水平进行评价。

◆ 例如申请号为CN01131203.3，一种通心络药物组合物及其应用，申请人为石家庄以岭药业股份有限公司，权利要求保护人参、水蛭、土鳖虫等在内的十二味原料组成的组合物。在申请专利前，该中药复方为原卫生部审核批准的中药新药保密品种，同时该组方作为重大理论处方原创研究在2000年获得过国家科技进步二等奖。该专利被提出无效，审查重点主要在请求人提供的无效证据是否在专利申请前已构成现有技术，审查结论认为证据为保密材料，流通范围有限而不能为普通公众所知，因此维持其专利权。

3.2.2.2　方剂组分的改进

如果申请人所要求保护的中药产品，其原料组成是对现有已知方剂的改进，而制备方法属于常规方法，要求申请人应当提供具有可信性的对比数据或临床观察资料，说明这种改进与现有技术相比产生了何种意外的突出效果，该产品才具备创造性。所述的改进包括对现有方剂进行药味的增加、减少，

[1] 方相锋，侯鸿军，李兴民．关于中药复方申请专利“三性”问题的探讨［J］．中国卫生事业管理，2008，25（11）：786-787.

以及替换。所要求的意外的突出效果包括：产生了新用途，疗效的显著提高，毒副作用的降低，成本的降低等。

组分改进中还有一种特殊情况是已知方剂的组合。如果申请人所要求保护的中药产品，其原料组成是现有方剂的相加组合，申请人应当以具有可信性的数据证明这种相加产生了协同增效作用或产生了新的医疗用途，该产品才具有创造性。在实际审查案件中，这类技术方案其实较少，少有发明人对两个已知方剂直接组合而申请专利，但一般会采用先拆方再组方的办法，比如先对某两个经方进行拆方研究，发现原组方一中的组分A与原组方二中的组分B都对某一疾病有明显的治疗作用，然后通过现有技术的检索，A和B中的有效部位或有效成分都有前人分别申请了专利或对该疾病有治疗作用，若通过实验证明“A+B”组合对该疾病的治疗作用明显强于A和B中两个有效部位的简单加和，即A和B合用具有协同作用，则该药物具有创造性。

（1）药味增加

对现有方剂的增加是指在已知方剂基础上添加一味或多味药，药味总数增多而形成的新技术方案。组分增加案例的审查重点主要在于现有技术是否给出增加药味的技术启示，这种启示包括正向与反向两种，正向启示为现有技术公开或是公知常识指出所加药味与原方主治功效相同，或是能够顺应原方治疗原则或配伍原则，或达到某一能够预料的效果；反向启示为现有技术公开增加的药味与原方药味之间有无配伍禁忌（十八反、十九畏），或使用禁忌（妊娠、小儿、老年人、特殊疾病人群等慎用或禁用及饮食禁忌）等信息。因此要联合所加药味与方剂中其他药味之间的配伍，以及增加药味后所达到的技术效果等加以考虑。

◆　例如申请号为CN200610050956.8，一种益气复脉、活血化瘀的益心舒注射制剂及其制备方法，申请人为贵州信邦远东药业有限公司，要求保护的注射制剂由人参、麦冬、五味子、黄芪、丹参、川芎和山楂制备而成，原料组成上比现有技术益气复脉注射制剂多一味山楂。审查决定认为山楂虽然在人们日常生活中经常被使用，但山楂与人参、麦冬、五味子、黄芪等相配伍并不能被认为是常规的，同时药效学试验数据均表明该制剂具有活血化瘀、止痛等功能，因此该技术方案具有创造性。

◆ 例如申请号为CN03101236.1，一种治疗骨折的胶囊及其生产工艺，申请人为贵州维康药业有限公司，要求保护的胶囊制剂由芭蕉根、酢浆草、补骨脂、续断、三七及鹿茸制备而成，原料组成上比现有技术多一味鹿茸。审查决定认为增加鹿茸后方剂达到了更加适合特定人群（老年人）的效果，但鹿茸与原方配伍无禁忌，现有技术公开了鹿茸对特定人群的滋补效果，并且所达到的效果也是本领域技术人员易于想到并做到的，因此该技术方案不具有创造性。

（2）药味减少

对现有方剂的减少是指在已知方剂基础上减去一味或多味药，药味总数减少，类似于组合物要素省略的发明，当减去的药味数量较多或仅保留个别或单个药味时，则类似于选择发明。对现有方剂的减少来说，要求其能够达到与原方相同或相似的技术效果，审查重点在于现有技术中是否提供了组分减少后仍能够治疗相同疾病的技术启示，以及对所述技术效果是否能够实现的确认。

◆ 例如申请号为CN02112833.2，一种治疗咳嗽气喘的药物专利，申请人为山西桂龙医药有限公司，要求保护的组合物由桂枝、白芍、龙骨、牡蛎、苦杏仁及炙甘草六味中药配伍而成，原料组成与现有技术桂龙咳喘宁胶囊的处方相比减少了五味药，分别为生姜、大枣、黄连、（法）半夏及瓜蒌皮，审查决定认为药味大幅减少后仍保持了原有疗效，且现有技术中不存在减少这五味药仍能够保持原有疗效的技术启示，为预料不到的技术效果，因此具有创造性。

◆ 例如申请号为CN200510096360.7，一种治疗急慢性前列腺炎的组合物及其制备，申请人为西安千禾药业有限责任公司，要求保护的组合物由败酱草、丹参、赤芍、桃仁、红花、泽兰、石韦、没药八味中药配伍而成，其组方比现有技术原方减少了一味乳香。审查决定认为减少的乳香在原组方中为佐药，药味减少前后方剂实质是相同的，并没有取得意想不到的技术效果，因此不具有创造性。

◆　例如申请号为CN97117051.7，一种外用消炎止痛药及其制备，申请人为山西省芮城制药厂，要求保护的组合物由沙漠嘎、薄荷脑及水蔓青配伍制成，在现有技术原方的基础上减少了两味药（三七粉和青风藤），同时要求单用原方中的一味药（沙漠嘎）制剂（为选择发明）。同一技术方案中两个不同的权利要求在审查中也有不同的考虑，审查决定认为在组方减味情况下，现有技术公开所去除的药味在组方中直接发挥镇痛和抗炎作用，并且用量较大，本领域技术人员不会想到将两者去除，也不会想到去除两味药后仍然对类似症状具有良好疗效，因此具有创造性；而单用其中一味做成外用制剂的权利要求，现有技术已公开了沙漠嘎可以单独作为起效成分，且给出了应用区别特征解决技术问题的启示，因此被认定不具有创造性。

（3）药味替换

对现有方剂的替换是指药味数量不变，多数药味选择也不变，仅对个别药味进行改变。在进行创造性审查时，强调这种替换应非本领域普通技术人员的一般性的选择，新形成的技术方案与已知方剂相比要具有实质性的区别，如果替换是按照教科书的组方原则教导，或进行这种替换是本领域普通技术人员预料之中的事情，而且这种替换也没有带来意外的突出效果，这种替换则被认为是不具备创造性的。从实际审查案例中发现，替换常发生在不同炮制品之间、药材鲜品与干品之间、同一药用植物的不同药用部位之间、近缘药材之间，审查的重点在于一方面判断替换后是否产生了意料不到的技术效果，另一方面判断是否存在替换的技术启示，通常还要伴随对替换药味配比选择的考量。

◆ 例如申请号为CN03124080.1，一种治疗泌尿系统疾病的药物组合物及其制备方法、用途，申请人为桂林三金药业股份有限公司，要求保护的组合物其中一味为金沙藤，来源于海金沙科植物海金沙的地上干燥部分，而现有技术同样为治疗泌尿系统疾病的组合物，其组方中所用的为海金沙植物的孢子。相比于孢子，植物地上部分产量大而易得，而且配比用量并没有显著增大，说明书中显示本发明组合物仍然实现了良好的疗效，对本领域技术人员来说，将孢子替换为地上全株植物的选择，以及全株植物的用量是非显而易见的，具有创造性。

◆ 例如申请号为CN200710151989.6，一种治疗口腔炎症的制剂及其制备方法，申请人为广州白云山和记黄埔中药有限公司，要求保护的组方原料之一为山银花，而现有技术中的原料为金银花。审查决定认为山银花与金银花为近源药用植物，两者性味、归经、功能与主治都相似，且容易混淆，两者的替换容易想到且没有产生意料不到的技术效果，不具有创造性。

◆ 例如申请号为CN02113190.2，一种治疗脾胃阳虚型萎缩性胃炎的中药制剂，申请人为合肥神鹿双鹤药业有限责任公司，要求保护的组方由党参、肉桂、砂仁、补骨脂、黄芪、附子、肉苁蓉等十二味药材组成，与现有技术温胃舒胶囊的组方相比，区别在于现有技术处方中使用原料药附子（制）、黄芪（炙）、肉苁蓉（制），而权利要求相应的原料药为附子、黄芪、肉苁蓉。审查决定认为对于本领域普通技术人员而言，以黄芪与肉苁蓉生药为原料或将其炮制后入药都是常规原料药，附子一般都是炮制后入药，其炮制工艺也为常规生产工艺，且权利要求也未产生意料不到的技术效果，因此不具有创造性。

3.2.2.3 方剂组量配比的改进

如果申请人所要求保护的中药是以原料处方中各组分之间的相互配比为特征，申请人应当以具有可信性的对比数据或临床观察资料，说明由于这种特殊的配比改变，使形成的新产品产生了意外的突出效果或新的医疗用途，该产品才具备创造性。从实际审查案例中发现，以配比为特征的中药专利，其特征也分为几类。有的是因现有技术原方只公开了组分，专利明确了组分配比与组量，审查决定一般认为中药复方的配比需要花费大量创造性劳动和实验才能确定，并且对于本领域技术人员来说，中药复方各个组分用量不同引起君、臣、佐、使角色不同，从而引起治疗效果的变化，治疗效果变化通常被认为产生了预料不到的技术效果，具有创造性；有的是在现有技术原方基础上更改了其中几味药的组量，此类情况需要判断更改的组量是否容易想到，同时更改后其治疗效果是否具有显著的变化，来确定是否具有创造性；有的是对现有技术原方整体配伍比例进行了更改，此类情况需要判断原方整体的"君、臣、佐、使"的配伍关系是否已经改变，同时还要判断治疗功效与适应症是否改变，来确定是否具有创造性。

◆　例如申请号为CN01128758.6，一种治疗肿瘤的胶囊，其特征在于它是由下述重量配比的原料制成的：黄芪20%、女贞子17.6%、光慈菇7.7%、马齿苋5.3%、重楼7.7%、龙葵6.7%、紫苏子10%、鸡内金9.3%、大黄6%、冰片1.7%、僵蚕8%，申请人为李子善、李志谦，现有技术博尔宁胶囊其产品注册证公开的组分与该专利申请的一致，但现有技术并没有公开各具体的成分配比与含量。审查决定认为由于现有技术只记载了专利申请中所要求保护的治疗肿瘤胶囊的组分，没有记载各组分的配比，对于中药领域的技术人员来说，本领域技术人员仅根据现有技术中公开的内容无法显而易见地得出本发明权利要求保护的技术方案，因此具有创造性。

◆　例如申请号为CN03146190.5，一种治疗阳痿早泄的药物，其中各原料重量配比为牡蛎500g、龙骨600g、花椒目20g、丁香25g、黄芪75g、阳起石75g、鹿茸5g、防风40g以及海螵蛸600g，申请人为亚宝药业大同制药有限公司。要求保护的权利要求与现有技术相比组分一致，全方各味药组量有所不同，但都是牡蛎、龙骨、海螵蛸含量最多为君药，黄芪、阳起石、防风含量次之为臣药，花椒目、丁香、鹿茸含量最少为佐使药。权利要求各味药含量虽与现有技术不同，但并未改变原方中各味药的君臣佐使关系。本领域技术人员公知，中药中各味药在不改变君臣佐使关系的前提下，原料药的比例作少量调整一般不会改变药的主治功效，这些改变都是常规手段且没有产生意料不到的技术效果，因此不具有创造性。

3.2.2.4 制备方法的改进

如果申请人所要求保护的中药产品，原料由于制备方法的不同使所制备的产品性能产生了意外的突出效果，并且这种产品具备新颖性，也就是说经过这种不同的制备方法生产出的产品，在产品特征上有别于现有技术，则这种方法制备产品具有创造性。如果产品是已知的产品，作为产品已不具备新颖性，在这种情况下只能获得方法专利。以制备方法为特征的中药复方产品专利，其特征又可分为提取分离工艺与制剂工艺两类，包括对工艺方法、步骤流程、用料、参数等方面的改变。

（1）提取分离工艺

目前，复方中药产品多数不是原料直接入药，而是经现代工艺对中药复方进行提取，以提取分离工艺为特征的中药复方专利，根据其提取的精度又可分为全提取物、有效部位、有效组分等多个层次。这类复方专利数量较多，部分技术方案以提取分离方法为特征，还会连带组方组量的改变，整体技术方案下显著地影响到活性成分的组成或结构。这类技术方案在实际审查中的重点在于判断工艺步骤、方法、参数等的改变对本领域技术人员而言是否显而易见，然后结合说明书判断记载的技术效果是否具有显著的进步。

◆ 例如申请号为CN03118186.4，一种治疗灰指甲、手足癣的药物，申请人为彭祥林，要求保护的权利要求与现有技术相比，所用到的提取方法、所用试剂等有所不同，审查决定认为现有技术未给出相关的任何技术启示，并且该技术方案工艺提取到的有效成分更全面，杀灭真菌效果良好，还缩短了生产周期，因此具有创造性。

◆ 例如申请号为CN200410050135.5，一种治疗止痒中药组合物，申请人为广西玉林制药有限责任公司，要求保护的权利要求与现有技术相比，其提取方法、步骤、所用的溶剂及其参数等不同，但均属中药领域常规技术手段，且提取制备方法不同并未给所制备的中药组合物带来意料不到的技术效果，因此不具有创造性。

（2）制剂工艺

另一类以制备工艺为特征的专利通过改变制剂工艺实现，改剂型的中药复方专利除了以制剂工艺本身为特征外，很多也连带以提取分离工艺为特征。中药剂型多种多样，但常规的制剂工艺都是现有技术，常规剂型间的转换也都能从相似的中药品种或教科书中得到技术启示，因此，中药制剂通常需要独特的制备工艺特征的限定才能满足创造性的要求，[1]包括在制剂加工方法、辅料筛选、参数设定等多方面，并同时证明在剂型改进过程中解决了原有的技术问题，或者因剂型改变而取得了意料不到的技术效果等，这种剂型改进具备创造性，意料不到的技术效果必须依赖于实验的证实。

◆ 例如申请号为CN93104666.1，防治婴幼儿腹泻、厌食症贴膏及其制备方法，申请人为山西省芮城制药厂，要求保护的权利要求与现有技术相比，限定原料药制备贴膏的各自的步骤，所加入的成膏剂与原药混合制膏有利于降低单剂贴膏的重量，这些技术特征是本领域技术人员非显而易见的，且具有有益的技术效果，因此具有创造性。

3.2.3 单方发明

中药单方与中药复方相比，虽然组方单一，但疗效显著，简单易行，毒副作用较清晰，药理简单易于掌握控制。中药单方专利根据保护客体不同又

---

[1] 欧阳石文. 医药生物领域发明专利申请文件撰写与答复技巧［M］. 北京：知识产权出版社，2017：122–123.

可分为三类。第一类是从单味中药材中提取分离的单体化合物，从法律上来说不是组合物，此类单方专利通常以化学结构式的方式表达，与化学药专利所保护的化合物在审查中没有区别。第二类是单味药的提取物或有效部位，只能确定从中提取得到的某一类或某几类物质，如生物碱、多糖等，但对这些物质还不能以分子式表述，从法律上来说仍然是组合物，在本领域的技术实践当中，此类单方专利通常还是利用制备方法定义产品的形式表达。第三类单方专利为新药材专利。其具体的创造性判断标准如下。

3.2.3.1　单体化合物

如果从某一中药原料中提取到单体化合物，且化合物结构明确，是新分离制备出来的过去未曾报道过的物质，只要申请人以具有可信性的数据证实了其医疗作用（有益的技术效果），该单方产品即具备创造性。在此，对于分离方法是否为常规方法不作具体要求。此类专利中有很多还会在天然提取成分基础上，再进行化学修饰、改造得到新的衍生物，同样申请人若以具有可信性的数据证实了其有益的技术效果，该单方产品即具备创造性。此类专利可完全适用化合物的创造性审查标准。

◆　例如申请号为CN201510329178.5，从中药猴耳环中提取的化合物及其用途，申请人为沈阳药科大学，权利要求涉及从豆科猴耳环属植物猴耳环（*Pithecellobium clypearia Benth.*）的粗提物，经过反复的硅胶、ODS柱层析、HPLC分离得到的三个新化合物，经药效及药理学实验证明三个化合物均具有很好的抗氧化活性，可制备治疗及预防自由基对人体破坏相关疾病的药物，权利要求具有创造性。

3.2.3.2　有效部位

如果从某一中药原料中提取到有效部位，其物质还不能以分子式表述，只能确定从中提取得到的某一类或某几类物质，如果因提取或制剂工艺的不同产生了有益的技术效果，同时提取或制剂工艺中所用的并不是常规的技术手段，有益的技术效果能够以具可信性的数据证实，该单方产品即具备创造性。

◆ 例如申请号为CN200410031071.4，藏药独一味软胶囊制剂及其制备方法，申请人为成都优他制药有限责任公司，权利要求限定了独一味提取物中含有脂溶性成分、黄酮类化合物及多糖类的比例，权利要求在制备方法及剂型上与现有技术存在区别。审查决定认为并非任何中药提取物都可以在不付出创造性劳动的情况下显而易见地制得其软胶囊剂型，该技术方案使终产品产生了与现有剂型相比，服用剂量小，在胃肠道中崩解快、吸收快、显效快、生物利用度高、制剂稳定性强等有益效果，因此具有创造性。

◆ 例如申请号为CN99803683.8，银杏叶组合物及制备方法与应用，申请人为上海市杏灵科技药业股份有限公司，权利要求限定了银杏叶提取物中银杏黄酮类、银杏内酯、白果内酯及银杏酸的含量比例，与现有技术相比，权利要求在组合物成分含量比例以及提取方法上存在改变，但这种改变并不能使药物安全性提高或产生其他有益效果。因此不具有创造性。

3.2.3.3 新药材

如果一种物质（包括植物、动物、矿物等）在文献中从未记载过，或者虽然记载过，但从未记载过具备药用作用，只要这种物质制成的中药，具有诊断、治疗或预防疾病的作用（有益的技术效果），用这种物质制成的中药就具备创造性。需要注意的是，这种物质是与一定的方法联系在一起的，无论该方法是常规方法还是非常规方法，必须经过一定的方法将所述的物质制备成药物，只是原料物质不能获得专利，因为这种物质只是一种发现。而在实际情况中，这类新药材产品专利，多是原有药材因改变药用部位或是改变炮制方法，而形成了一味新的中药材。

◆ 例如申请号为CN01115699.6，野芙蓉中药材制品，申请人为王绍璋，其权利要求可拆分为采收野芙蓉的鲜品鲜嫩花做原料的技术方案一，与采收野芙蓉花蕾做原料的技术方案二。针对技术方案一，审查决定认为权利要求采收部位是黄蜀葵整花，而现有技术采收的是带雄蕊和花柱的花冠，本领域技术人员知晓除极少数特殊药物以花的特定部位（花粉、花瓣）入药外，通常多数花类中药以整花入药，选择采收整花，对本领域技术人员并不需要付出创造性劳动，从加工工艺的角度来分析，则采收整花和仅采收带雄蕊和花柱的花冠部分相比，采收过程更为简便，能够降低人工成本，从成本和工艺的角度出发，本领域技术人员也容易做出这种改变，因此不具有创造性。针对技术方案二，审查决定认为在现有技术给出的启示的基础上，本领域技术很容易想到采收未开裂的花蕾期的花，因此也不具有创造性。

3.2.4 方法发明

制备方法的改变，可以是对提取、分离、炮制或制剂工艺中某一过程方法的改进，也可以是多步骤的改进。检测方法的改变，可以是对有效成分、有毒有害物质、质量标准控制等方面的改进。方法发明中的具体步骤本身可能属于常规性操作，但只要该专利申请的有益效果是由工艺方法产生的，则这种方法从整体组合起来即具备创造性。对于已知产品，其产品的性状、组成等没有发生变化，但在生产过程中如果采用了不同于现有技术的制备与检测工艺，与现有技术相比有实质性区别并产生了有益效果，则这种方法即可被授予专利权。

对于所产生的有益效果，分两种情况：一种是由于方法的改进给产品性能带来了改善，包括增加新用途、使原有疗效有所提高、降低副作用、延长了储存期、提高纯度、改善口感等。一种是由于方法改进给生产过程带来了改善，包括降低成本、降低生产危险程度、降低生产能耗、降低环境污染、简化工艺、增加对原料资源的利用和保护、质量控制的再现性提高等。

◆ 例如申请号为CN201410495316.2，一种草乌药材的炮制方法，申请人为福建汇天生物医药有限公司，权利要求公开的炮制方法与现有技术相比，其区别特征在于包含对乌头进行抢水处理的步骤，审查决定认为现有技术中存在草乌炮制时间过长（3—4天）、浸泡时间长达48小时、干燥温度过高降低疗效、工艺复杂、质量不易控制等缺点，权利要求中公开的方法大大缩短了炮制时间，并起到同样的炮制效果，因此具有创造性。

◆ 例如申请号为CN94110752.3，一种健脑补肾丸的制作方法，申请人为山东临清中药厂，权利要求公开的制备方法与现有技术相比，在于所用的包衣剂不同，现有技术用朱砂包衣，权利要求可拆分为用三氧化二铁包衣的技术方案一，以及用赭石包衣的技术方案二，审查决定认为现有技术为技术方案一提供了不用朱砂包衣以克服其对人体有毒性的缺陷，同时可以保持原有药用效果的技术启示与教导，使本领域普通技术人员会显而易见地想到采用仅起着色包衣作用的包衣剂，因此采用三氧化二铁包衣的技术方案不具有创造性。而赭石具有降气、止逆、平肝止血的药理作用，现有技术并未教导赭石作为包衣不影响所包衣药物的药效，所属领域的普通技术人员不会想到将赭石作为包衣剂运用，因此具有创造性。

◆ 例如申请号为CN200610057257.6，一种排毒养颜片及其制备方法，其产品的从属权利要求为产品中大黄素和大黄酚的含量测定方法，其公开的测定方法与现有技术相比，在仪器参数、试剂、方法等方面存在区别，审查决定认为虽存在区别，但参数的改变均在本领域的常规可选择范围内，也不会改变供试品中所要测定的大黄酚和大黄素的含量，且权利要求中所述的含量测定步骤均是所述技术领域中常用的技术手段，是所属技术领域的技术人员很容易想到的，该测定方法并未取得预料不到的技术效果，因此不具有创造性。

3.2.5 用途发明

由于用途权利要求从性质上归属于方法权利要求，因此需要按照方法发明的特征来审查用途权利要求的可专利性，即把制药用途权利要求理解为制药方案权利要求。审查实践中，主题为“某药在制备治疗某病的药物中的用途”通常等同于“治疗某病的药物的制备方法，其特征在于应用了某药”。在审查创造性时，仅需要考虑那些能够对制备药物的过程产生限定作用的技术特征，例如原料选择、制备步骤、条件参数选择、产品成分含量等，体现在用药过程中的技术特征，例如给药对象、给药方案、给药剂量等用药特征一般不予以考虑。也就是说，如果中药本身或者其制备方案的技术特征能够被认定具有创造性，那该中药的用途即具有创造性。

◆ 例如申请号为CN201510446786.4，一种中草药提取物及其用途，申请人为中国人民解放军第二军医大学，其权利要求保护的是多花假马齿苋的乙醇提取物在制备抗疲劳药物中的应用。由于提取物及其制备方法本身具有创造性，因此其治疗功效即抗疲劳用途也具有创造性。

关于已知产品的新用途专利，其创造性的判断应当是与现有技术进行对比，已知的产品过去没有这种用途，该用途也不能从其组成或现有技术当中容易地推导出来。专利申请给出了一种新用途，只要这种新用途是可信的，就认为这种用途与现有技术相比具备创造性。由于新用途发明的关键之处在于新的药理作用，因此，在这种申请中，申请人应当记载说明这种新用途的疗效资料。

◆ 例如申请号为CN201310218868.4，一种复方中药的新用途，申请人为合肥今越制药有限公司，发明所涉及的是一种已知复方中药的新用途，现有技术已公开了该中药复方重量份的原料组成，其中含有柴胡等具有疏肝理气散结功效的中药，原方功用为疏肝活血、调经止痛，主治痛经、月经不调属气滞血瘀证者。审查决定认为本发明提出了将上述复方中药应用于制备用于治疗不孕不育症的药物，其药效学实验及临床研究表明适用于现代医学无排卵及输卵管炎所致的不孕患者，具有安全、有效、服用方便等特点，具有创造性。

3.3 中药专利创造性审查所涉及的考量因素

3.3.1　对比文件

创造性判断是在专利申请与现有技术进行对比的基础上作出的。对比文件是从与技术方案相关的现有技术文献中，认定的一份或多份直接用于创造性判断的现有技术。

3.3.1.1　认定标准

从法律规定来看，只要是符合《专利法》第22条及《专利审查指南2010》第二部分第三章2.1节规定的现有技术都能够成为对比文件，但实质审查前进行文献检索的意义在于缩小判断依据的范围，找到直接用于创造性判断的对比文件。在专利审查实务操作中，选择对比文件的顺序应该是：先考虑技术领域、技术问题、技术效果的相似度，后考虑技术方案中的技术特征相似度。现有技术若要作为判定中药创造性参照物，需要满足：第一，该现有技术与权利要求之发明为同一技术领域的技术；第二，该现有技术与权利要求的发明为有联系的技术，属于发明者致力于研究的领域或者是与发明者要解决的问题有合理关联的领域的技术；第三，该现有技术与权利要求的发明为有联系的技术相似的领域。[1]即判断中药发明创造性的对比文件须与权利要求之发明要处于同一技术领域，或为有联系的技术领域及相似的技术领域。[2]当技术领域不同时，技术特征必须与技术问题和技术效果协同考虑，但须考虑技术领域的远近问题。

3.3.1.2　文件类别

从中药专利审查中认定的对比文件类别来看，其可分为专利文献与非专利文献两大类，其中，专利文献是记载专利申请、审查、授权过程的各种有关文件，即已提交了专利申请并公开的所有中药专利文献；非专利文献主要为专业书籍、学术论文、工具书、标准以及使用公开资料五类。

（1）专利文献

专利申请在实质审查之前均要进行相关的专利检索工作。2001 年，在国家知识产权局的支持和其下属专利局自动化部的直接领导下，知识产权出版社专利数据研发中心（PDC）和化学审查一部中药室合作完成开发了“中国中药专利数据库及其检索系统”（CTCMPD），该系统收录了 1985 年至今公开的全部中国中药发明专利，同时不断追加标引，与专利公报同步。中国中药专利数据库系统有三个组成部分：中药专利题录数据库、中药专利方剂数据库和中药材词典数据库。其中，中药专利题录数据库和中药专利方剂数据库是核心部分，它们提供了所有的中药专利信息及其方剂信息。中药材词典数据库是辅助性工具，提供了中药材已有的名称，在很大程度上帮助解决因中药名称不规范、不统一而造成的创造性判断困难。中国中药专利数据库及其检索系统是世界上唯一进行深度加工标引的中药专利数据库。

（2）非专利文献

专业书籍包括中医药典籍文献以及各类现代中医药研究成果出版物，古

---

[1] 阿瑟 · R. 米勒，迈克尔 · H. 戴维斯 . 知识产权法概要［M］. 周林，等译 . 北京：中国社会科学出版社，1998：43–54.

[2] 严永和 . 论传统知识的知识产权保护［M］. 北京：法律出版社，2006：234–235.

代医书及方书，不但公开了很多中药基础理论，还公开了大量的方剂，[1]为中药专利申请提供了大量的组方来源，专业书籍出版物的形式也不限于传统的印刷制品，也包括光盘、网络、影片等各类传播媒介；学术论文包括在各类中医药学术期刊公开发表的论文，各类学术会议上公开发表的论文及资料等；工具书包括中医药辞典、中药技术手册等；标准包括药典委员会颁布的药典，国家药品监督管理局颁布的药典中没有收录的中药行业标准，各省药品监督管理局颁布的省级中药标准，以及部分企业标准；使用公开资料主要是中药产品的注册证、许可证，中药技术转让协定等能够证明产品或方法已使用公开的资料。

3.3.2　区别特征

区别特征是指专利申请相较于对比文件，有别于对比文件的具体技术特征。中药专利的区别特征可反映中药产业最主要的创新点与研发趋势，其与中药新药注册分类标准存在一定的相似性和关联性，创新点集中在中药有效单体、有效部位、制药用途及中药制备工艺与制剂工艺等方面。传统中药以中药材或中药饮片直接入药，制备方法以煎煮为主，剂型主要为丸、膏及丹等，其缺陷逐渐显现，存在起效慢、生物利用度低、使用极不方便、易变质、不易贮存等诸多缺陷，已不适应现代人对疾病治疗的需求。因此，对其活性成分、制备工艺及剂型的改良在传统中药保护中存在巨大的经济利益，是传统中药进行二次开发的重要途径。

中药专利申请的区别特征从类别来看主要分为：有效单体或有效部位理化性质、中药组方的组分、中药组方的组量配比、中药制备方法、中药用途共计五类。对一项中药专利申请的技术方案来说，其可包含其中一类区别特征，也可包含多类区别特征。

---

[1] 据粗略统计，至今在各类中医药典籍中记载的经方、局方及时方等中药方剂累计 10 万首以上。参见：王晓天，王承华，袁红梅，等．论中医方剂知识产权保护的困境与出路［J］．中国实验方剂学杂志，2013，19（15）：353-359.

3.3.2.1 有效单体或有效部位理化性质

中药单方中主要是以结构式、分子式及活性物质性质为表征的专利申请。对于具有该类区别特征创造性的审查与化合物审查一致。

3.3.2.2 中药组方的组分

中药组方的组分是中药复方专利申请主要的区别特征类型之一。复方专利申请相较于对比文件，在组方所用药味组分上存在区别，包括药味增加、减少及替换三种形式，其增加、减少或替换药味可分别构成单一的区别特征，也可同时包含减少、增加或替换构成复合的区别特征。其中，药味增加形式中，既包括单个药味的增加，也包括与多味药或者另外一个方剂整个的增加（相当于组合专利）；药味减少形式中，既包括单个药味的减少（相当于省略专利），也包括多味药或者仅选择保留一味药的减少（相当于选择专利）。

3.3.2.3 中药组方的组量配比

中药组方的组量配比是中药复方专利申请主要的区别特征类型之一。有的对比文件并没有公开组分相应的组量配比，而专利申请中明确限定了具体的组量配比，可构成区别特征。有的对比文件限定了组分具体的组量配比，但专利申请与之相比在配伍比例上存在区别，各味药比例的差异构成具体的区别特征，其中的差异，既可以仅是某个或某几个药味的配比存在差异，也可以是全方整体配比存在差异。

3.3.2.4 中药制备方法

中药制备方法同是中药单方及复方专利申请主要的区别特征类型之一。对于单方与复方中药专利申请，有关制备方法的区别特征都可分为提取分离工艺与制剂工艺两类，既可以是对原有工艺的改动，也可以是提出的其他完整工艺过程。提取分离工艺与制剂工艺的区别特征均表现在动态步骤与静态参数两个方面。

具体来说，提取分离工艺的动态步骤特征体现在原料药材提取、分离及纯化方法的顺序过程中，如先做哪一步后做哪一步，每一步骤进行的时间及次数，或者是先对部分药材进行处理，再处理其他药材等方面的区别。提取分离工艺的静态参数包括原料药、试剂、装置、环境理化参数特征。这四个方面的理化参数都能构成区别特征，如原料药的用量、粒径、密度等，所用试剂的体积、温度、密度、酸碱度等，工具装置、仪器所设定的条件参数等，以及环境方面加热的温度、压力、湿度等。

制剂工艺的动态步骤特征体现在制剂方法的顺序过程中，具体同样涉及方法步骤进行的时间、次数及顺序。制剂工艺的静态参数除了原料药、试剂、装置及环境理化参数，还包括辅料理化参数，即赋型剂、黏合剂、助溶剂、润湿剂、矫味剂、稀释剂、包衣剂、分散剂、囊壳基质等的选择用量及与原料药之间的配比等。剂型改良不是简单的剂型套用，而是需要根据原料药的特性选择限定辅料及配比，寻找最合理的制备方法，通过实验等手段对现有技术进行创造性改良。[1]

3.3.2.5　中药用途

中药用途作为区别特征主要是专利申请相较于对比文件，在适应证或功效方面存在差异，差异既可表达为所治疾病不同，也可表达为所发挥的功效不同。

所治疾病不同，主要指中药专利申请与对比文件相比，所针对的适应证不同，既包括机体因为病因损害所表现出的自我调节紊乱的外部生理状况表象不同，也包括机体因病因所导致的代谢、功能、结构的内部变化情况的不

[1] 赵晶，戴治娟，王亚亚，等. 从无效宣告大数据看剂型改良对中药专利再保护的重要意义和实践途径［J］. 中国药业，2018（1）：74–76.

同，在很多资料中适应证有时被写为适应症。[1]中药用途的区别特征在表述时，有以中医学名词对疾病所处一定阶段的病因、病性、病位、病机等所作的病理性概括，例如用于治疗阳虚证；也有以患者的主诉或体会到的不适感，医生或患者发现的客观或需要借助现代仪器等实验室监测方案才能发现的病理征象进行的描述，例如用于治疗高血压。

所发挥功效的不同，主要指中药专利申请与对比文件相比，治疗功效存在差别。在表述形式上，既有按中药理论的表述，如清热解毒、补中益气、升阳举陷等，又有按现代药理学的表述，如抗炎、抗肿瘤、降压、免疫增强等。

3.3.3 本领域普通技术人员

3.3.3.1 定义

关于与创造性判断相关的本领域普通技术人员，中国《专利审查指南2010》第二部分第四章 2.4 节“所属技术领域的技术人员”中规定：所属技术领域的技术人员，也可称为本领域的技术人员，是指一种假设的“人”，假定他知晓申请日或者优先权日之前发明所属技术领域所有的普通技术知识，能够获知该领域中所有的现有技术，并且具有应用该日期之前常规实验手段的能力，但他不具有创造能力。如果所要解决的技术问题能够促使本领域的技术人员在其他技术领域寻找技术手段，他也应具有从该其他技术领域中获知该申请日或优先权日之前的相关现有技术、普通技术知识和常规实验手段的能力。

---

[1] 在中医学理论中，“证”与“症”是不同概念，中医学“证”即“证候”，定义为疾病发生和演变过程中某阶段本质的反映，以一组相关的症状和体征表现出来，是从若干复杂症状（包括脉象、舌象等）中，经过分析、综合、归纳而得出的证据。辞海编辑委员会．辞海（医药卫生分册）[M]．上海：上海辞书出版社，1981：57.【证候】：中医学名词，指患病时出现的互有联系的一组症状。“症”在中国古代的部分著作以及大部分现代中、西医著作中常常将其作为“疾病”的广义代称；近代中医在使用医古文的简练表达方式时，约定俗成地把“症状”简化为“症”，指的是“病状”，是病证所表现的各种现象，包括症状和体征，包括患者的主诉或体会到的不适感，医生或患者发现的客观或需要借助现代仪器等实验室监测方案才能发现的病理征象。

从以上规定看出，本领域普通技术人员是创造性判断的判断主体，从定义来说其具有拟制性特征。他是一种假设的“人”，并设定了他的知识范围及日常工作实验能力。本领域普通技术人员通常不认为知晓遥远技术领域的专业知识或技术文献，但要考虑本领域普通技术人员的知识包含相似或相近技术领域的知识组成。与美国专利审查指南的规定不同，中国将本领域普通技术人员拟制为不具有创造力的人，但他必须具有将“技术领域、技术问题、技术方案和技术效果”四位一体进行理解的整体概念。设定本领域普通技术人员这一概念的目的，在于通过设立虚拟之人，建立虚拟场景，追溯发明者创造发明时的心态和资源限制，以弥补“后见之明”对案件造成的不公正影响；并且限定判断人员的知识和能力，站在涉案领域技术人员的平均技术水平上，统一对现有技术的理解和审查标准，尽量避免审查员主观因素的影响。[1]

美国专利商标局（USPTO）自 2007 年 KSR 案之后，明显提高了所述领域技术人员的主观能力；欧洲专利局（EPO）通过增加对所述领域技术人员的定义丰富内涵，扩大所述领域技术人员知晓本领域持续发展方向的内同；国际保护知识产权协会也在 2010 年的大会中尝试探讨了各国对于本领域技术人员的定义，并尝试讨论了各国对于本领域技术人员是否应该具有普通的创造力。不同的技术领域的发展水平和发展阶段明显不同，相应的发明活动状况也存在很大差异，由此采用的普通技术人员水平标准应该有所区别。适当的策略是提高传统领域技术人员能力的认定标准，并降低高新技术领域技术人员能力的认定标准。[2]

3.3.3.2　衍生出的判断方法

本领域普通技术人员既是创造性判断中的法律概念，同样也是一种工具主义方式，即超出原来的法理基础或概念原本的文义范围，将其作为创造性

---

❶ 易玲，魏小栋．多维度视角下的“本领域技术人员”之界定［J］．知识产权，2016（7）：60-66.

❷ 师晓荣，刘艳芳，杨秦，等．浅谈欧洲专利创造性审查标准变化对我国医药领域审查的借鉴意义［J］．中国发明与专利，2017（8）．

判断工具使用。在这种方式观念上，将“本领域普通技术人员”定义视为一个“壳”，其内容可以根据创新政策或司法政策的需要予以适时调整，并不严格坚持定义中对“普通技术人员”水平的表述。[1]虽然中国的专利审查指南未规定中药领域普通技术人员的具体标准，但从审查实践中总结的基准来看，基于本领域普通技术人员情况可衍生出两种应用于中药专利审查的判断方法，一种是技术方案从整体构思上是否为本领域技术人员容易想到或预见，或仅需本领域技术人员有限次劳动即可得到；另一种是技术方案是否从本领域内常规技术手段或技术常识中经过简单推导或变形得来。这两种判断方法是基于“本领域普通技术人员”技能二分法得来的，本领域普通技术人员的技能，依循传统，被划分为“知识”和“能力”两部分。

（1）第一种判断方法

针对本领域普通技术人员的能力，第一种判断方法是对技术方案从整体构思上进行是否为本领域技术人员容易想到或预见，或是否为本领技术人员仅需有限次实验即可得到的判断。这一判断方法的实质已超越了审查指南中有关“普通技术人员不具有创造能力”的规定，在中药实际审查中还是默认为判断主体具有普通的创造能力，要求从结果上判断中药发明的技术效果是否“可预见地得到”，从过程上判断含有区别特征的技术方案是否“容易想到”，发明所涉及的选择方案是否数量有限，或是否可在可能的、有限的范围内选择参数。在一定程度上，中药专利审查借鉴了美国专利创造性审查中的“显易尝试”标准，判断本领域普通技术人员是否会选择“有限”方案进行尝试，显然包含该普通技术人员具有一定的推理和选择能力，即具有“普通创造能力”。[2]

（2）第二种判断方法

针对本领域普通技术人员的知识，第二种判断方法是对技术方案进行是否可由本领域常规技术手段或技术常识经过简单推导或变形得来的判断。这

[1] 张小林. 论专利法中的“本领域普通技术人员”[J]. 科技与法律，2011（6）：22-29，60.

[2] 张晓东，傅利英. 美国专利审查中的“显易尝试”标准及对我国的启示［J］. 中国医药工业杂志，2013，44（5）：533-537.

一判断方法也超越了审查指南中有关“普通技术人员不具有创造能力”的规定，默认了本领域技术人员可进行知识推理与拼装的能力。《专利审查指南2010》第二部分第四章 3.2.1.1“判断方法”中规定：所述区别特征为公知常识，例如，本领域中解决该重新确定的技术问题的惯用手段，或教科书或者工具书等中披露的解决该重新确定的技术问题的技术手段。可见专利审查指南列举了教科书、工具书等公知常识证据形式。

专利审查指南没有强制规定审查员必须用举证的方式证明所有主张的公知常识，因此在中药审查实践中，审查员多数是根据自身所具有的普通技术知识，从本领域技术人员视角出发对公知常识进行说理认定，说理的依据是审查员对本领域技术知识的理解。在中药专利的实际审查中，直接运用于创造性判断的公知常识性依据主要包括辞典、技术手册等工具书，以及部分专业书籍如教科书等。

3.3.4　技术启示

3.3.4.1　定义与分类

技术启示是现有技术的启示，它体现了发明创造与现有技术的关联性。从广义上讲，任何发明创造都是在现有技术的基础上被创造出来的，或者说任何发明创造或多或少地基于现有技术的启示，完全没有得到现有技术启示的发明创造几乎是不可能的。因此，从是否影响发明的创造性角度来看，广义的技术启示至少可分为肯定创造性的技术启示和否定创造性的技术启示。在专利审查实践中的技术启示属于后一种否定创造性的技术启示，可以称之为狭义的技术启示。

专利创造性审查中，技术启示又可分为技术手段的启示和技术结合的启示。技术手段的启示是指，尽管最接近的现有技术与发明具有某些区别技术特征，但现有技术中存在该发明区别于最接近的现有技术的区别技术特征或无实质差异的技术特征；技术结合的启示，是指现有技术中不仅存在发明的区别技术特征（其中区别技术特征存在于最接近的现有技术之外的其他现有技术，除区别技术特征之外的其他技术特征存在于最接近的现有技术），而且还存在将区别技术特征应用到最接近的现有技术以解决该发明实际解决的技术问题的启示。[1]

3.3.4.2 作用

《专利审查指南2010》第二部分第四章3.2.1.1“判断方法”中规定：在确定最接近现有技术、区别特征和实际解决的技术问题之后，最后一步就是要判断要求保护的发明对本领域的技术人员来说是否显而易见。判断过程中，要确定的是现有技术整体上是否存在某种技术启示，即现有技术中是否给出将上述区别特征应用到该最接近的现有技术以解决其存在的技术问题（发明实际解决的技术问题）的启示，这种启示会使本领域的技术人员在面对所述技术问题时，有动机改进该最接近的现有技术并获得要求保护的发明。如果现有技术存在这种技术启示，则发明是显而易见的，不具有突出的实质性特点。

从专利审查指南来看，如果是否显而易见的前提是认定技术启示是否存在，则如同是否显而易见的认定一样，是否有技术启示已不是单纯的一个概念，而是一种判断方法，而且技术启示判断是决定发明是否具有显而易见性的关键，同时也是“三步法”的核心。技术启示判断能够防止从事后眼光认定所有发明都显而易见，毕竟好主意在公开后很容易被认为是显而易见的，虽然在这之前没有被认识到。为防止纯粹因为事后眼光而认为构成显而易见的情形，为使创造性判断更加客观化，有无技术启示的判断也是预防“事后诸葛亮”的一个手段。

3.3.4.3 判断方法

在中药专利的审查实践中，技术方案如果存在下面这种情形，通常认为现有技术中存在技术启示：技术方案所述区别特征为另一份对比文件中披露的相关技术手段，并且被披露的技术手段在对比文件中所起到的作用与区

[1] 刘晓军．专利创造性评判中的技术启示［J］．知识产权，2012（5）：42–47.

别特征在要求保护的发明中为解决重新确定的技术问题所起的作用相同。在《专利审查操作规程》第四章 1.3.2 中还补充了存在技术启示的情形，第一，存在与区别技术特征不同但是具有相同或者相近似作用的现有技术，该技术在对比文件中被披露，一般技术人员能够通过对现有技术进行改进，提出新的发明技术方案，简言之，为明确的技术启示；第二，虽然现有技术中不存在可以使技术人员直接获知的相关的动机或者启示，但是该技术领域中存在的技术问题或者应用方面的需求可以给出类似的提示，一般技术人员可以想到去对现有技术进行革新或者改进，并且达到一定的技术效果，简言之，为隐含的技术启示。[1] 在中药专利的创造性审查中，大多数考虑的技术启示为第一种情形，即判断现有技术中是否存在直接教导一般技术人员对现有技术进行改进的启示；而第二种情形通过对本领域普通技术人员判断进行。以中药复审案例为例，运用技术启示判断方法的案件占到案例总数的 53.5%。

在中药专利的技术启示判断中，还应注意到技术领域的影响及相反教导两方面内容。

（1）技术领域

虽然在专利审查指南中对进行技术启示判断时，是否要考虑另一份对比文件的技术领域没有作出明确规定，但在实际审查中表现为考虑到了另一份对比文件的技术领域，考虑问题的主体是本领域技术人员，而不是突破了领域限制的所有人，因此无论对比文件是最接近的现有技术还是另一份或多份对比文件，“本领域”都必须作为创造性评价的必要前提，这属于隐形公开的内容。[2] 简言之，在中药专利审查中，对比文件与专利申请在技术特征和作用相同时，技术领域必须也相同才能够判定为具有技术启示。

（2）相反教导

专利审查指南中对技术启示仅作出了正面规定，并未出现“相反教导”一词，但在中药实际审查中这样的说法常被提及。“相反教导”虽然没有准确

---

[1] 张静 . 论创造性判断中的技术启示问题［J］. 清华知识产权评论，2015（00）：166-184.

[2] 卜冬泉，栗彬彬 . 浅谈创造性评价中技术领域对技术启示的影响［J］. 中国发明与专利，2013（4）：79-81.

的定义，但从案例中总结应符合如下条件：首先，从形式上看，应该是明确记载的，或者本领域技术人员通过阅读现有技术能够直接地、毫无疑义地得到的信息；其次，从内容上看，应该载明现有技术的区别特征不能用于最接近的现有技术中，二者无法结合的关键在于现有技术公开了作为区别特征的技术手段不能解决发明实际解决的技术问题。即现有技术存在足以对本领域技术人员构成技术障碍或阻却事由的技术启示。在中药专利中相反教导通常为药味间的配伍禁忌、特殊人群的使用禁忌等。

3.3.5 客观技术问题

3.3.5.1 定义与作用

客观技术问题是指发明实际解决的技术问题，《专利审查指南 2010》第二部分第四章 3.2.1.1“判断方法”中规定，发明实际解决的技术问题，是指为获得更好的技术效果而需对最接近的现有技术进行改进的技术任务。在专利申请说明书中会表述发明“要解决的技术问题”，通常与发明所产生的技术效果存在相关性，例如发明解决了不宜量产的问题，其技术效果则在工业化生产适应性方面取得了提升，发明解决了澄清度差的问题，其技术效果则在产品质量控制方面取得了提升，总之在很多实际案例中，客观的技术问题与技术效果通常是“一体二面”的关系存在。

之所以在创造性判断中除了要考虑技术效果还要考虑技术问题，主要是因为在很多专利申请中“说明书中记载的技术问题”并不等同于“发明实际解决的技术问题”。因为审查员的身份是本领域技术人员，其实质为一个假想的角色，可以是一个人也可以是一个科研团队，其知晓申请日或优先权日之前发明所属技术领域所有的普通技术知识，能够获知该领域中所有的现有技术，所以在创造性判断中，审查员与申请人掌握的现有技术的范围常常是不对等的，了解到的最接近的现有技术往往是不同的。[1]

3.3.5.2　判断方法

客观技术问题的判断也涵盖于“三步法”步骤中，具体是在“三步法”的第二步中，在确定发明的区别特征时，也要确定发明实际解决的技术问题。发明实际解决的技术问题通常要根据说明书记载的区别技术特征使发明达到的技术效果来确定，或根据本领域技术人员能够预期的技术效果来确定，而且作为一个原则，发明的任何技术效果都可以作为重新确定技术问题的基础，只要本领域技术人员从该申请说明书中所记载的内容能够得知该技术效果即可。因此，确定发明实际解决的技术问题需要依赖于本领域技术人员从该申请说明书所记载的内容中能够得知该技术效果。

但在中药专利的实际审查中，很多审查决定中并不论述客观技术问题，而是在最接近对比文件的基础上认定区别特征后，直接判断区别特征与现有技术的结合是否“容易想到”，是否需要克服技术困难，从而在执行创造性“三步法”步骤中，跳过了第二步中的后一部分，即对客观技术问题的认定与比较。以中药复审案例为例，运用客观技术问题判断的案例只占到案例总数的28.1%。

3.3.6　技术效果

《专利法》第22条第3款规定，发明的创造性是指与现有技术相比，该发明具有突出的实质性特点和显著的进步。专利审查指南中对显著的进步规定，是指发明与现有技术相比能够产生有益的技术效果。因此技术效果是技术方案解决技术问题的直接体现，是专利创造性审查中必须考虑的因素之一。

3.3.6.1　分类

在中药领域中，其技术效果的体现类型可分为疗效、产品特质及生产过程三方面。对技术效果的判断，可以以其中的任何一方面的显著效果作为创

[1] 胡杨．发明实际解决的技术问题：判断创造性的关键［C］// 中华全国专利代理人协会．《专利法》第22条创造性理论与实践：2011年专利审查与专利代理高端学术研讨会论文选编．北京：知识产权出版社，2012：11.

造性判断的依据。技术效果判断，需要结合在整体技术方案中，结合区别特征、技术领域及技术问题作整体性评价。

（1）疗效

疗效方面体现的技术效果主要包括发明能够证实其具有有益的治疗效果，其效果程度与现有技术相比可能是达到相同或相似的水平，或者达到更好的疗效水平；或是产生了新的医疗用途，或是毒副作用减小。疗效所应达到的程度，还应联系区别特征、技术问题等是否显而易见的判断而确定，从实际案例来看，不同类型区别特征的中药发明，若以疗效作为技术效果时，审查的要求存在一定的差异，如区别特征为组分减少时，通常若减少后组方的疗效能够达到与原有组方相同或相似的水平，即可认为产生了有益的技术效果，而区别特征为组分增加时，组方增加后的疗效要能够证明比原有组方更好，才能够被认为产生了有益的技术效果。

（2）产品特质

产品特质方面体现的技术效果主要包括改善了有效成分的纯度、浓度，或是药物的崩解、释放或吸收方式，或是在药品质量控制方面作了相应的改善，有利于制剂的稳定性或是工艺的再现性，或是其他药品物理方面的提升，以便于产品储存、增进口感、利于服用等。

（3）生产过程

生产过程方面体现的技术效果主要包括降低成本能耗，生产危险防范方面的改善，缩短生产周期提高效率或产量等，或是在环境保护与原料资源的可持续利用发展方面的改善等。

3.3.6.2　判断方法

对技术效果进行判断，应分为两部分进行。首先，要对预期的技术效果进行判断，预期的技术效果是技术方案能够解决其技术问题所实现的效果，并且能够依据说明书公开的内容进行合理判断推测的结果。预期技术效果是基于现有技术进行判断，体现现有技术的水平，若现有技术具备预期技术效果则是发明不具备创造性的必要非充分条件，即先通过预期技术效果判断技术结合成立与否。对预期技术效果的判断往往蕴含在本领域普通技术人员判断以及技术启示判断中，与后二者形成一体化的判断思路。

然后，再进行预料不到的技术效果的判断。这是基于申请记载内容与现有技术进行比较判断，体现的是申请文件的水平，具有预料不到的技术效果是具备创造性的充分非必要条件，是对预期效果的差异化程度的进一步判断。虽然在专利审查指南的规定中，预料不到的技术效果属于辅助判断因素，但在医药领域的发明审查中，常会遇到技术效果可预期性比较差的情况，仅根据是否显而易见的判断也难以全面且肯定地把握发明技术信息，是否产生预料不到的技术效果往往成为创造性判断的切入点。因此，"预料不到的技术效果"这一判断因素在医药发明专利审查中的运用较为普遍，在中药发明专利审查中其运用率也较高，以复审案例为例，运用预料不到的技术效果判断创造性的案例占到总数的69.3%。

在中药领域进行技术效果判断时要注意两方面内容：一是预料不到的技术效果的程度；二是具体实验数据的作用。

（1）预料不到的技术效果的程度

对于预料不到的技术效果的认定，与发明比较的技术对象不是对比文件中所反映的技术效果，即发明的技术效果不是说优于最接近的现有技术或其他具体的对比文件就可被认定为达到了预料不到的程度，而是要以本领域技术人员水平为比较对象，申请人如果想完成具有创造性的技术方案，必然要超越本领域人员的预期这一水平，才能称为预料不到（见图3.2）。

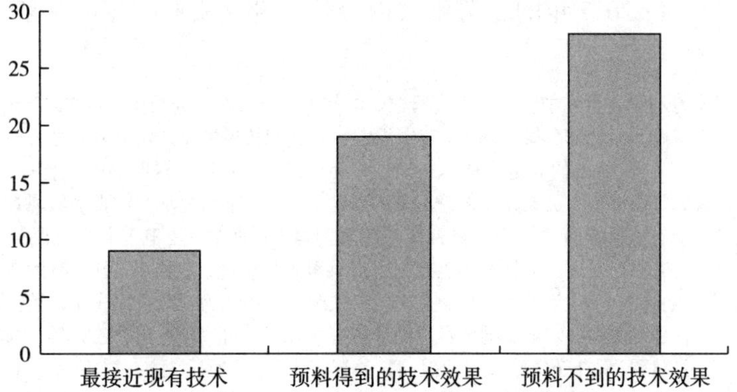

图3.2　预料不到的技术效果的程度

由此可见，虽然进行技术效果比较时，针对的可能是本申请的技术效果和最接近的现有技术的技术效果，但仅仅知道本申请的技术效果和最接近的现有技术的技术效果尚不足以判断是否产生了预料不到的技术效果，更重要的是比较本申请的技术效果是否超越了所属技术领域的技术人员能够预期的技术效果（标准线）。而发明产生的所属技术领域的技术人员能够预期的技术效果的标准线，需要结合发明的背景技术、所属技术领域的普通技术知识、申请人所提交的证据等综合判断。

（2）具体实验数据的作用

由于医药领域发明在多数情况下技术效果的可预测性较低，因此对其技术效果的描述通常要依据具体的实验数据，以证实要求保护的发明相对于现有技术解决了技术问题并产生了其所宣称的有益的技术效果。只有充分考量了申请中记载的实验数据后，才能正确把握发明构思。而且在审查过程中，申请人还可能提交补充实验数据来证明所要求保护的发明相对于最接近的现有技术具有预料不到的技术效果从而具备创造性。中国在药品创造性审查中是否对补充的实验数据予以考量这一问题上，历史上曾作出过改变，[1]2017年对专利审查指南进行的修改中，将“申请日之后补交的实施例和实验数据不予考虑”修改为“对于申请日之后补交的实验数据，审查员应当予以审查。补交实验数据所证明的技术效果应当是所属技术领域的技术人员能够从专利申请公开的内容中得到的”。国家知识产权局在2020年再次对专利审查指南进行了修改，将2017年的相关修改内容作为补交实验数据的一般“审查原

[1] 各版本专利审查指南中针对补充实验数据的相关规定及在实务操作中存在以下的变化：1993年版《专利审查指南》第二部分第十章4.1节中规定，用途和效果可允许在申请日之后补充的条件是必须符合《专利法》第33条的规定。具体地说，它必须是那些在原始说明书中已经有含蓄的提示，从而使所属领域的普通技术人员能直接推论出来的用途或效果；或者是那些能直接从现有技术中推论出的用途或效果。在实际审查中不允许将补交的实施例写入说明书，尤其是其中与保护范围有关的内容，更不允许写进权利要求，但补充实验数据可以供审查员在审查专利“三性”时参考；2001年版《专利审查指南》删除了1993年版中的相关规定，在实际审查中认为证明方案成立的实验数据就像技术方案本身一样，是说明书必须记载的内容，而非可有可无或者可以事后再补的材料，同时随着《专利法》第33条对申请日后补充实验数据的限制，补充实验数据的考量标准日趋变紧；2006年版《专利审查指南》明确规定“申请日之后补交的实施例和实验数据不予考虑”，且2010年版《专利审查指南》对此规定未作修改，延续了这一规定。

则”，并进一步明确了“对于申请日之后申请人为满足《专利法》第二十二条第三款、第二十六条第三款等要求补交的实验数据，审查员应当予以审查”。

中药领域发明专利申请中，具体的实验数据主要包括药效实验数据与临床试验数据，申请人还会提供与最接近的现有技术的对比实验数据，对比实验数据的类型通常也围绕药效与临床观察数据两方面。其中，药效实验数据通过设计对照组实验进行对比统计的方法得出，包括空白对照、模型对照及阳性对照等不同实验方式；临床试验数据则是根据对疾病的治疗效果设定不同的观测指标，统计不同指标下的有效率而得出。

3.3.7　市场因素与政策因素

以上六类考量因素是根据创造性理论与定义，并结合发明创造的思维逻辑过程反向还原，从而概括出的适用于创造性判断的依据。由于专利创造性不仅要考虑发明本身的创新价值，还要考虑其所能够或是预期能够实现的社会价值，因此专利创造性审查标准既受到现实技术创新标准影响，又受到产业经济、政策趋势及实际审查实践中的运用情况等多方面影响，在这些因素中对中药专利影响最为显著的可归纳为两类，即市场因素与政策因素。

3.3.7.1　内涵与体现

（1）市场因素

影响中药专利创造性审查的市场因素主要包括长期累积的临床治疗经验认识、长期存在且未解决的技术需求以及他人的失败、商业上的成功、研发人力与财力投入、上市效应等，这些因素因为能够影响研发布局者的心理、产品的供求关系等，而非创新过程本身所能决定，因此统一归为市场因素。市场因素在专利创造性审查中，也常称为辅助判断因素，在考察其他事实要件如区别特征、客观技术问题等不足以得到明确结论时，通常会考虑辅助判断因素。

中药领域内长期累积的对某个技术问题的经验性认识或是长期存在技术需求，会引导人们不去考虑其他方面的可能性，阻碍人们对该技术领域研究的拓宽与开发，逐渐会形成技术偏见。如果发明能够克服这种技术偏见，采用了人们由于技术偏见而舍弃的技术手段，从而解决了技术问题，则这种发明应该被认为具备创造性。例如专利号为 CN93106319.1 的“灯盏花素粉针剂及制备方法”发明专利被提出无效宣告请求，专利复审委员会认为该专利用灯盏花素盐作为治疗心血管疾病的药物，灯盏花素是在现有技术中可以用作同类治疗功效的药品，且灯盏花素作为治疗心血管疾病的药品在本专利申请日前的 1972 年就已经为本领域技术人员所知，但在此后 20 年间没有人提出用灯盏花素盐作为治疗心血管疾病的药品，同时能够证明灯盏花素成盐确实克服了现有技术缺点，解决了稳定性差、保存期短、批合格率低、难以大规模投入工业生产的问题，具有显著的进步。因此认为现有技术不能为该发明专利提供技术启示，且能够克服产业上长久未有的进步，说明发明付出了创造性劳动，审查决定维持该专利权有效。[1]

中药多数以复方入药，成分复杂，功效也具有个体差异，临床很多用药凭借中医治疗经验开具个性化治疗方案，很少能够取得规模化临床试验数据。此外，中药药材产地、采集实践、部位、加工方法等使药材所含药用成分的比例差异比较大，且患者病情均影响复方各组分剂量的最佳值，中医治病时还要根据实际情况对复方的组分和 / 或组量进行适当调整，考虑到这些因素情况下如何使药物中的各组分用量精确到能使工业化生产的药物对患者具有广泛的适用性，则需要花费创造性劳动和大量的试验来确定。例如专利号为 CN93100050.5 的“一种治疗头痛的中药”发明专利被提出无效宣告请求，专利复审委员会认为该专利药物临床试验样本为 1000 例患者，总有效率为 95%，而现有技术“头痛Ⅱ号”治疗了 80 余例病例，具有系统观察及随访结果的 45 例患者，总有效率为 100%。专利复审委员会认为该专利与现有技术的临床试验条件、样本标准和数量均不同，其治疗有效率高低不具有可比性，但该专利为了使药物中的各组分用量精确到能够使工业化生产的药物对患者具有广泛的适用性，并满足现代药品审批需要，花费了大量创造性劳动与试验而得到科学的临床数据，经过 1000 例患者临床试验，说明本专利记载的药

---

[1] 参见第 WX4973 号无效审查决定 http：//reexam-app.cnipa.gov.cn/reexam_out2020New/searchdoc/decidedetail.jsp?jdh=WX4973&lx=wx.

物具有工业化适用性和广泛患者适用性，因此具备突出的实质性特定，维持其专利权有效。[1]

从以上案例分析来看，市场因素影响中药专利创造性标准更多体现在复审及无效审查中，以个别案例为主，影响范围不具有普及性。上市或已注册的中药的研发与药品申报数据与资料，都可能对审查员确定发明是否具有创造性产生一定的影响。

（2）政策因素

与市场因素相比，政策对中药专利创造性审查标准的影响更为广泛与明显。在本书第二章 2.6 中提出中药与其他领域技术专利一样，其创造性审查宽度受整体专利数量与质量调控政策影响，除此之外，中药技术与产业作为重要的民族产业之一，还会根据国情需要制定相关的战略性政策，这些政策的提出都会对中药专利申请产生一定的影响，同时也会表现在中药专利创造性审查中。最直观体现为中药整体专利授权率的变化（见图 3.3）。1991 年前后，中药专利授权率显著提高，一方面，此时期我国《国民经济和社会发展十年规划和第十一个五年计划纲要》中，将“中西医并重列为新时期卫生工作的五大方针之一”，同时国家科技政策重视中药现代化研究，《专利法》也要扩大药品可授予专利权范围，更多中药组合物可以获得专利保护，在这些政策因素共同作用下使得授权率增长；2000—2005 年，中国处于申请并加入世界贸易组织时期，同时我国对《药品管理法》也进行了修改，取消中药地方药品标准，实施统一的国家药品标准（简称“地标”改“国标”）。为了保护本土中药产业，降低加入 WTO 后对传统医药产业的冲击，国家知识产权局专利局集中审理并授权了很多积压的中药专利，使这一时段的授权率明显高于其他时期，授权量甚至超过当年申请量；而 2015 年以后，专利质量提升工程的实施对中药专利授权影响较为明显，授权率持续下降。

---

[1] 参见第 WX9158 号无效审查决定 http：//reexam-app.cnipa.gov.cn/reexam_out2020New/searchdoc/decidedetail.jsp?jdh=WX9158&lx=wx.

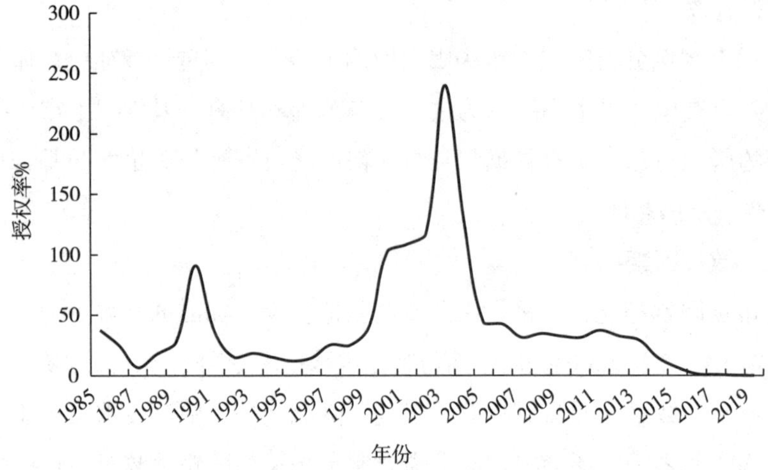

图 3.3　各年份中药专利授权率变化

3.3.7.2　与其他考量因素的关系

统计不同年份申请的中药专利在审查创造性过程中所运用的判断方法（见图 3.4），具体包括是否存在技术启示的判断，是否容易想到、预见或可重现的判断，是否为常规技术手段或其他常识的判断，是否为解决客观技术问题的判断，以及最终的技术效果判断，在技术效果判断中涉及对具体实验数据的判断。根据之前对创造性其他考量因素的分析，这些判断方法直接来源于相应的考量因素。从判断方法运用数量来看，2000—2005 年中药专利创造性审查所运用的判断方法种类及数量都明显低于 2005 年以后的中药专利。这表明在 2000—2005 年，创造性标准的“门槛”较低，主要是判断考量的因素及方法较少，使得标准偏低。而后来由于整体专利质量要求的提升，中药专利审查逐渐严格，在创造性判断时则考虑越来越多的因素及方法。

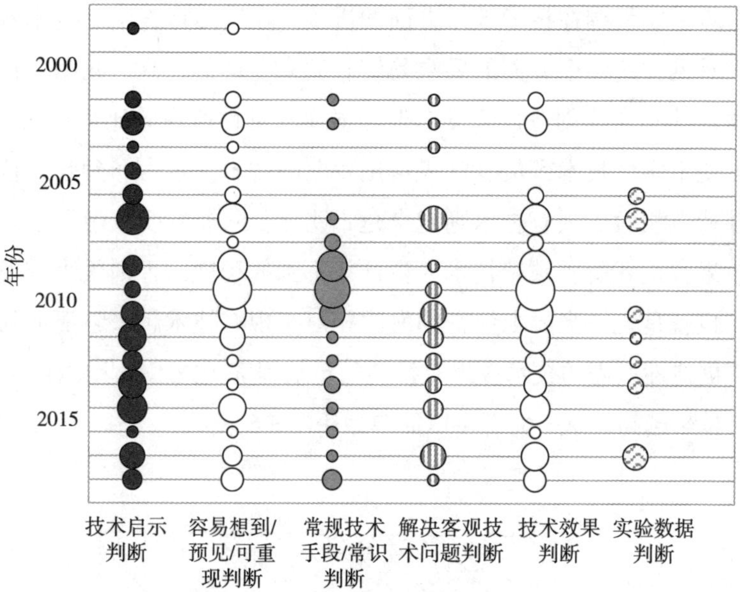

图 3.4 不同申请年份中药专利创造性审查运用的判断方法种类及数量

注：圆圈大小表示申请量多少。

从以上分析可知，政策因素对中药专利创造性审查标准的影响，要通过其他考量因素才能发挥作用。具体来说，政策因素在具体审查操作中，犹如一只看不见的“手”通过技术启示、本领域普通人员技术水平、技术问题及技术效果等考量因素来实际调控创造性标准。

3.4 现行中药专利创造性审查标准的反思

3.4.1 突出的实质性特点与显著的进步“此消彼长”的思维定式

创造性的判断要件源于《专利法》中对创造性的定义，即具有实质性特点与显著的进步两部分。突出的实质性特点判断也被称为非显而易见性判断，显著的进步主要强调在技术效果方面的进步。在实际审查中，技术效果进步和非显而易见性这两个方面的要求是综合起来考虑的，是“此消彼长”的关系，双因素共同支撑创造性高度，但非显而易见性所占的比重更大。[1]若现有技术促使本领域技术人员有动机得出发明的技术启示由弱到强，技术方案的实质性特点相对于现有技术则越来越不明显，除非发明产生了越来越优越的技术效果，达到所属领域技术人员预料不到的程度，否则很难使发明具备创造性。也就是说，当要求保护的发明相对于现有技术越来越显而易见，则发明具备创造性所需的技术效果对社会的贡献程度（技术效果的难预期程度）也应随之越来越高。这一关系可以简单地用图 3.5 表示。

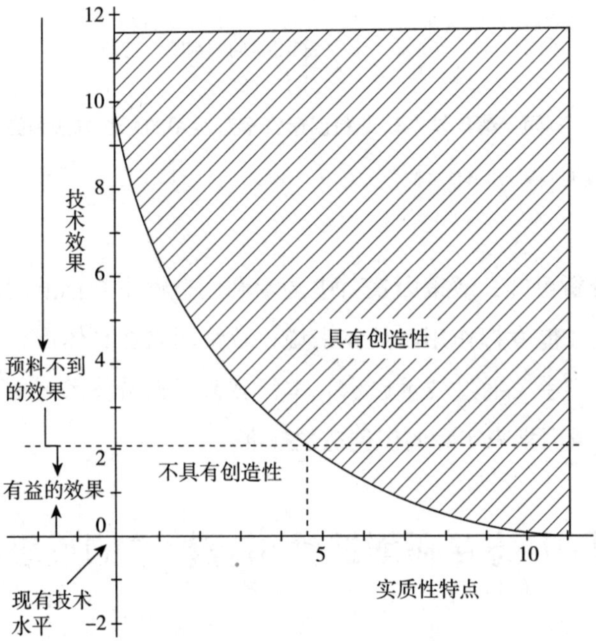

图 3.5　技术效果判断与实质性特点判断的关系

例如，在申请号为 CN200310103981.4 的治疗冠心病的药物及制备方

❶ 马文霞，何炜，李新芝，等．“预料不到的技术效果”在创造性判断中的考量［J］．中国发明与专利，2013（2）：72-81.

法的专利申请中，要求保护由七味中药组成的复方及其制备方法，获得专利授权后被第三人提出无效宣告请求，[1]认为该专利技术方案是在现有技术组方上减少一味药而得到的，审查决定认为减少一味药，组方仍可用于治疗原所述疾病，且无证据启示发明人可以减少该味药；在申请号为CN200510096351.8的治疗癫痫抽搐、小儿惊风、面肌痉挛的组合物及制备的专利申请中，要求保护一种由十四味中药组成的复方及其制备方法，获得专利授权后被第三人提出无效宣告请求，[2]认为该专利技术方案是在现有技术组方上增加一味药而得到的，审查决定认为技术方案在原有组方上增加一味药，所增加的药味治疗功效与原方一致，未带来预料不到的技术效果。以上两个案例，其中一个所涉专利是在现有方剂基础上减少一味药，而另一个专利是在现有方剂基础上增加一味药，但二者在审查过程中的判断要点有所不同，审查员认为药味减少的技术方案其实质性特点要高于药味增加的技术方案，因此对药味减少技术方案的技术进步要求要略低于药味增加的技术方案，审查决定结果也截然不同。

实质性特点与显著进步之间的衡量关系容易使审查员根据发明技术方案的区别特征有倾向性地适用判断方法，在判断开始时即对发明技术方案存在主观性认识。在中药复方发明中，组分增加或组量微小变动的区别特征，通常被认为是本领域普通技术人员容易想到的，这时候判断重点则转移到对整体技术方案是否产生了预料不到的技术效果，然而预料不到的技术效果同样是一个较为主观的判断，这就使很多该类型复方发明的创造性判断产生争议，专利无效宣告申请及司法诉讼案件较多；但如果复方发明从组分组量上即为全新的，该发明区别特征明显，则只需要确定其具有有益的技术效果即可，不需要达到预料不到的程度，这时候判断重点在于对现有技术的检索与比对，如果无法检索或获取能够作为对比文件的现有技术，新组方即被认为具有创造性。

---

[1] 参见18482号无效审查决定 http：//reexam-app.cnipa.gov.cn/reexam_out1110/searchdoc/decidedetail.jsp?jdh=18482&lx=wx.

[2] 参见WX16187号无效审查决定 http：//reexam-app.cnipa.gov.cn/reexam_out1110/searchdoc/decidedetail.jsp?jdh=WX16187&lx=wx.

以现行审查范式来看，创造性审查的重点在于“非显而易见性”，显著的进步已通过技术效果要求融合于非显而易见性审查中，由本领域普通技术人员水平、技术启示、客观技术问题、技术效果等考量因素衍生出的判断方法根据“三步法”步骤进行，从各因素本质来看在判断思维过程中存在重叠，容易造成惯性思维定式。也就是说，如果是本领域技术人员容易想到的区别特征，其解决的技术问题、实现的技术效果也容易想到。因此，很多组分增加或组量改变的复方发明，依据现行创造性审查标准很难满足“非显而易见性”，如果没有产生新的治疗效果，通常都会被认定没有达到预料不到的程度，而不再依据中医药“理、法、方、药”理论思考该组方的“方义”，也很少从临床需求出发判定技术方案整体的效果与技术贡献。这样的审查标准反而催生了很多形式上符合创造性判断标准的复方专利，其组方加减表面上看符合突出的实质性特点，仅用简单的细胞模型证明其具有某种生物活性，但无实际临床应用价值。实际上，在中药技术领域中存在区别特征确实容易想到，但解决的技术问题与实现的技术效果并不如人料想一般的情形，这种情况下，对创造性判断的重点并不在于是否非显而易见，而是在于技术进步的贡献程度，更确切地说在于其解决的临床问题和显示出的临床治疗效果。

3.4.2 判断要件（外部条件）内化于考量因素

专利法对于创造性的定义在审查实践无法作为指导判断的操作标准，在实践中仅将其作为满足创造性的外部条件，并通过考量因素内化于具体的审查程序与实际操作中，起到细化、解释、指导实践的作用。

具体来说，创造性判断要件中，突出的实质性特征这一条件已内化于区别特征、本领域普通技术人员、技术启示这三类考量因素中；显著的进步这一条件已内化于客观技术问题与技术效果这两类考量因素中。在具体判断中，是否具有突出的实质性特征，主要根据技术方案相比于现有技术的区别特征，是否为本领域普通技术人员容易想到或预见，或本领域普通技术人员仅需有限次劳动即可得到，或根据本领域常规技术手段或技术常识即可得到来进行判断，以及根据现有技术是否给出一定的技术启示，以辅助本领域普通技术人员进行判断。是否具有显著的进步，主要通过技术方案是否解决了客观的技术问题，并从整体上实现了某种预料不到的技术效果进行判断。

在具体判断中，各考量因素的关系并不是彼此孤立的，而是形成了相互配合以映证判断的机制。例如申请号为 CN200710026208.0 的一种治疗咽喉疾病的中药组合物及其制备方法的专利申请被驳回后，申请人又向国家知识产权局专利复审委员会提出复审请求，复审决定中明确提出在评价一项发明是否具备创造性时，应将其与最接近的现有技术比较以确定区别特征和实际解决的技术问题，然后考察现有技术整体上是否给出了将上述区别特征应用到该最接近的现有技术以解决其存在的技术问题的启示，如果现有技术中存在这种启示，并且所获得的发明的技术效果是可以预料的，则该发明不具备创造性。[1] 申请号为 CN201010131836.7 的一种治疗慢性胃炎的中药组合物及其制备方法的专利申请被驳回后申请人提出复审请求，复审决定中认为如果发明是所属技术领域的技术人员在现有技术的基础上仅仅通过合乎逻辑的分析、推理或者有限的试验可以得到的，则该发明是显而易见的。[2] 在其他类型中药专利复审中，其所依据的理由及决定要点也都是类似的，例如申请号为 CN200710040332.2 的中药用途发明、CN200910159917.5 的中药制备方法发明等。[3] 从中药专利审查实例中发现，本领域普通技术人员与技术启示这两个因素互为补充，从中得出是否非显而易见的结论，以避免审查中的“事后诸葛亮”效应；此外，客观的技术问题通常与发明所产生的技术效果存在相关性。

---

[1] 参见第 35978 号复审请求审查决定 http://reexam-app.cnipa.gov.cn/reexam_out1110/searchdoc/decidedetail.jsp?jdh=FS35978&lx=fs.

[2] 参见第 66772 号复审请求审查决定 http://reexam-app.cnipa.gov.cn/reexam_out1110/searchdoc/decidedetail.jsp?jdh=66772&lx=fs.

[3] 参见第 32919 号复审请求审查决定（一种扶正化瘀植物药组合物的应用）http://reexam-app.cnipa.gov.cn/reexam_out1110/searchdoc/decidedetail.jsp?jdh=FS32919&lx=fs；第 63051 号（一种治疗冠心病的中药复方制剂及其制备方法）复审请求审查决定 http://reexam-app.cnipa.gov.cn/reexam_out1110/searchdoc/decidedetail.jsp?jdh=63051&lx=fs.

将判断方法内化于考量因素，要求对技术方案按照考量因素的分类办法进行拆分与重构。创造性判断的外部条件内化于考量因素中，考量因素又衍生出了具体的判断方法，这些考量因素及其具体的判断方法即形成了中药专利创造性审查标准的框架（见图 3.6）。同时，考虑到创造性判断流程实质上是对技术方案整体进行“解构”，其思维逻辑是把待评判技术理解为现有技术与区别技术特征的组合，再从技术领域、技术问题、技术特征（手段）以及技术效果四个方面，对发明技术方案进行重构的过程，[1] 在技术“四要素”影响下，专利创造性判断实践遵循“三步法”的判断步骤以还原并重构发明过程。

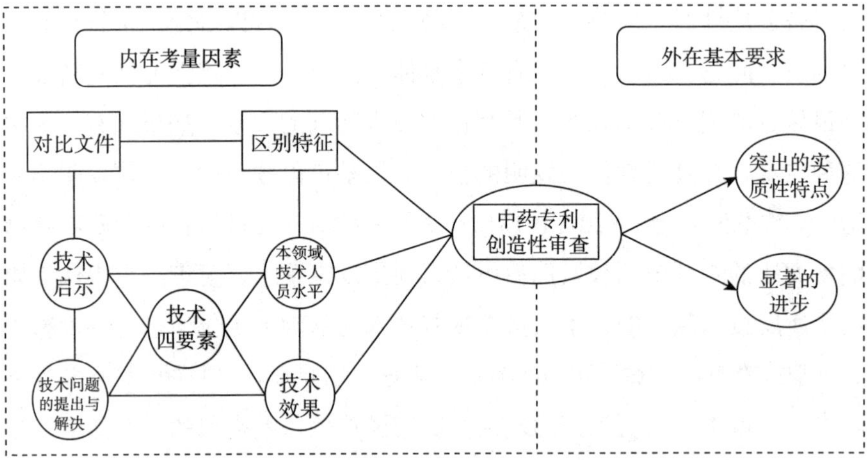

图 3.6　中药专利创造性审查标准的构成

考量因素是基于化学药研发过程与模式提出的，充分考虑了化学药研发的一般流程与其实验特征，目的在于反向还原药品创新研发过程，通过对创新思路的追溯与回顾，并将思维过程分解并重新组合，继而判断研发是否具备创造性条件。然而，中药创新过程及方法与化学药创新相比存在较大的不同，研发所依据的理论基础、流程、方法及面临的技术问题都存在很大的差异，而这些考量因素的来源与选择都受化学药研究影响已形成既定范式，如果考量因素不融入中药与化学药的区别性特征，在此范式下审查授权的中药

[1] 黄国群．我国专利创造性判定中的整体性评审与模型构造研究［J］．上海财经大学学报，2015，17（3）：105–113.

专利也只会是将中药作为原料来源的化学药。

3.4.3 内在考量因素衍生出具体的判断方法

围绕基本的“三步法”判断步骤提出的内在考量因素，考量因素既是创造性判断中的法律概念，也是一种工具主义方式，即超出原来的法理基础或概念原本的文义范围，将其作为创造性判断的工具使用，这一特征在后四种考量因素中尤为明显。前两种考量因素对比文件和区别特征，主要是根据总体的“三步法”判断步骤中提出判断起始的依据确定。后四种考量因素，包括本领域普通技术人员、技术启示、客观的技术问题与技术效果都衍生出具体的判断方法，作为非显而易见性或有益的进步性在具体情况中的判断工具或依据。

具体来说，本领域普通技术人员这一因素衍生出的判断方法是，首先划定一个技术领域普通技能范围，包括人员普遍具有的学历水平、所掌握的知识与技能程度、能够获取及接受的文献来源范围等，以此为判断依据并作出发明的区别特征是否容易想到或预见、是否属于常规知识或技能范畴的结论；为避免由本领域普通技术人员这一拟制化定义上衍生的判断方法的主观性，提出了技术启示这一考量因素，其本身也是为了使创造性判断客观化而提出的一种判断方法，包括直接的教导启示、隐含的教导启示及反向的教导启示等。例如在申请号为CN93104666.1的治疗婴幼儿腹泻厌食症的贴膏及制备的中药发明，获得授权后被第三人提出专利无效宣告请求，认为该专利技术方案仅在现有技术组方基础上替换一味药即可，无效审查决定认为现有技术中不存在替换该味药的直接的教导启示，因而具有创造性；[1] 申请号为CN03101236.1的治疗骨折的胶囊及生产工艺的中药发明，获得授权后被第三人提出专利无效的，认为该专利技术方案仅在现有技术组方基础上增加一味药即可，无效审查决定认为加入的组分与该组方其他组分之间没有配伍禁忌，

---

[1] 参见WX5711号无效审查决定 http：//reexam-app.cnipa.gov.cn/reexam_out1110/searchdoc/decidedetail.jsp?jdh=WX5711&lx=wx.

并且所达到的效果是本领域技术人员易于想到的，这属于隐含的教导启示，因而不具有创造性；[1] 申请号为 CN94110752.3 的健脑补肾丸的制备的中药发明，获得授权后被第三人提出专利无效宣告请求，认为该专利技术方案实则是改变了现有技术中原有的包衣剂，因发明技术方案所用的包衣剂自身具有药理作用，本领域普通技术人员会认为包衣剂具有药理作用会影响到组分药效的发挥，因此不会想到使用自身具有药效的物质作为包衣剂，即构成反向的教导启示，但发明技术方案并没有产生反向教导启示下的作用效果，因此发明具有创造性。[2]

此外，由于科学技术蓬勃发展至今天，解决了客观技术问题并不一定具有创造性，单一运用技术问题判断方法已不能满足创造性高度要求，因此技术效果判断已逐渐涵盖了技术问题判断，并衍生出预料不到的技术效果判断，及运用具体实验数据证明等方法，运用这些判断方法的目的在于提升创造性标准要求，同时促进判断结论的客观化。例如申请号为 CN93100050.5 的一种治疗头痛的中药发明，获得授权后被第三人提出专利无效宣告请求，认为发明技术方案与现有技术相比只是明显提高了君药而降低了臣药配比量，审查决定认为专利说明书中记载了专利药物对头痛或偏头痛 1000 例患者的临床试验治疗疗效统计结果，并且提供了与现有技术的对比实验结果，显示了发明技术方案相比于现有技术取得了显著的进步，因此具有创造性。[3]

对中药专利审查来说，本领域普通技术人员水平、技术启示及技术效果概念的界定，以及由此衍生出的判断方法的运用对审查结果的影响至关重要。这些方法的运用一定要考虑中药技术本身的特征。例如，本领域普通技术人员水平应掌握中医辨证论治理论，而不是仅仅掌握中药性味归经、药性药理等配伍组方理论；由于中药的每味药都是已知药材，具有各自的性味归经、

---

❶ 参见 WX9902 号无效审查决定 http://reexam-app.cnipa.gov.cn/reexam_out1110/searchdoc/decidedetail.jsp?jdh=WX9902&lx=wx.

❷ 参见 WX10205 号无效审查决定 http://reexam-app.cnipa.gov.cn/reexam_out1110/searchdoc/decidedetail.jsp?jdh=WX10205&lx=wx.

❸ 参见 WX9158 号无效审查决定 http://reexam-app.cnipa.gov.cn/reexam_out1110/searchdoc/decidedetail.jsp?jdh=WX9158&lx=wx.

药效药理，且不断有新的研究去揭示每味药材的药理作用，判断技术启示时常会出现“存在即有启示”的现象；由于很多中药的研发与实际临床应用并行，二者间无明显界限，甚至并不经过实验室研究阶段，因此对技术效果的考量也要考虑到中药特殊的研发过程与方法。

3.4.4　创造性审查标准的政策诱导与技术发展需求

长期以来，中药专利的授权率及审查尺度受医药产业及专利制度政策影响较为明显。近20年间，前十年的中药专利授权率基本维持平稳中短暂增长态势，尤其是在中国加入WTO前后中药专利授权率呈现非正常激增，而后十年的中药专利授权率呈现减小趋势，尤其在2011年随着开始提升中药药品质量监管，同时在2015年随着专利质量提升工程的实施，中药专利的授权率持续下降。近五年平均授权率低于10%，甚至呈现针对中药领域技术发明，理论上不予授权的现象。这样的收紧措施对于中药产业发展并没有发挥促进作用，反而导致中药产业经济持续低迷，严重影响产业内部人员的发展积极性。因此，采用何种创造性审查标准来促进中药创新与产业经济发展创新能够共同提升，是目前完善中药专利审查标准所应重点考虑的问题。

目前提升中药专利质量主要通过控制授权率，而控制授权率最有效的策略就是控制对创造性的把握尺度，因为与其他可专利性要件相比，创造性判断主观性较为明显，可调控性较强，其判断因素与方法种类、数量以及判断尺度可以灵活变动。

对政策与授权率的迎合使中药专利创造性审查标准无法从其理论本质出发，满足中药技术发展需求，也就是说目前的审查政策仍将创造性作为单纯调整审查尺度的工具，而欠缺从技术适合角度考虑设定合适的创造性高度。回归创造性理论本质，就是要求创造性高度设定不但要考虑审查尺度，还要考虑与技术发展需求的匹配度。不论在任何时候，整体专利数量多少，创造性高度的设定应以符合技术发展方向，确保能够适应技术要求，并不断激励真正的技术创新为目标。

第四章　中药专利创造性审查标准的实证考察

基于实际中药专利审查案例，我们分析总结了实践中形成的创造性审查基准构成之实然。本章汇总各类行政审查与司法诉讼中有关创造性审理的中药专利，运用数据统计方法与多元回归模型，分析实践标准运行中存在的问题。

4.1　实证案例的筛选与基础数据

本章所用于实证分析的案例为涉及创造性判断的中药专利复审、无效及司法诉讼案例。其中复审案例为发明在提出专利申请后，经实质审查被认为不具有创造性而被驳回申请，再一次向专利复审委员会提出复审请求的中药发明，共计 188 件；无效案例为发明提出专利申请并得以授权，而后由第三方向专利复审委员会提出专利权无效请求的中药发明，共计 109 件；司法诉讼案例包括复审行政纠纷、无效行政纠纷以及侵权纠纷三类，共计 40 件。

根据上述实证案例中所涉及的中药专利申请年份，统计各年份每类案例中药专利数量，并结合相应年份的中药专利授权率来进行对比分析。发现中药专利复审、无效及诉讼数量的整体变化趋势与授权率变化趋势基本保持一致（见图 4.1），授权率高时申请的中药专利，其日后请求复审与无效，以及发起司法诉讼的数量也高，授权率低时申请的中药专利，其日后请求复审与无效以及司法诉讼的数量也低。这说明授权率的影响统一作用于中药专利审查实践的各个环节，同时也可以映证中药发明在授权、确权及诉讼多个环节中，其审查标准的把握是基本一致的，对复审、无效及诉讼案例中专利创造性审查标准的分析即可代表中药发明授权审查的标准。

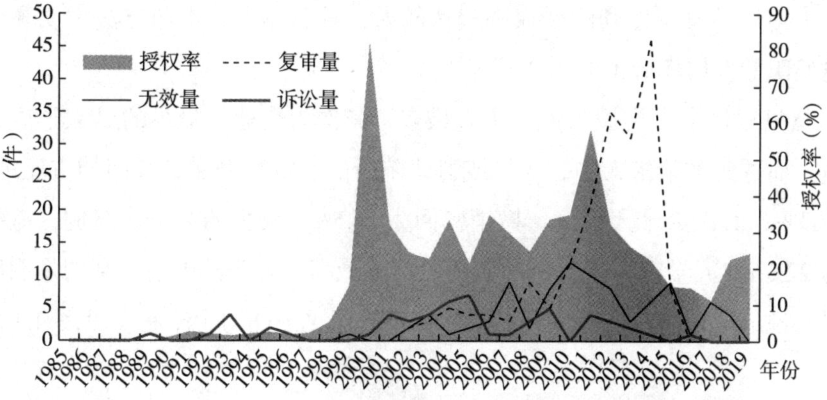

图 4.1　实证案例中各年份申请的中药专利数量及与授权率的对比

4.1.1　复审案例

4.1.1.1　基本情况

复审案例源自国家知识产权局专利局复审和无效审理部网站公布的复审决定，[1]检索网站公布的所有中药复审案例（截至 2018 年 12 月 4 日），共计 284 件案例，筛选出法律依据为《专利法》第 22 条第 3 款（创造性）的案例，共计 188 件。将筛选出有关创造性的中药复审案件分类进行标引，首先按照大体的专利类型（产品、方法及用途）进行标引，然后按照复审结果进行标引，分为维持驳回和撤销驳回两类；再然后按照中药技术创新类型进行标引，分为中药复方、有效部位、提取分离工艺、制剂工艺、检测方法等。

从专利类型数量来说，产品发明和方法发明所占比例较大，二者合计比例在 90% 以上。在中药发明专利申请量中，中药方法发明专利申请量占据最大份额，为 50% 左右，中药产品发明专利申请量所占比例在 35%—45%，而中药用途发明专利申请量为 4%—6%；在中药发明专利授权量中，中药方法

[1] 参见国家知识产权局专利局复审和无效审理部，http：//reexam.cnipa.gov.cn.

发明专利授权量所占比例最大，为 50%—60%，中药产品发明专利授权量则为 30%—40%，中药用途发明专利授权量最少，为 5%—9%。从各自的授权率来看，中药产品发明专利的授权率起伏较大，且总体上较中药方法发明和中药用途发明的授权率低（见图 4.2）。[1]

从复审请求人类型来说，个人最多，其次为企业，最少的是大学或科研院所。而这三类请求人中，大学或科研院所的复审案例撤销驳回的占比最高，为 36.8%，其次为个人案例，撤销驳回为 26.5%，最少的为企业案例，撤销驳回为 22.5%。大学或科研院所的撤销驳回率最高，表明其申请专利的发明质量相对来说最高，同时撰写专利以及答复审查意见的能力也略高（见图 4.3）。

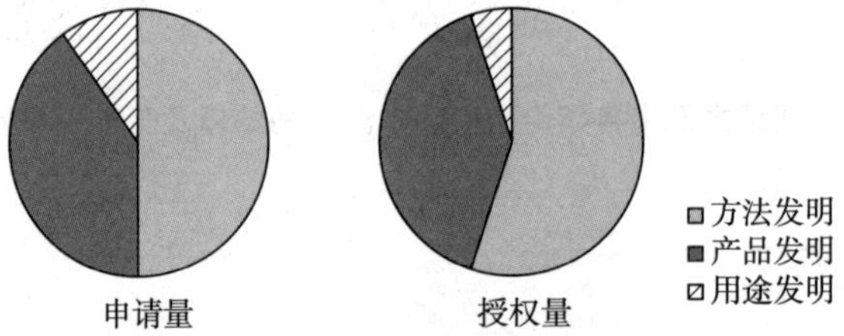

图 4.2　不同类型中药专利数量占比

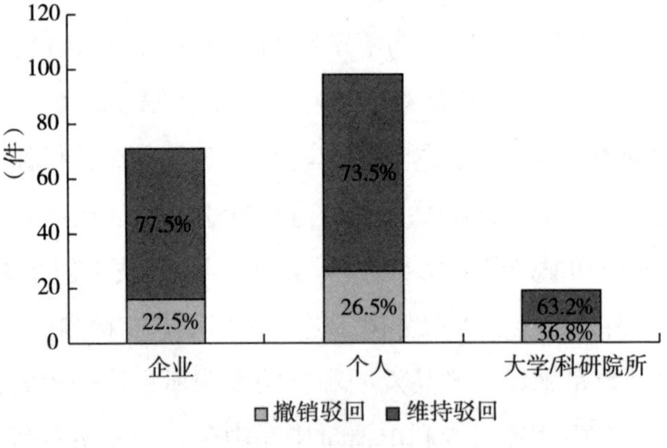

图 4.3　复审请求人类别及各自的复审结果

---

[1] 罗爱静，罗京亚，谢文照，等．基于加权求和法的我国中药知识产权现状分析［J］．中草药，2015（9）．

4.1.1.2　中药专利授权中的创造性审查标准整体运行较为稳定

针对创造性提出复审请求的案例，占所有复审案例的66.2%，在这些案例中，经过复审后认为具有创造性而撤销国家知识产权局对专利申请予以驳回的决定占到26.1%，而依旧不认为具有创造性而维持国家知识产权局对专利申请予以驳回的决定占到73.9%（见图4.4）。表明中药专利创造性授权审查标准运行的稳定性较高。

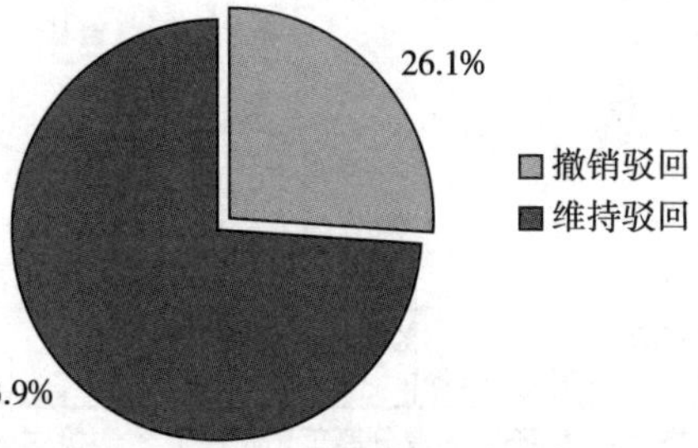

图 4.4　中药专利申请复审案件审查决定分布

中药技术在专利法框架下的创新类型总体上分为三大类：活性成分改进、制备工艺改进以及用途改进。活性成分改进中按照创新等级分为有效单体、有效部位、复方，其中有效单体是指从植物、动物、矿物等物质中提取得到的天然的单一成分，有效部位是指从单一植物、动物、矿物等物质中提取的一类或数类成分组成的有效部位，复方是指新的中药组方或是相对于固有组方在组分组量配伍有所改进；制备工艺改进中按具体更细的技术分工又可分为提取分离工艺、制剂工艺及检测方法改进，提取分离工艺改进是对中药有效成分的提取方法、步骤及工艺参数等进行改进，制剂工艺改进是对已有制剂产品的进行剂型优化及扩展。从以上分类统计来看，中药专利技术创新类型与中国新药注册分类标准存在一定的相似性和关联性。[1] 总体来说，对创造

[1] 张朝磊，赵良，卞志家，等.我国中药专利涉及创造性法条的司法判例分析［J］.中国新药杂志，2018，27（2）：129-133.

性进行复审的中药发明申请，能够撤销原驳回决定的比例低于维持驳回的比例，表明中药专利的授权审查的稳定性较好，大多数复审不会推翻原审结论。比较各类中药创新发明申请的复审决定，其中提取分离工艺与中药复方两类创新发明撤销原驳回决定的比例较高，分别为 29.5% 与 27.8%，说明在中药专利授权审查中，组合物及其提取制备方法发明的创造性出现问题的概率较大，是审查实践中的难点（见图 4.5）。

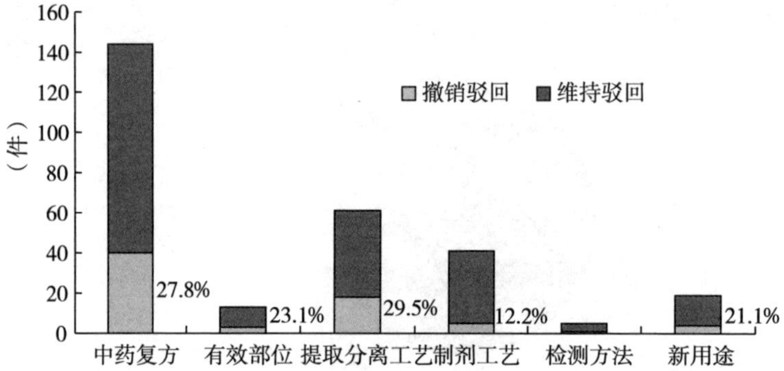

图 4.5　中药复审案例中的技术创新分类及决定结果

4.1.2　无效案例

4.1.2.1　基本情况

以国家知识产权局复审委员会官方网站发布的无效决定公告为数据来源，收集 1984 年至 2018 年 12 月的所有中药发明专利的无效宣告请求审查决定书共计 134 件，对每份决定书逐一分类整理并阅读其审理信息。收集到的 134 件无效案例涉及中药专利 109 件，最终有 47 件专利被宣告全部无效，占总数的 43.12%，14 件专利宣告部分无效，占总数的 12.84%，48 件专利仍维持权利有效，占总数的 44.04%（见图 4.6）。这其中有 89 件专利被提出一次无效请求，17 件专利被提出 2 次，1 件专利被提出 3 次，2 件专利被提出 4 次。其中，仅提出单次无效的专利，其维持有效（47.52%）与全部无效（42.57%）的比例差距不大，而被多次提出无效的专利，其维持有效的比例（84.21%）远高于全部无效的比例（5.26%）。表明多次被提出无效的中药专利，更多是因为其商业价值而导致市场竞争激烈，从审查结果来看多次被提出无效的争议专利稳定性较好（见图4.7）。无效案例所涉争议专利权利人为企业的占74.20%，权利人为个人的占25.80%；无效请求人为企业的占74.10%，无效请求人为个人的占25.90%，也可从侧面表明涉及无效的中药专利具有较高的产业价值（见图4.8）。

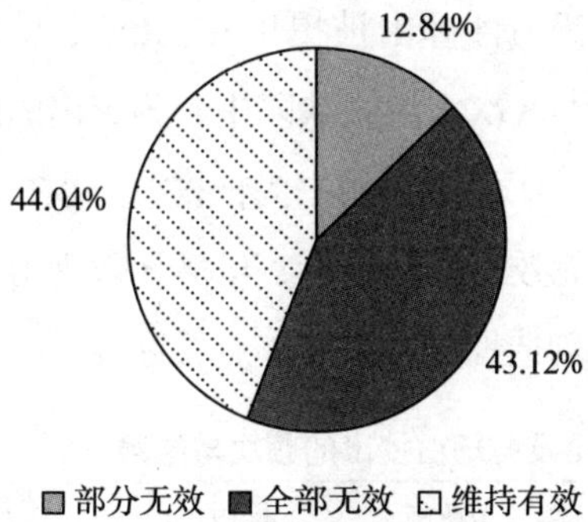

图4.6　无效案例的审查结果比例图

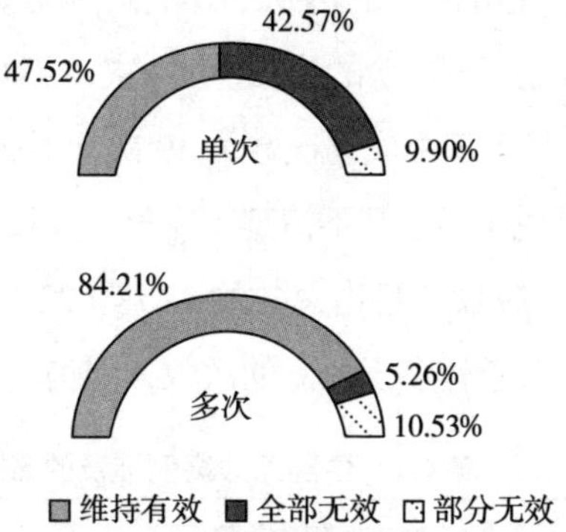

图4.7　无效申请提出次数及其审查结果

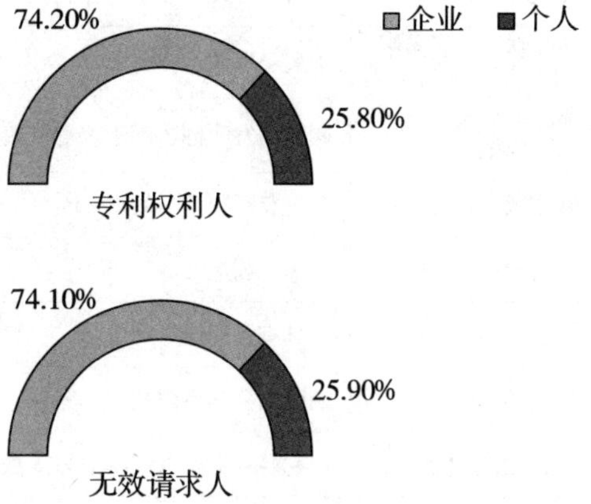

图4.8　无效请求人和专利权利人的类别所占比例

经分析，134件无效案件中涉及的无效理由种类共计12种，按照缺陷类型划分为实质缺陷理由和形式缺陷理由两类，其中的实质缺陷理由针对专利技术方案本身，包括不属于规定的发明客体，技术方案的保护对象属于违反法律、社会公德或妨害社会利益的范畴，以及不满足专利授权实质要件的情形等 7 种；形式缺陷理由针对专利文本的撰写与修改，包括说明书公开不清楚完整，权利要求书不以说明书为依据，以及权利要求书不能清楚简要表述范围等 5 种。

比较分析两类缺陷理由提出的频次与结果，发现实质缺陷理由提出的频次远高于形式缺陷理由，且实质缺陷集中在缺乏新颖性与创造性，其中不具有创造性理由被提出达到 110 次，占无效案例总数的 82%，其中理由成立的次数为 46 次，不成立的次数为 64 次；不具有新颖性理由被提出 67 次，占总数的 50%，其中理由成立次数为 19 次，不成立为 48 次。形式缺陷中较为突出的问题主要是说明书公开不清楚不完整以及权利要求书不以说明书为依据，分别被提出 38 次与 29 次，各占总数的 28% 与 22%。从无效审理结果看，虽然无效理由不成立的次数总体多于成立的次数，但仍然显示创造性是争议的焦点（见表 4.1）。

表 4.1 中药无效案例涉及的无效理由及各理由提出的频次与结果

类型	相关条款	条款主要内容	成立次数	不成立次数
实质缺陷理由	《专利法》第 5 条	违反法律、社会公德或妨害公共利益的发明创造	0	2
	《专利法》第 25 条第 1 款	对科学发现不授予与专利权	0	1
	《专利法实施细则》第 2 条第 1 款（2002 年修订）	不属于发明客体范围	0	4
	《专利法实施细则》第 13 条第 1 款（2002 年修订）	同样的发明创造不予重复授权	0	2
	《专利法》第 22 条第 2 款	不具有新颖性	19	48
	《专利法》第 22 条第 3 款	不具有创造性	46	64
	《专利法》第 22 条第 4 款	不具有实用性	0	4
形式缺陷理由	《专利法》第 26 条第 3 款	说明书公开不清楚、不完整	6	32
	《专利法》第 26 条第 4 款	权利要求书不以说明书为依据	2	27
	《专利法实施细则》第 20 条第 1 款（2002 年修订）	权利要求书不能清楚简要地表述请求保护范围	0	15
形式缺陷理由	《专利法实施细则》第 21 条第 2 款（2002 年修订）	权利要求没有记载解决技术问题的必要技术特征	1	10
	《专利法》第 33 条	修改超范围	1	3

4.1.2.2　中药专利创造性判断的复杂程度日益增大

统计不同年度的无效审查决定中，在创造性审查中运用的对比文件平均数，发现随着无效决定年份增加，审查中所用的对比文件数目呈增长趋势，较早年间 1999—2002 年所用的对比文件数仅为 1—2 件；而后在 2003—2007 年增多到 3—5 件；之后所用的对比文件数持续增长，近年发生的案件中，对比文件数量均超过 5 件。在中药创造性审查中，现有技术的整体数量在不断扩增，同时检索的广度与深度都有所提升，技术方案与现有技术对比的角度随之增多，对比的难度也不断增大，所用到的对比文件数量自然会增多（见图 4.9）。

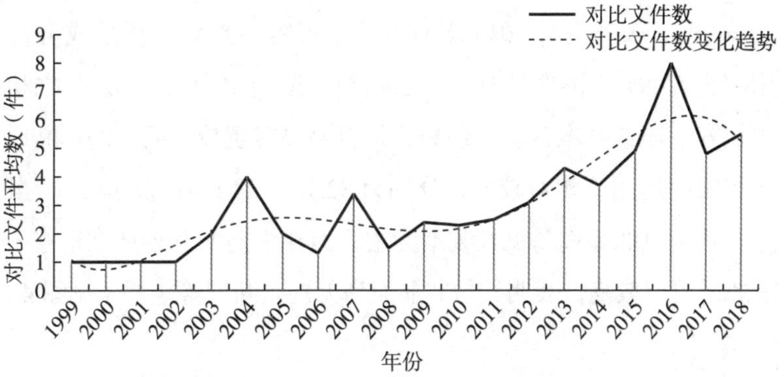

图 4.9　不同决定年份的中药专利创造性无效审查中运用的对比文件平均数

对不同年份的中药无效案例，在进行创造性审查中所运用到的判断方法数进行统计，发现不同年份对中药创造性的审查，都用到两种以上判断方法，平均的判断方法在三种左右，且随着年份的增加，近年来所运用的判断方法数量呈略微增长趋势（见图 4.10）。从第三章中药专利创造性判断的考量因素分析中可知，考量因素与创造性判断方法息息相关，多种判断方法的运用表明中药专利创造性判断不是仅凭一个考量因素即可作出，同时随着时间的推移，近年来中药专利创造性判断的难度日渐增强，所需要的考量因素也在增多。

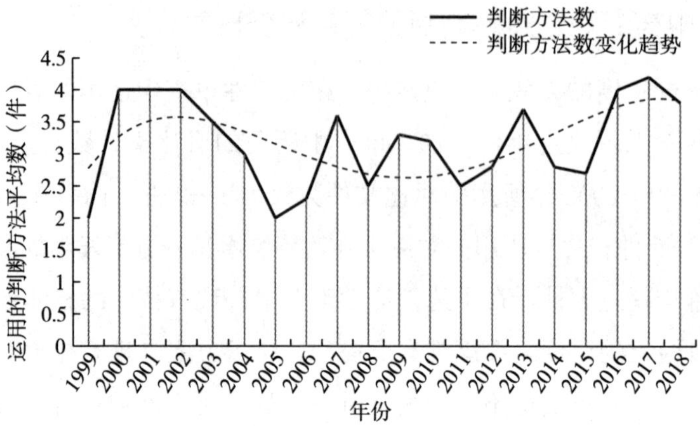

图 4.10　不同决定年份的中药专利无效案件创造性审查中运用的判断方法平均数

从具体类别的判断方法运用率角度进行统计，发现技术效果判断的运用率最高为 69.3%，其次是本领域技术人员是否容易想到、预见或可重现的判断，运用率为 57.9%，再次是技术启示判断，运用率为 53.5%；与之相比，是否为常规技术手段或基本常识的判断、是否解决客观技术问题的判断以及具体实验数据判断的运用率相对较低，分别为 32.5%、28.1% 以及 14.9%。虽然一般来说创造性判断以非显而易见性判断为主，但在中药专利创造性审查中，技术效果判断的运用率较高，表明其与非显而易见性判断同等重要（见图 4.11）。

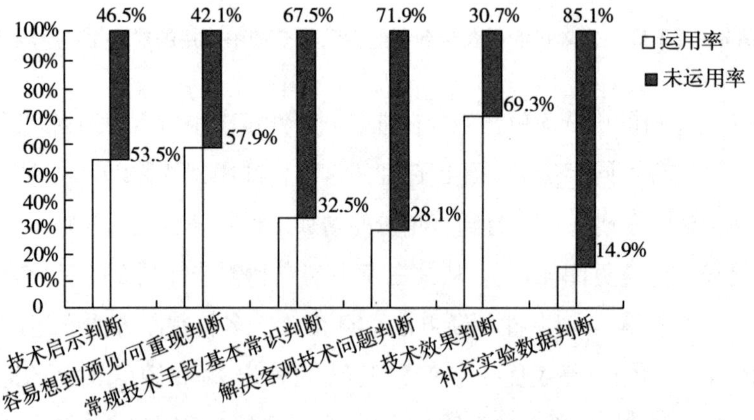

图 4.11　中药无效案例创造性审查中各判断方法的运用率

4.1.2.3　中药专利创造性审查标准运行受药品行政保护政策的影响

根据第三章中对比文件因素考量中的类别特征，统计中药无效案件中各类用于创造性判断对比文件的数量。专利文献作为对比文件的案例占到总数的 19.4%；各种非专利文献作为对比文件的占比按大小排列依次为药品标准占 33.9%，学术论文占 22.4%，专业书籍占 15.2%，使用公开资料占 4.8%，工具书占 4.2%（见图 4.12）。表明在中药专利无效创造性审查中，非专利文献作为现有技术被运用的数量远高于专利文献，其中以中药标准为最多。

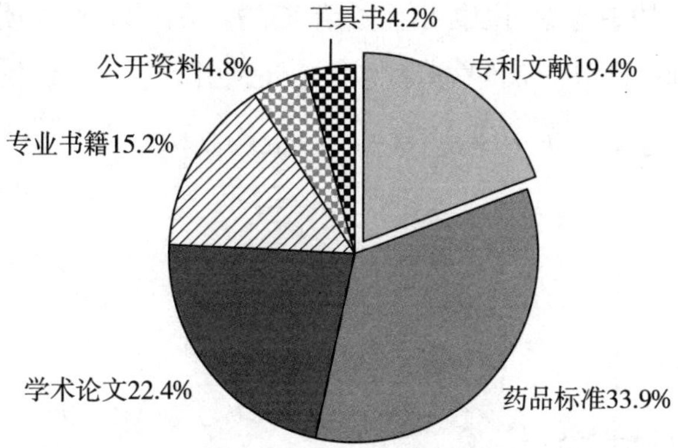

图 4.12　无效案例中各类对比文件的数量占比

无效审查中对比文件的类型一方面体现技术发展的更新速度，另一方面关系到技术启示的来源。对比文件类型中非专利文献远高于专利文献，表明中药专利技术创新的总体速度较慢，且多数中药发明是对中药传统知识的再“开发”与“利用”。此外，对比文件中数量占比最多的类型为药品标准，提示中药发明中很多技术启示直接来源于药品标准，表明中药行政保护与专利保护不能很好衔接，反而相互冲突，容易成为无效请求的证据。这其中多数以药品标准作为对比文件提出无效请求的中药专利，都是受 2002 年前后《药品管理法》修改以及中药“地标”改“国标”政策影响，造成这一时期对创造性审查标准执行出现严重的问题。

4.1.2.4 中药专利创造性审查标准运行的问题集中于制备方法与复方发明

根据第三章中区别特征因素考量中的类别，中药专利的区别特征可分为组分改变、组量配比改变、制备方法改变、用途改变等。统计中药无效案件中各类区别特征的数量。数量占比从高到底依次为以制备方法为区别特征的案例最多，占到案例总数的58.3%，以组方的组量配比为区别特征的占20.8%，以组方的组分为区别特征的占16.7%，以有效单体或有效部位为区别特征的占2.5%，以用途为区别特征的案例最少占1.7%（见图4.13）。可见，以制备方法与复方改变为区别特征的中药专利被提出无效请求的数量最多，这说明中药制备方法与复方发明的创造性审查标准在运行中出现问题引发争议的概率最大。

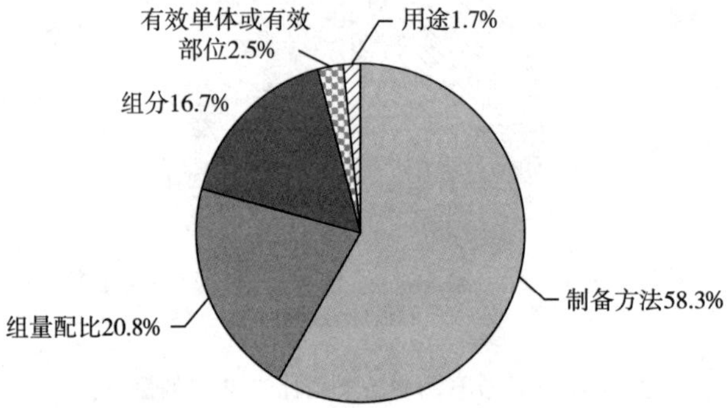

图 4.13 无效案例中各类区别特征的数量占比

4.1.3 司法案例

4.1.3.1 基本情况

检索北大法宝法律数据库[1]中关于中药专利的司法案例（截至2019年12月31日），所有案例根据诉讼争议的不同可分为复审行政纠纷、无效行政纠纷和侵权纠纷三类（具体分类案例的汇总情况参见附表A-C）。复审行政纠

[1] 参见 http：//www.pkulaw.cn/Case.

纷案例为专利申请人不服国家知识产权局专利复审委员会作出的专利申请复审决定而向人民法院提出诉讼请求，复审行政纠纷的诉讼结果对专利申请产生两种结果，分别是维持驳回与撤销驳回。无效行政纠纷案例为专利权人或无效请求人不服专利复审委员会作出的专利无效审查决定而向人民法院提出的诉讼请求，无效行政纠纷的诉讼结果为维持或撤销原无效审查决定的，对专利权产生两种结果，分别是维持有效与全部无效。侵权纠纷为专利权人与其他人之间针对是否侵害发明专利权而发起诉讼请求，判决结果为侵权或不侵权两种，一些侵权纠纷的诉讼案例会伴随着请求宣告专利无效的行政程序，或是也进入了无效行政纠纷诉讼程序，针对一个专利有时候会同时或者在时间上先后经历不同行政程序或是司法程序。

检索共得到司法案例总计 101 件，其中无效行政纠纷案件最多为 51 件（占 50.5%），其次为侵权纠纷案件 26 件（占 25.7%），复审行政纠纷案件为 24 件（占 23.8%）（见图 4.14）。针对同一件专利会产生多级诉讼，按所有中药专利纠纷的司法诉讼级别统计，复审行政纠纷案例涉及中药专利 15 件，其中 7 件专利是中院作出的判决（一审），7 件专利是高院作出的判决（二审），仅有 1 件专利是最高院作出的判决（再审）。无效行政纠纷案例涉及中药专利 27 件，其中有 5 件专利是一审判决，20 件是二审判决，2 件是再审判决。侵权纠纷案例涉及中药专利 13 件，其中有 3 件专利是一审判决，7 件是二审判决，3 件是再审判决。不同类型司法案例的司法审级都以进入二审为最多（见图 4.15）。

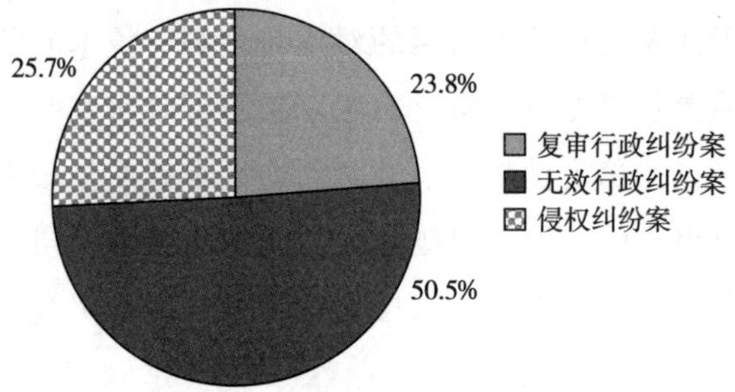

图 4.14　各类型司法案例数量

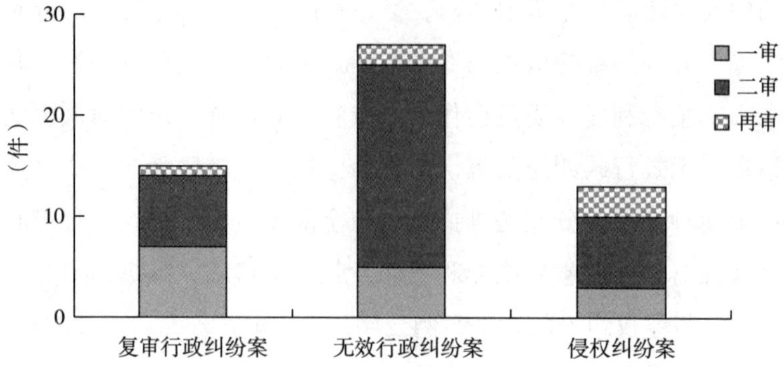

图 4.15 各类型司法案例的审级

4.1.3.2 中药专利创造性司法审查与行政确权审查基本贴合

从对以上案例的基本统计可发现，中药专利司法案例大多进入二审程序，而这些进入多级诉讼程序的案例，其争议焦点都涉及创造性判断，对比司法审查的判断结果与专利行政审查结果，中药专利申请的复审行政纠纷中，93.3% 的案件司法审查都与专利行政审查结果相同，仅 6.7% 的案件推翻了专利行政审查结果要求重申。中药专利无效审查纠纷中，一审案例审查维持专利行政审查结论的占 81.5%，否定专利行政审查结论的占 18.5%；二审案例中维持专利行政审查结论的占 95.5%，推翻专利行政审查结论的占 4.5%；而再审案例 100% 与行政审查结论保持一致。对于创造性审查来说，由于涉及大量技术材料的对比与理解、技术问题的认定等，司法审查人员也需要技术专业背景。司法审查与行政审查的一致性可以表明中药专利复审结论的稳定性较高，专利创造性审查质量较高。此外，司法审级越高与行政审查的一致性也越高，表明越高级别的司法审理，对技术问题的考虑越专业，对技术方案的思考也越贴合专利审查员的思路（见图 4.16）。

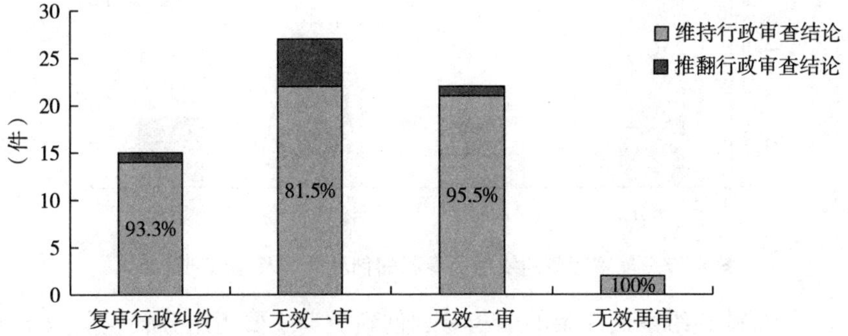

图 4.16　司法案例针对创造性审查结论与行政审查结论的对比

专利侵权诉讼中适用等同原则进行判断,《最高人民法院关于审理专利纠纷案件适用法律问题的若干规定》第 17 条第 2 款对等同特征的判定作出规定：等同特征是指与所记载的技术特征以基本相同的手段，实现基本相同的功能，达到基本相同的效果，并且本领域的普通技术人员无须经过创造性劳动就能联想到的特征。专利侵权诉讼中等同原则适用的宽严，应与涉案专利的创造性判断相适应。实际情况中，在专利侵权诉讼中还会发生并列被控侵权人请求宣告涉案专利无效，专利无效请求的行政审查与司法审查会对专利侵权纠纷的判决产生影响。中药专利侵权纠纷案例中（13 件），共计 61.5% 的案例（8 件）所涉专利被无效宣告请求，38.5% 的案例（5 件）不涉及专利无效宣告请求。

4.1.3.3　中药制备方法、制剂与复方专利创造性审查需进一步审视

复审行政纠纷案例涉及的中药专利创新类型主要有四种，分别为组分、组量配比、制备方法及用途方面的改变。对这四类创新类型专利的司法判决，大多都保持与专利行政审查结论一致，只有针对在组分与用途改变的个别专利中，司法判决与专利行政审查意见相反（见图 4.17）。

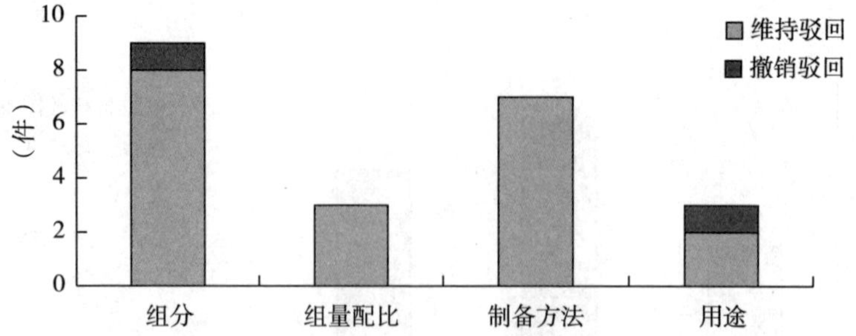

图 4.17　复审行政纠纷中药专利的创新类型及司法判决结果

无效行政纠纷案例涉及的中药专利创新类型主要为组分、组量配比、制备方法与剂型改变四类。无效行政纠纷案件的相关人更多，所涉专利很多都有已上市的中药产品，而中药新剂型一直是中药新药注册项目的热点，针对剂型改进的无效案例及相关诉讼也就成为焦点之一。司法案例中，组分、制备方法与剂型改变的中药专利，其判决结果以全部无效为主，而组量配比改变的中药专利，其判决结果以维持有效为主。提示中药专利创新中，针对组分、制备方法与剂型的改变，应从专利法创造性角度来对此类创新进一步加以审视，以挤出其中“水分”。（见图 4.18）

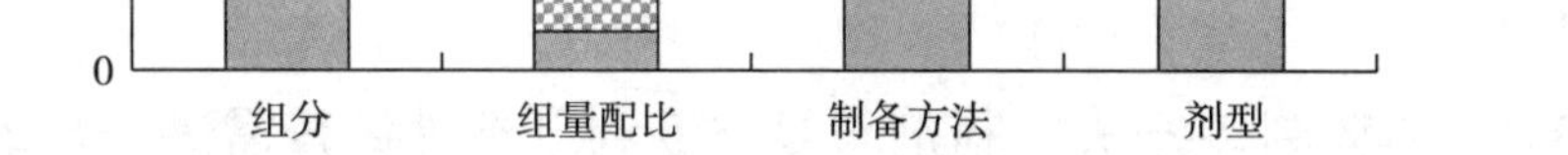

图 4.18　无效行政纠纷中药专利的创新类型及司法判决结果

侵权纠纷案例涉及的中药创新类型包括有效成分、组分、组量配比、制备方法与剂型改变五类。侵权纠纷案例与无效行政纠纷案例类似，大多涉及已上市药品。其中针对有效成分、组分、制备方法与剂型加以改进的专利，判决结果多以不侵权为主，而针对组量配比改进的专利数量虽不多，但都判定为侵权。这进一步表明，有效成分、组分、制备方法与剂型改进的专利，侵权举证难度较大，这一结果与无效行政纠纷判决似乎正相反，无效行政纠纷中显示以上类型创新专利可能是行政审查的薄弱点，其创新水分较大，但在侵权纠纷中却较多被判定为不侵权，提示侵权判断适用的原则可能宽于专利创造性审查的判断原则（见图 4.19）。

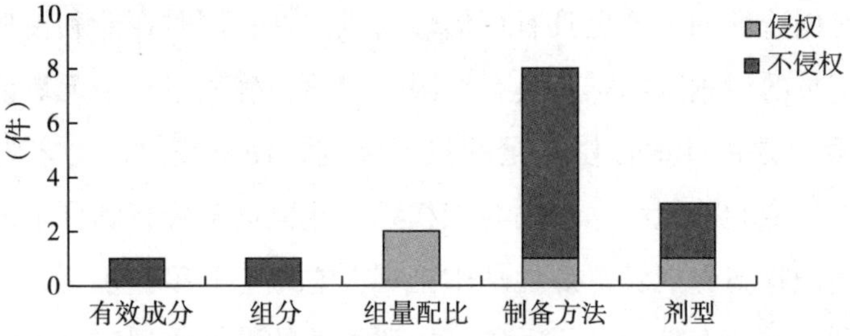

图 4.19　侵权纠纷中药专利的创新类型及司法判决结果

4.2　中药专利创造性审查标准的适用规律

各类保护客体下中药专利创造性的基本准则与其内在的考量因素特征构成了目前的中药专利创造性审查标准。已有的部分研究认为，现行的审查标准在很大程度上催化了中药行业专利的申请，并导致产生了很多低创造力的中药专利，[1]但是中药行业专利的转化率却始终较低，需要对目前中药专利审查方式的合理性进行反思。[2]但也有部分研究认为中药专利申请“三性”判定还是很“苛刻”的，[3]对于中药发明来说过于严格。[4]因此在实践中中药专利审查标准具体是如何运用的，其运用的效果与质量到底如何，仍是值得研究的问题。

专利无效复审案件是专利复审委员会面对已授权的专利进行的专利确

---

❶ 夏芬，刘子志，王瑞敏，等．基于中医药传统文化的中医药专利审查标准思考［J］．医学与社会，2017，30（4）：23–25.

❷ 王志刚，贺云龙，田侃．专利转化视角下我国中药专利审查方式的再思考［J］．中国卫生事业管理，2014，31（12）：924–928.

❸ 方相锋，侯鸿军，李兴民．关于中药复方申请专利“三性”问题的探讨［J］．中国卫生事业管理，2008，25（11）：786–787.

❹ 吴晶，李欣．国外天然药物专利政策分析及对我国中药保护的启示［J］．中草药，2010，41（11）：1909–1912.

权程序，其任务是借助无效宣告请求人提出的理由和证据重新审视专利授权是否恰当。如果专利权的授予不符合法定授权条件，专利复审委员会承担着通过宣告专利权无效或者部分无效来纠正不当授权的职能。专利无效案例代表着一类授权标准适用性存在争议的案例，经历了专利复审委员会的无效审查，其针对创造性的结论更具有可信性与权威性；同时在专利授权的实质审查阶段审查员的检索资源难免具有局限性，而在确权案件中无效请求人及专利权人都会千方百计地提供充足的技术证据，使审查决定的客观公正性更高。理论上，专利确权程序遵循与授权程序相同的解释权利要求的规则，由于分析专利确权案件能够更好地从中把握并总结专利审查规则，因此，本节以中药专利的无效案件为分析对象，构建相关的数据模型来分析中药创造性判断标准的运用情况，有利于从实证角度客观地总结中药专利创造性审查标准的基本规律。

具体的研究方法与回归模型数据分析结果参见**附录Ⅰ：中药专利创造性审查标准的适用规律——基于 Matlab 多元回归模型分析方法与数据分析结果**，本书正文部分仅对模型数据结果所反映出的中药专利创造性审查标准在运用中所呈现的规律作总结分析。

4.2.1　现有审查基准遵循综合性评价原则

无论是单变量相关性还是多元回归分析，其结果均显示中药专利的创造性审查结论受多个变量因素影响，变量对创造性审查结论影响的方向不一样，审查结论是多方因素所施加的正、反影响力相互作用的结果，表明中药专利创造性审查标准遵循综合性评价原则。实际审查中运用的具体五种判断方法都能够影响审查结论，包括现有技术是否提供教导启示的判断，本领域技术人员是否容易想到、预见或重现发明的判断，是否为本领域常规技术手段或基本常识的判断、技术效果判断，以及具体的实验数据判断。同时，审查结果与所用到的判断方法数及对比文件数也具有相关性。表明中药专利创造性审查的结论是根据各个技术方案的创造力、现有技术水平与能力以及技术效果等多方面因素，酌情选择不同的判断方法得出的结果。同时判断方法变量的描述性统计也表明，在中药专利创造性判断中运用了多种判断方法，这在数据回归实证分析中得以进一步验证。

判断标准围绕技术“四要素”提出的本领域技术人员水平、技术启示、区别特征及技术效果因素，原因在于理论上发明产生的过程本身就是累积创造性的过程，所涉及的以上各个影响因素或多或少为最终产生的发明带来一些创造性成分，并且每个因素并非相互独立，在各个因素协同作用下为发明的产生贡献创造性。相应地进行创造性审查时，应在充分考虑各个因素创造性贡献基础上，从整体上评价发明所具有的创造性。综合性评价原则也是创造性审查标准的“应然”层面要求。

4.2.2　多种判断方法的综合运用使审查标准日益收紧

根据审查指南，创造性要求具有两方面内容，即非显而易见性与显著的进步，两方面的审查同等重要。且五种判断方法在审查实践中较少独立运用，除非创造性非常明显（如开拓性发明）或明显不具备创造性，这两种情况下技术方案的创造性相对容易判断，审查员对其创造性往往“一目了然”。然而目前大多数中药专利，是在传统遣方用药原则指导下再创新的现代中成药，其工艺水平以提取物或有效成分为主，创造性审查一般都会综合运用两种及以上方法反复判断，判断方法彼此间相互辅助、相互映证，重现并重构发明思维，直至审查员能够得出较为清晰的结论。

通过多元回归模型分析可知，实际审查中所运用到的判断方法的数量越多，审查结果得出不具备创造性的概率越大。这也说明审查考虑的因素越多，越能够从多个角度填补思维漏洞，审查的全面性也越高，随之而来使得创造性既定的高度要求也越高。从不同时期运用的判断方法平均数运用率的描述性统计可知，中药创造性审查中运用的判断方法呈现增加趋势，表明审查标准处于逐渐收紧的状态，其方式之一就是增加所运用的判断方法，因为判断方法越多，创造性的既定高度就越高，发明越难以达到其要求。

4.2.3 区别特征数量与技术问题判断并不影响创造性判断结论

创造性判断的“三步法”中第二步即要求确定发明的区别特征和发明实际解决的技术问题。而根据单变量一元回归分析可知，区别特征数及技术问题判断与审查结论之间并不存在相关性，被最先剔除而没有加入整体回归分析模型中。从专利申请人角度来看，发明专利撰写的策略都是要在核心技术基础上，尽可能扩大权利范围，并撰写较多的技术特征。而通过单变量相关性分析即得出审查结果与区别特征数量无关，表明审查基准能够较为容易地剔除那些依靠堆砌技术特征、要求保护的权利范围过宽而实际创造力不相符的中药发明，从而避免或能够很好地纠正错误授权。

技术问题是构成一项发明的基本要素之一，对发明实际解决的具体技术问题的判断，其内涵是基于现有技术水平，找出发明相对于最接近的现有技术提出并加以解决的技术问题，将其与对比文件所解决的技术问题是否一致作出比较，如果一致则有可能对区别特征给予技术启示，但在实际审查中并不强调确定实际解决的技术问题作为判断方法的必要性与重要性。从单变量相关性分析中也得出是否解决了客观技术问题的判断与审查结果之间不存在相关性，同时从各类判断方法运用率的描述性统计中，也表明解决客观技术问题的判断方法的运用率最低。确定发明实际解决的技术问题作为一种判断方法给出具有区分度的创造性结论的作用已逐渐被弱化，由于运用这一判断方法已对审查结论缺乏实际影响力，因此在很多案例审查中已忽略了该方法的运用。

4.2.4 影响创造性判断结论的判断方法分为偏主观与偏客观两类

通过最终逐步回归优化后的模型可知，有四种判断方法对整体性判断的结果有显著影响，包括现有技术教导启示判断，根据实验数据或临床观察判断技术效果，本领域技术人员容易想到判断，本领域常规技术手段或基本常识判断。这四种方法根据实际运用特征，又可分为偏客观与偏主观两类：现有技术教导启示判断与根据实验数据或临床观察判断技术效果为偏客观的方法，其判断依据为具体的对比文件及实验数据，分别进行对技术特征的比对分析，以及对数据统计结果的判断，两种方法下由审查员自由裁量的空间有限，且第三人通过阅读对比文件及数据统计结果较为容易验证其判断结论；而本领域技术人员容易想到判断与本领域常规技术手段或基本常识判断，这两项属于偏主观的方法，其判断的依据均为本领域普通技术人员水平这一拟制化概念，与偏客观标准相比，运用这两种方法的自由裁量空间较大，判断结论易受审查员主观认识的影响，方法运用的正确性及适当性对审查员知识量及综合素质的依赖性更强。

根据优化模型给出的相关性方向来看，使用偏客观判断方法与创造性结果正相关，也就是在实际审查中，在具体的对比文件下运用教导启示判断，以及根据客观的实验数据或临床观察结果判断技术效果，较大概率得出具有创造性结论，总体更有利于专利权人一方。而使用偏主观判断方法与创造性结果负相关，也就是在实际审查中以本领域技术人员是否容易想到，或以是否为本领域常规技术手段为判断方法时，较大概率得出不具有创造性结论，总体更有利于无效请求人一方。

4.2.5 技术效果判断存在模糊性

多元回归模型最初拟合结果中技术效果判断与创造性判断结论负相关，这与单变量相关性分析一致，但逐步回归优化后，技术效果判断对创造性结论的影响作用被淘汰。这主要因为在多因素影响的系统中，如果进行整体的多元回归，考察每个因素对整体的作用，变量间相互作用会对每个因素的作用效力产生协同作用，从而放大了某个因素对整体效果的作用。而进行逐步回归时，每一步的影响力层层叠加而又层层拆减，凸显了最能够影响整体效果的因素。

技术效果的影响作用被淘汰，表明在中药专利审查中，技术效果虽然是一个很重要的考量因素，但在实际审查操作中，由于其他因素的存在使得这一判断方法的实际区分度不高，也就是说，从技术效果判断中经常得到模棱两可的结论。这主要是因为，审查步骤中首先进行是否显而易见的判断，从分析可知，技术教导启示判断、本领域技术人员是否容易想到的判断以及常规技术手段判断，这些判断方法都是非显而易见性常用判断方法，这三类判断方法的运用对中药创造性审查结论存在明显的影响力，运用这三类方法已能够得出区分度良好、较为清晰的审查结论，这时技术效果判断的运用，主要通过判断是否产生预料不到的技术效果，在多数情况下是对非显而易见性判断结论的验证，且明显受非显而易见性判断结论的影响，因此中药技术效果判断常常是模糊的，不具有区分度的。

4.3 中药专利创造性审查标准的适用质量

相对于新颖性、实用性判断，创造性判断过程中涉及多维度、多方面的依据与方法因素，创造性判断标准本身的运用情况，即其判断规律是否合理、判断标准是否恰当、判断方法是否科学直接影响到专利制度运行的效率与质量。[1]专利权无效是第三人发现授权专利存在不符合专利授权条件，而做出的请求宣告专利无效的行为，是对专利质量的回溯与检验，也是专利授权审查质量的反映。因此本节选取中国《专利法》实施以来的所有中药无效专利作为研究对象，通过统计其中争议专利技术特征及相应的无效提出频次与无效成功率，分析影响中药专利创造性审查质量的问题。

具体的研究方法与无效频次及无效成功率数据分析结果参见**附录Ⅱ：中药专利创造性审查标准的适用质量——基于无效频次与无效成功率的分析方法与数据分析结果**，本书正文部分仅对无效数据结果所反映出的中药专利

[1] 黄国群．专利创造性判断的系统分析与影响因素实证研究［J］．情报杂志，2015，34（7）：47-52.

创造性审查标准在运用中所反映出的质量问题作总结分析。

4.3.1　现有专利的保护模式不能反映中药复方技术创新

中药专利现有的保护模式将中药复方技术方案类比于化合物组合物，组分配比要素化，制备条件与方法参数化，在此保护模式下形成的技术方案区别特征主要有两种：一种是改变组分组量，将古代方剂进行扩充或替换后作为新组方而申报专利；另一种是改变剂型或制备方法，将传统的汤剂、丸剂、散剂、酒剂等转变为片剂、胶囊剂、颗粒剂、注射剂等现代剂型，或是改变原有制备方法的同时伴随着辅料及原料配比的调整。这些类型的专利在中药无效请求案例中占到89%，然而在实际审查中，改变组分组量常被认为是在现有技术遣方用药原则指导下的增减或替换，是对传统技术的改造，改变剂型或制备方法常被认为是将化学制药技术中的常规手段运用在过去不常用的中药领域，是对邻近行业技术的移植，这些改造或移植均被认为能够通过有限次的实验，或根据知识判断预见即得以完成，导致很多中药专利被宣告无效。

实际在中药领域中，很多古代方剂、民间验方、偏方仅仅只有简单的组分记载，具体功效尚不明确或无任何科学数据加以验证。把记载粗略的传统药方复活成为有确切疗效数据的现代中成药，对本领域技术人员来说并不是容易的事，这一过程需要经过组方药效筛选、药理毒理实验、药剂工艺制备研究、中试放大等环节，其中包含的创新难度并不低，但在现有标准框架下却容易被判定为缺乏新颖性或创造性，不利于中药的传承与创新。

目前中药专利保护呈现两个特征：一是在中药发明的研发和制备方面，倾向采取西药的标准，从而便于中药在国际上取得专利，该趋势可称为“中药西药化”；二是与现有的与西药相配套的专利审查规则进行类比与拟推，将其套用于中药发明。例如，在中国的专利审查指南的框架内，大量成分不明的中药发明以组合物发明和用途发明的形式取得专利。“方法定义产品（Product by Process）”的定义方式在中药专利申请中的普遍应用。可以说，上述两条路径不完全适合中药复方发明的特点，[1]因此造成了复方发明专利整体无效提出频次与无效率较高。

4.3.2 专利创造性表征方式单一且有缺陷

长久以来，中药专利审查参照化学药品的审查方法，因此受审查标准影响，中药专利撰写也尽可能接近或有意模仿化学组合物专利的撰写，主要采用周边限定的方式撰写权利要求，首先记载技术方案整体的上位概念，再通过连接用语将现有技术与区别特征进行划分形成独立权利要求，然后通过对不同的区别技术特征限定组合构成从属权利要求，从属权利要求的数目可随组合不同的限定特征而进行叠加，从而形成多项权利要求。

此外，中药专利撰写参照化学药品审查指南中有关利用制备方法表征产品的规定，把制备方法中涉及步骤、原料、辅料、装置、环境等多方面的改变均作为区别技术特征，以追求最宽的保护范围。很多中药专利运用周边限定方式撰写出的权利要求书呈现套路化及公式化特征，表面上对组方实施了全面保护，但从无效审查决定结果来看，制备方法表征产品的保护形式无效成功率偏高。

实际上，对于制备方法表征产品的技术方案，其撰写要求的内涵来源于中心限定，即要对具体的多个实施方式加以概括，形成功能限定性技术特征，[2]这种概括需要有大量实验数据基础，而且实验的规模与结果还要在说明书中予以体现。然而很多中药发明专利说明书内容简单、篇幅较少，缺乏实验数据支撑，据统计国内中药专利申请说明书与附图的平均页数为 8 页，而国外来华发明专利申请说明书与附图的平均页数为 25 页，专利文件撰写缺乏足够的数据支撑，导致技术方案在审查中很难被认定具有有益的技术效果或显著的进步。

---

[1] 陈一孚 . 论中药和专利制度之间的兼容性：以中药发明的实用性审查为视角［J］. 理论与改革，2016（2）：122–127.

[2] 黄敏 . 发明专利申请文件的审查与撰写要点［M］. 北京：知识产权出版社，2015：25.

4.3.3　现有技术引证水平不利于创造性判断

中药专利在文献引证意识、引证主动性以及引证能力方面都存在不足。中药专利无引证比例偏高，表明利用现有文献信息的意识还比较薄弱，很多中药专利技术来源于祖传技艺或技术秘密，申请人认为其单方面从未公开过的技术方案自然满足专利的新颖性及创造性要求，无检索是否已有相似技术使用或公开的意识，同时也不具备检索的专业条件，大部分中药企业尚未采用专业数据库系统对企业相关技术的研发进行文献信息查询。

很多中药专利技术是在古代方剂、民间验方、偏方中记载技术基础上的改进型专利，申请人为防止新颖性被破坏，有意隐瞒部分关键基础技术，或是由于检索能力水平的限制，检索分析的范围不够全面，只利用其熟知的某一数据库进行查询，未对其他数据库进行合理利用，造成检索不全、重复研发的可能，浪费了科研资源。

此外，中药专利引证文献的数量偏低，平均仅 1—2 个，且对非专利文献的忽视更为严重。专利文献披露的是应用型现有技术，而非专利文献则披露的是基础研究科学成果，其中包含了较多的前沿成果以及能够促进产业发生重大进步的关键性技术，其同样是专利背景技术的重要内容，也是理解、再现发明点必不可少的内容；若仅重视引证专利文献而忽略非专利文献，不但会影响该专利的完整性，导致权利不稳定，而且无法更好地分析技术内涵与外延，丧失占领突破性技术的机会。

4.4　现行中药专利创造性审查标准适用问题

前两节对中药无效案例进行了实证分析，其中所反映出的创造性审查标准的适用规律与质量，暴露出现行中药专利创造性审查标准的问题。若根据技术创新分类来看，创造性审查标准适用的质量问题主要集中在中药复方技术类别，具体在审查操作中的问题主要体现在对现有技术、技术效果与技术启示的选择与判断中。此外，无效案例分析中还暴露出当前中药专利创造性的表征方法缺陷也是造成其创造性审查出现问题的原因。下面以无效案例分析中的典型案例为例，具体分类说明中药专利创造性审查标准中存在的问题。

4.4.1　现行创造性审查标准与中药技术创新方式不兼容

4.4.1.1　创造性审查步骤存在不适性

◆　例证 1：申请号为 201410700984.4，一种治疗乳腺增生的中药的制作方法。发明公开了一种治疗乳腺增生的中药，它由下列重量份的原料药配制而成：15—20 份乌蛇、1—3 份蜈蚣、1—3 份蚯蚓、2—5 份五倍子、3—5 份鹿角、1—3 份斑蝥、1—3 份蝎子、10—15 份蜂蜡、8—12 份白矾。对比文件公开了一种治疗乳腺增生的中成药乳癖消片，由鹿角、蒲公英、昆布、夏枯草、鸡血藤、三七、赤芍、海藻、漏芦、木香、玄参、牡丹皮、红花、连翘组成。区别在于：权利要求减少了蒲公英、昆布、夏枯草、鸡血藤、三七、赤芍、海藻、漏芦、木香、玄参、牡丹皮、红花、连翘，增加了乌蛇、蜈蚣、蚯蚓、五倍子、斑蝥、蝎子、蜂蜡、白矾，并限定了各味中药的重量份数。审查决定认为对比文件公开了与权利要求相同的病因病机及治法治则，在病因病机、治法治则一致的情况下，本领域技术人员有动机选择具有清热解毒的中药（如乌蛇、蚯蚓、五倍子、蜂蜡、白矾等）、活血消痈的中药（如鹿角、斑蝥等）、软坚散结的中药（如蜈蚣、蝎子等）组成组方用于治疗乳腺增生。而申请人认为在对比文件公开了乳腺增生的病因病机及治法治则的教导下，即便本领域技术人员公知乌蛇、蚯蚓、五倍子、蜂蜡、白矾具有清热解毒的功效，由于中药中存在诸多具有清热解毒功效的药物，并且考虑到中药配伍关系中各原料药之间相生、相须、相畏或相杀等多种相互作用的关系，也并非所有具有清热解毒功效的中药都可以用来与权利要求中其他中药配伍而治疗乳腺增生。此专利申请最终仍然被认为不具有创造性而被驳回。

◆ 例证2：申请号为CN201210022655.X，一种治疗妇女乳腺增生的中药制剂，其特征在于，它是由下列重量配比的中药原料制成：香附150—350g，橘叶100—225g，夏枯草200—450g，丹参150—350g，土贝母150—350g，延胡索150—350g，月季花75—125g。现有技术公开的组方为丹参180g，夏枯草500g，橘叶400g，红花220g，郁金160g，皂角刺300g，香附280g，地龙240g。区别在于权利要求增加了土贝母、延胡索和月季花，省去了红花、郁金、皂角刺和地龙，并限定了橘叶、土贝母、延胡索和月季花的用量。审查决定认为对比文件公开了与权利要求相同的病因病机及治法治则，在病因病机、治法治则一致的情况下，本领域技术人员有动机在对比文件的组方中加入土贝母、延胡索、月季花，以达到增强组方活血解郁舒肝的功效。而申请人认为审查员所选的对比文件不是最接近的现有技术，是两个不相关的不同的技术方案，本发明解决的问题不是提供一种增强了活血止痛功效的治疗妇女乳腺增生的中药制剂，而是提供了一种新的治疗妇女乳腺增生的中药制剂，这种制剂具有疏肝理气、活血止痛之功效。此专利申请最终被认为具有创造性而被授予。

例证1与例证2同为两个治疗乳腺增生的中药复方发明，在进行创造性审查时，审查员提出的质疑点也颇为相似。根据三步法要求，在进行创造性审查时，首先需要找到一个最接近的现有技术，将发明技术方案与这个最接近的技术方案相比较，找到发明相较于这个最接近的技术方案的区别技术特征，然后再结合其他对比文件或公知常识，判断这些区别技术特征是否是显而易见的。例证1中审查员找到的最接近的现有技术，权利要求的组分特征为共九味药，与之相比减少了蒲公英等十三味药（相同的仅剩一味药），增加了乌蛇等八味药，药味增减的幅度如此之大，对此我们不禁有个疑问，这是最接近的现有技术吗？同样在例证2中，审查员找到的最接近的现有技术，权利要求的组分特征为共八味药，与之相比减去了红花等四味药（相同的仅剩四味药），增加了土贝母等三味药，组方整体变动较大，审查员找到的最接近的现有技术真的是最接近的吗？

根据《专利审查指南》第二部分第四章第3.2.1.1节的规定，最接近的现有技术，是指现有技术中与要求保护的发明最密切相关的一个技术方案，它是判断发明是否具有突出的实质性特点的基础。最接近的现有技术，可以是与要求保护的发明技术领域相同，所要解决的技术问题、技术效果或者用途最接近和/或公开了发明的技术特征最多的现有技术；或者虽然与要求保护的发明技术领域不同，但能够实现发明的功能，并且公开发明的技术特征最多的现有技术。在确定最接近的现有技术时，可以从其所属技术领域、解决的技术问题、技术效果或者用途、公开的技术特征四个方面考虑，且优先考虑技术领域相同或相近的现有技术。[1]审查员按照这个思路，以病因病机、治法治则相同为由确定最接近的现有技术。然而，根据中医理论的治法治则本来就可以产生很多个组方配伍，实则不存在哪两个之间为最接近的问题。表面上看，其治法一致符合相同的技术领域、解决相同的技术问题，但是理论上的相同并不能保证在实际应用中每个组方都产生有益的技术效果，换句话说，根据中医理论的组方原则进行组方很容易，但要想组成一个有效的处方非常不容易。如果按照“三步法”，中药复方发明几乎都能够找到符合审查要求的现有技术，因为其治法治则类似，其创造性很容易被否定。

4.4.1.2 对传统工艺存在认识偏差

◆ 例证1：申请号为02113190.2，一种治疗脾胃阳虚型萎缩性胃炎的中药制剂，组分药味包括党参、肉桂、砂仁、补骨脂、黄芪、附子、炒白术、炒山楂、山药、乌梅、陈皮、肉苁蓉。创造性判断的对比文件中公开的温胃舒胶囊的组方组分其他与之相同，所不同的是发明中

---

❶ 谢海燕. 浅谈创造性判断中最接近现有技术的确定［C］//《专利法》第22条创造性理论与实践：2011年专利审查与专利代理高端学术研讨会论文选编. 2012：657-665.

的附子、黄芪、肉苁蓉，对比文件中为附子（制）、黄芪（炙）、肉苁蓉（制）。无效请求人认为现有技术已公开了所有的技术方案。申请人认为权利要求所用的是生品，而现有技术公开的是炮制品，构成区别特征。审查决定认为对于本领域普通技术人员而言，将黄芪、附子、肉苁蓉进行炮制用于制药是常规技术手段，这三味药的炮制方法均为传统工艺，也未产生预料不到的技术效果，因而发明不具有创造性。

◆　例证 2：申请号为 03117614.3，一种治疗前列腺炎、前列腺增生、泌尿系统感染的药物，组分药味包括猪鬃草、蝼蛄、刺猬皮、皂角刺和王不留行，创造性判断的对比文件中公开的前列倍喜胶囊组方药味名称与之相同，所不同的是权利要求中公开了对蝼蛄、刺猬皮和王不留行三味药进行加工处理后再用于制药，而对比文件中并没有提到要对这三味药进行预处理。无效请求人认为现有技术已公开了所有的技术方案。申请人认为其所用的是炮制品，而对比文件中用到的是生品，构成区别特征。审查决定认为本发明说明书中记载的方法实为炮炙，即药材熟用，对于蝼蛄、刺猬皮和王不留行这三味药，不管是否标明炮制，实际应用时都是要经过广义的炮制处理，且本发明所记载的方法为传统的常规方法，也未产生预料不到的技术效果，因而发明不具有创造性。

对于中药领域的专利申请，权利要求及说明书中经常会出现中药生品或炮制品的中药名称。然而，由于中药用药存在地域差异，同味药在各地处方中的撰写名称不同，生品与炮制品的名称也不同。从中药学角度来说，中药生品与炮制品发挥的功效不同，对复方整体技术效果也有不同的作用，其名称不同将会影响到创造性判断。[1] 在专利审查中，审查员应当如何从本领域技术人员的角度出发区分不同中药名称是否指同一样药味，这对创造性判断就产生了影响。从以上例证 1 与例证 2 中发现，无论是生品替代炮制品的案例，还是炮制品替代生品的案例，审查决定中皆以传统炮制工艺或传统方法作为衡

[1] 白雪，张晴，王菲，等．关于中药专利申请中生品和炮制品名称的撰写方式［J］．中国中医药信息杂志，2013（1）：9-10.

量创造性的标尺，因发明说明书中所述对药材的加工都属于传统炮制工艺，或没有记载其他特定炮制方法，并且专利中也未记载替换后产生了何种意料不到的技术效果，据此认为不具有创造性。这一判断结论成立的基础是认为炮制品与生品的区别在于功效或毒性的强弱，本领域技术人员可以预期“生、熟”相互替换后效果的发挥程度。从总体来说这样的判断是没错的，也因此得出一个在实践中推而广之的审查规则，那就是运用传统工艺炮制的中药就一定不具有创造性。

然而，中医药界对将“传统工艺”与无创造性划等号的做法存在争议。首先，并非运用传统工艺炮制中药就一定不具有创造性，所谓的很多传统炮制方法记载于古医书中，因年代久远而意思隐晦，在现代工业实践中存在很多不确定性，因此传统炮制方法的工业量化与标准化仍然是技术难题。其次，传统工艺标准否定创造性的关键在于认为传统炮制方法下生熟品替换效果是可以预知的，难以产生意料不到的技术效果，这一认识过于片面，其保护范围不能涵盖值得保护的中药炮制创新。中药炮制最主要的目的确实是为了减毒或纠正其过偏之性，增强疗效，[1]改变或缓和药性以拓宽其临床适用范围，因此炮制品与生品在功效或毒性上当然存在差别，但不能因目的或结果已知就此认为方法或依方法所得产品不具有创造性，这样做的后果将会把能够探明生、熟异治饮片炮制前后药效物质基础内涵变化的技术方案，阐明与饮片“用途、用法、用量”改变相关的科学内涵变化规律的技术方案，提出同一来源不同饮片在临床中“炮制配伍”新理论的技术方案，都会排除在专利保护范畴之外，而这些正是中药炮制领域应给予鼓励创新的方向。[2]最后，传统工艺标准的内涵存在模糊性。即传统工艺的界定与范畴并不明确，审查实践中也无法体现需要达到何种程度的突破，采用何种方法衡量，就能被认为打破了传统界限，成为专利法意义上的创新，实际审查中仅泛化地要求意料不到的技术效果，却未对不同情形下应实现什么样的技术效果才可被认为是“意

---

[1] 王孝涛，曹晖．中药炮制制毒增效论［J］．中国中药杂志，1999（3）：18-20，62.

[2] 张村，李丽，肖永庆．中药炮制学科的发展与创新［J］．世界科学技术·中医药现代化，2011，13（1）：180-184.

料不到”加以限定。

4.4.1.3 中药术语与现代科学语言难以契合

◆ 例证 1：申请号为 200510071079.8，一种治疗风湿病的药物，其特征在于该药物由以下重量份的原料药制成：秦艽：15—25 份，川芎：9—15 份，威灵仙：6—10 份，桂枝：2—4 份，独活：6—10 份，木瓜：6—10 份，炙黄芪：9—15 份，干姜：2—4 份，牛膝：4—8 份，当归：6—10 份，苍术：4—8 份，甘草：2—6 份。现有技术公开了一种秦川通痹片，其功能主治是祛风除湿，通络止痛，用于风寒湿痹所致肢体疼痛，麻木拘挛，组方为：秦艽 20 份，川芎 12 份，威灵仙 8 份，桂枝 3 份，独活 8 份，木瓜 8 份，炙黄芪 12 份，干姜 3 份，牛膝 6 份，当归 8 份，苍术 6 份，甘草 4 份。无效请求人认为现有技术的组方与组量是权利要求 1 的下位方案，落入权利要求 1 的保护范围内。但发明人强调本专利所针对病症是与风湿等相关的病症，与现有技术的适应症不同。审查决定认为风湿等相关的病症未脱离痹证的范围，因而发明不具有创造性。

例证 1 反映的问题在中药发明中较为普遍。中药遵循辨证论治的体系，但是“证”与西医的病难以通约，在确定现有技术时，如何把握“证”的客观指标，将“证”的本质研究和西医的病症进行融合，建立正确的联系，判断在现有技术中是否公开或给予相应的技术启示，成为创造性判断难点。除了适应证表述存在差异难以通约之外，中药很多术语尚无法用现代科学语言作出明确的解释，中药的“药性”和“功效”是中医药临证论治、遣药组方的重要依据，但是这些概念有其独有的内涵，与西医领域的概念有所区别。例如，药物作用的趋势（升降沉浮）、药物作用的靶点（归经）、药效活性（功效）等不同表达模式，难以与现代科学术语相对应，造成现有技术内容是否公开难以认定，对创造性判断造成不确定性。

4.4.2 现行创造性审查标准对中药技术特征与需求的考虑不全面

4.4.2.1 技术启示与创新选择动机的相关性考虑不够

◆ 例证1：申请号为CN201210022655.X，一种治疗妇女乳腺增生的中药制剂，其特征在于，它是由下列重量配比的中药原料制成：香附150—350g，橘叶100—225g，夏枯草200—450g，丹参150—350g，土贝母150—350g，延胡索150—350g，月季花75—125g。对比文件1公开的治疗妇女乳腺增生的组方为丹参180g，夏枯草500g，橘叶400g，红花220g，郁金160g，皂角刺300g，香附280g，地龙240g。对比文件2中公开了一种治疗乳腺增生的中成药，原料药为瓜蒌皮45、蒲公英45、赤芍22.5、土贝母15、柴胡13.5、延胡索13.5、丹参22.5。对比文件3中公开了一种治疗乳腺增生的中成药处方为，丹参20g、延胡索20g、海蛤壳20g、月季花15g、青皮15g、佛手15g、姜黄15g、香附15g、露蜂房15g、猫爪草15g、牡蛎50g。审查决定认为对比文件2给出了土贝母、延胡索可以和丹参等药物配伍治疗乳腺增生的启示，因此在上述技术启示下，为了增强组方活血行气止痛的功效，本领域技术人员有动机在对比文件1公开基础上加入土贝母和延胡索；同时，对比文件3又给出了月季花可以和丹参、延胡索、香附等药物配伍治疗乳腺增生的技术启示，且月季花具有活血调经、解郁舒肝的作用，恰好对症肝郁气滞、痰凝血瘀所致的乳腺增生。因此，为了增强组方活血解郁舒肝的功效，本领域技术人员又有动机在对比文件1公开的组方中加入月季花。因而判定权利要求不具有创造性。

◆ 例证2：申请号为CN200310101154.1，一种抗肿瘤药物，其特征在于是由下述重量配比的原料制成的药剂：阿魏7—13份、九香虫

11—18份、冬虫夏草1—4份、诃子10—15份、姜黄8—25份。对比文件公开了一种以阿魏100g、九香虫150g、冬虫夏草20g、诃子130g、姜黄200g、丁香100g、木香100g、大黄200g为原料制备的中药制剂，两者相比，权利要求1的技术方案在原料药方面减去了三味药：丁香、木香和大黄。审查决定认为鉴于对比文件中公开的内容中并没有给出减去其所公开处方中的丁香、木香和大黄亦可实现相同或类似疗效的技术启示，而且也没有证据显示这种删减属于本领域的公知常识，因此发明具有创造性。

◆　例证3：申请号为03101236.1，治疗骨折的胶囊，由下列用量的原料制成的：芭蕉根600g，酢浆草400g，补骨脂600g，续断300g，三七150g，鹿茸50g。对比文件公开了一种骨康胶囊，其功能主治消肿止痛，舒筋通络，补肾壮骨，用于骨折，其处方为芭蕉根600g、酢浆草400g、补骨脂600g、续断300g、三七150g。区别特征仅在于权利要求中多加入了鹿茸，鹿茸本身即有壮骨功效，在治疗骨折的中药组方中加入与该组方原料之间没有使用禁忌并具有壮骨滋补效果的鹿茸，对于本领域技术人员来说是易于想到并做到的，具有技术启示，因而发明不具有创造性。

技术启示包括正面的启示，也包括反向教导启示。运用正面教导启示判断，从对比文件中找到相应字面意义上的证据，如例证1只要在其他现有技术中发现土贝母、延胡索、红花与丹参一起使用，组方发挥了活血化瘀的作用，即从理论上认为对发明产生了教导启示。例证2和例证3中也体现了教导启示的认定标准为“存在即合理”，在例证2中在对比文件中没有找到有关药味可以删减的直接的技术启示，即认为删减3味药不存在教导启示；而在例证3中若现有技术中没有明确地提供增加的药味与原方存在使用禁忌或其他阻碍该区别特征被提出的教导，药味本身的功效与性味归经即存在提出区别特征的教导启示。以上三个例证显示出教导启示判断的运用过于机械化，只重视文字语义上与中药理论上的启示，且仅考察引入的区别特征所能达到的技术效果，割裂技术特征与整体技术效果间的联系。

此外，在例证1中，审查员对技术启示的存在负有举证责任，需要在对比文件中找到技术启示的原始出处，在例证1中对比文件只有土贝母、延胡索和丹参可以一起使用的启示一，但是没有选择土贝母、延胡索的启示二。并不能必然得出：本领域普通技术人员有动机在对比文件1公开的组方中加入土贝母和延胡索。这个启示和选择不具有关联性，因为在中药技术领域中，每一味药材都具有可单独发挥的疗效，如果要达到活血理气的作用，还有其他很多种选择，如可以选赤芍（活血）、柴胡（理气）。

4.4.2.2 对功效的验证可信度尚不确定

◆ 例证1：申请号为200710151989.6，一种治疗口腔炎症的中药制剂，其特征在于，各中药原料的重量份数为：天冬25份、麦冬25份、玄参25份、甘草12.5份、山银花30份。其与对比文件相比，区别仅在于对比文件中所用的为金银花，而权利要求中用的是山银花。申请人对山银花治疗口腔炎症的药效评价通过抗自由基、免疫功能、抗应激能力实验进行，而无效请求人提供的证据是金银花治疗口腔炎症的体外抑菌、对迟发型超敏反应作用、生津润燥的药理实验。审查决定认为用山银花替代金银花，两者性味、归经、功能与主治完全相同，不具有创造性。

功效是最能够体现药品技术效果的考察因素，假如新复方与现有复方相比，能够显著提高疗效，或能够在降低毒副作用、改变现有主病或主证、适用同一病症的不同类型等方面有所突破，则新复方具有“突出的实质性特点和显著的进步”的特质，创造性明显。[1] 由于对中药复方的内部成分缺乏深刻认识，药性及药物之间相互作用与机理无法全部明确，中药的科学研究集中体现了黑箱方法的运用，[2] 在评价中药技术方案的创造性时也会借鉴运用黑

[1] 杨崇森，杨显滨．本土意境下中药复方专利的涅槃场域：以中医药学原理为研究路径［J］．法学杂志，2013，34（10）：84–93.

[2] 朱晓琳，陈新，沈颖．黑箱方法在中医药中的表现［J］．世界最新医学信息文摘，2017，17（65）：123–124.

箱方法。发明的区别特征作为黑箱的“输入”，通过观察“输出”的治疗效果，找出输入与输出的关系，并得出技术方案创造性判定的结论，由此回避了从中医药理论与药学研究领域探讨区别特征是否具备创新性的黑箱，而从外部表现因素来判定发明是否具有创新，即疗效是否增强，毒副作用是否减弱，是否改变现有复方针对的主病或主证，是否可适应现有复方所针对的同一病症的不同类型等。[1]

但是，由于黑箱方法本身的特性，使得治疗效果标准说在实践中的难点在于选取合适的客观化指标来验证其所述的功效，具体表现为药效学试验选择的指标是否能准确反映中药药效，针对这一点尚存在疑问。例如，例证1中金银花方案中对其治疗口腔炎症的药效学评价通过体外抑菌、对迟发型超敏反应作用、生津润燥的药理实验，山银花方案中对治疗口腔炎症的药效评价通过抗自由基、免疫功能、抗应激能力实验。两者选择的评价指标并不相同，说明金银花、山银花治疗口腔炎症的机理尚不确定是否一致，且在不同的指标下金银花与山银花的对比实验数据结论也不同，在这种情况下通过某个或某几个药理指标是无法从治疗功效角度判断替换是否具有创造性的。

4.4.2.3　对技术效果的要求程度的考虑存在疑问

与组分增加的技术启示标准不同，组方减少的技术启示标准对其所应达到的技术效果都较为统一（见表4.2所示），即能够治疗相同的疾病，并实现相同或类似的治疗效果即可，但仍然存在对技术效果的考虑不够全面的问题，组分减少后复方疗效的要求程度值得重新考量。

---

[1] 张廷模．中药学［M］．北京：高等教育出版社，2010：56-58.

表 4.2 组方减少发明专利无效案例

无效宣告决定号	年份	案由			
		具体特征	无效宣告请求人意见	专利权人意见	审查意见
8420	2006	原方 11 味药减少 5 味药	专利组分是从对比文件的 11 种组分中选出了主要的 6 种，成分、用量及功效皆相同，对本领域技术人员来说是显而易见的	对比文件中不存在教导启示	与对比文件相比，专利删减了近一半的原料，对比文件没有给出相关启示，且临床效果数据显示减少药味后仍保持了原有良好疗效
4W02741 4W02745	2012	原方 8 味药减少 3 味药、2 味药或 1 味药	在对比文件基础上，专利的技术方案是显而易见的	未提交陈述意见	对比文件中公开的内容并没有给出减去药味后亦可实现相同或类似疗效的技术启示，而且也没有证据显示这种删减属于本领域的公知常识
4W02878	2012	原方 6 味药减少 1 味药或 2 味药	专利中并没有对去除后能否保持疗效进行论证，而根据常识可知失去这两种组分的作用后，药效变差是必然的	未作出实质性意见答复	无效宣告请求并未对本专利组方的配伍关系是否也相同进行分析，证据仅公开了所删减的药味性味归经，并未给出可将 2 味药从组方中去除后仍能够用于治疗所述疾病的技术启示
4W104889	2017	原方 5 味药减少 2 味药	保留的 3 味药对比文件中已公开了与专利同样的治疗作用，本领域技术人员很容易想到去除另 2 味药	本领域技术人员没有动机减少对比文件中的药味	删减的药味在原方中占较大比例，且在对比文件公开的信息中，删减药味发挥重要的治疗效果，在专利技术方案减味并使得药材用量配比发生大变动情况下，通过实验例仍能够证明具有良好的疗效

对组分减少复方的疗效程度比照审查指南中关于要素省略发明创造性认定的标准，“依然保持原有的全部功能，或者带来预料不到的技术效果”。因此中药组分减少与组分替换或增加的专利相比，不同之处在于降低了对技术效果的阈值设定，其本质上默认本领域技术人员的预期是组分减少后，其功效也会随之减损，如果能够维持原有疗效即认为是“意料不到的技术效果”，因此在技术效果上不强调实现“额外的”进步，在实践中，技术方案只要能够证明组分减少后对病症的有效率不比原方差即可。但是，药品功效应从两方面认识，一方面是正性的治疗效果，两一方面是负性副作用或不良反应，而中药复方中一些药味的添加可能是为了缓和副作用、不良反应，或者祛味

矫味，现有技术中很多复方在民间长期使用过程中，其减缓副作用或不良反应的程度已得到了检验。然而，在这些经验复方基础上减少几味药后申请的专利，专利权人提供的药效学实验评价只从正性的对病症的治疗效果来分析其有效率，而不考虑减少药味后会不会引起副作用或不良反应率增大，而且减少后的方剂也没有运用任何理论或经验数据来检验其副作用或不良反应的发生率及程度也如原方一样，这样对技术效果的要求标准显然是不够全面的。

4.4.3　现行创造性审查标准对中药创造性考量因素的要求不清晰

4.4.3.1　静态知识范围与动态技术能力高低不明确

◆　例证1：申请号为200610050956.8，要求保护一种由人参15%、麦冬15%、五味子10%、黄芪15%、丹参20%、川芎10%和山楂15%制备而成的益气复脉、活血化瘀的益心舒注射制剂，其中的人参、五味子和丹参先用乙醇提取脂溶性有效成分，之后药渣再与麦冬、黄芪、川芎、山楂合并提取水溶性有效成分，将上述醇提和水提部分合并，并制备成注射液、冻干粉针、无菌粉末和注射用浓溶液，其中注射液制剂中使用了聚乙二醇和右旋糖酐，冻干粉针制剂中使用了聚乙二醇和甘露醇，无菌粉末制剂中使用了聚乙二醇和乳糖，注射用浓溶液中使用了甘露醇、右旋糖酐和葡萄糖。对比文件公开了一种益气复脉注射制剂及其制备方法，生晒参2—4份、麦冬2—4份、五味子1—3份、黄芪2—4份、丹参3—5份、川芎1—3份制备而成，使用的有效提取成分分别是，水蒸馏法提取五味子和川芎，得挥发油和水提液，用乙醇超声提取生晒参、麦冬、黄芪、丹参以及五味子、川芎的药渣，得到醇提提取物，然后利用上述三种提取物制备得到水针制剂、输液制剂、粉针制剂，其中的粉针制剂中所加入的水溶性注射用药辅料选自甘露醇、右旋糖酐、果糖、葡聚糖、聚乙烯吡咯烷酮中的一种或几种。权利要求所要求保护的技术方案与对比文件相比，对于原料的提取工艺不同，使得药物制剂中所包含的提取物不同，例如对于人参（生晒参）来说，权利要求1乙醇提取后，药渣还进一步水提，制剂中既包含了人参的醇溶部分也包含了水溶部分，而证据1是将生晒参用乙醇超声提取，制剂中包含了生晒参的醇溶部分，没有生晒参的水溶部分；再如，对于麦冬、黄芪来说，权利要求1是水提取液，而证据1是醇提取液。审查决定认为在中药领域，水提和醇提虽然是本领域常规采用的提取技术，但是对于某一特定中药制剂来说，是使用原料的水提取物还是使用其醇提取物却不是公知的，而且本领域技术人员知晓，对于同一种原料来说，其水提取物和醇提取物所包含的有效成分一般是不同的，对比文件并没有给出可以采用不同形式提取物来制备制剂的启示，因而权利要求具有创造性。

◆ 例证2：申请号为00103132.5，权利要求请求保护一种宫炎平异形薄膜包衣片，其成分中包括地稔、两面针、当归、五指毛桃、穿破石，其特征是：制成1000片宫炎平异形片的原料为：地稔450g、两面针170g、当归140g、五指毛桃100g、穿破石140g；包衣液原料为：3%轻丙基甲基纤维素溶液100ml、吐温1ml、蓖麻油1ml、丙二醇1ml、滑石粉3g、粉红色素适量。对比文件1公开了一种宫炎平片，其中记载：宫炎平片，处方为地稔450g、两面针170g、当归140g、五指毛桃100g、穿破石140g，制法为以上五味，加水煎煮二次，每次2小时，滤过，合并滤液，浓缩至相对密度为1.25（55℃—60℃），加乙醇至含醇量达50%，静置24小时，滤过，滤液回收乙醇，浓缩至稠膏状，干燥，粉碎成细粉，加适量辅料，混匀，制粒，压制成1000片，包糖衣，即得。对比文件2公开了药用羟丙基甲基纤维素薄膜包衣的研究，其中具体公开了羟丙基甲基纤维素薄膜包衣的特点以及具体包衣液的组成。权利要求与对比文件1所公开内容的区别技术特征在于：片剂外的包衣和包衣液的组成不同。权利要求选择了20—40目筛和60—80目筛滤过，加辅料制粒后置于包衣锅进行喷雾包衣。然而，上述区别技术特征皆属于本领域的公知常识及常规技术手段，而将上述区别技术特征结合入所述产品的制备过程仅是本领域技术人员对所属技术领域内的公知技术依需求而进行常规选择即能得到的技术方案，无须创造性劳动。

在创造性判断中，本领域普通技术人员是不可或缺的。判断者要给出公正客观的判断，需要尽量排除判断者个体主观因素。在判断时需要提出“本领域普通技术人员认为……”，而不是“判断者认为 ……”的令人信服的观点。在创造性的实际判断中，本领域普通技术人员只是一些产生发明的技能的虚拟运用者，是这些技能的统称而已，不具有太多的实际意义。从例证 1 与例证 2 中，我们无法明确得出本领域普通技术人员所应掌握或理当不会掌握的知识与技能有哪些，即对其知识与技能的边界与高低仍模糊不清。

“本领域技术人员”应知晓其所属技术领域的普通技术知识，但是审查标准未对“普通技术知识”进行定义。按照通俗理解，其应该包含本领域的一般技术知识和公知常识。而公知常识应该包括技术领域的常识和生活中的常识。结合审查指南中关于以上几个概念的定义可推出，普通技术知识可以分为四种类型：（1）众所周知的事实；（2）所属技术领域和通用技术领域的惯用手段；（3）记载于所属技术领域和通用技术领域的教科书、工具书、技术手册等中的知识；（4）在技术快速更新的技术领域，记载于文献中被所属技术领域的技术人员广泛知晓的知识。然而，随着医药科技的迅速发展，以及普及知识方式的多样化，中药技术领域普通技术范畴越来越模糊。从实际审查的不同例证中可以看出，一些较为新颖的技术运用到中药中，例如 CO_2 超临界萃取法被认为是非常规技术，而水提醇沉或醇提水沉被认为是常规技术。但是，在如今医药产业技术领域，随着天然药物化学、中药分析、中药制剂等现代中药学科的快速发展，很多有效成分的提取分离以及精制分离方法已成为中药制备及制剂技术领域中的一般方法。仅考虑传统中药制备方法及常规技术，不将制药领域中快速更新的制备方法及制剂方法知识补充进中药知识领域，无疑有碍于中药技术创新的步伐。

中药领域的普通技术人员，根据审查指南广义的规定，其也具有应用该日期之前常规实验手段的能力、具有从其他技术领域中获知该申请日或优先日之前的常规实验手段的能力，但不具有创造能力。审查指南并未明确规定在“具有常规实验能力”“不具创造能力”之间的这样的一个“人”具体有着什么样的逻辑思维能力和多强的推导能力。同时，在现实情况下，不同审查员经验不一，具有中医药学习教育背景和不具有相关教育背景的审查员对同一问题的认识也会不同，通常情况下经验丰厚的审查员对于创造性的审查越审慎，因为他（她）知道中药发明并不像“看上去”那般容易，而经验不够丰厚的审查员则看什么技术方案都觉得“容易想到”，是本领域普通技术人员常规的技术手段或公知常识。由于本领域技术人员概念是抽象的，有了这个虚拟人物，判断者似乎可以站在第三方的角度观察（实质上是操纵）本领域技术人员的判断行为。现实判断者可以冠冕堂皇地将自己的判断结果通过本领域技术人员呈现出来，遇到挑战，那也是本领域技术人员的判断。因此，本领域技术人员就成了现实判断者的挡箭牌。[1]将尚未研究透彻的问题甩手交给拟制概念上的本领域技术人员解决处理，真的期望他能给出一个客观的判断结果吗？在这一点上，本领域技术人员概念无疑成为容纳未查明事实但又影响创造性判断结果的口袋，而这源于对创造性判断方法以及本领域技术水平认识的局限性。

4.4.3.2 同类型案件审查决定不一致

◆ 例证1：申请号为200510096360.7，一种治疗急、慢性前列腺炎的中成药，其特征是包括下列重量份的原料药：败酱草60—90份，丹参20—30份，赤芍20—30份，桃仁20—30份，红花20—30份，泽兰20—30份，石韦20—30份，没药4—6份，滑石8—15份。对比文件公开了一种前列平胶囊，其组方为败酱草702g、丹参234g、赤芍234g、桃仁234g、红花234g、泽兰234g、石韦234g、乳香47g、没药47g，权利要求与之相比仅增加了滑石。审查决定认为本发明的目的是提供另外一种治疗急、慢性前列腺炎的中成药及其制备方法，虽然现有技术公开了滑石具有利水通淋清热等作用，但并没有公开滑石可用于急、慢性

[1] 刘东华.本领域技术人员在专利创造性判断中的作用反思［J］.情报杂志，2016（35）：69.

前列腺炎的治疗，没有公开滑石与其他药物的配伍关系和在整个方剂中发挥的治疗作用，况且，本领域存在众多具有类似利水通淋清热功效的药物，本领域技术人员在无任何技术启示的前提下，难以从这些药物中单单选择出滑石加入证据 1 的组方中，以实现类似或相同的技术效果。据此认为权利要求具有创造性。

◆　例证 2：申请号为 200510096351.8，一种治疗癫痫抽搐、小儿惊风、面肌痉挛的药物，其特征是包括下列重量份的原料药：天麻 5—20 份，钩藤 5—20 份，僵蚕 5—20 份，黄芪 10—30 份，党参 10—30 份，丹参 10—30 份，柴胡 3—15 份，酸枣仁 5—20 份，远志 3—15 份，石菖蒲 3—15 份，胆南星 3—15 份，当归 10—30 份，郁金 3—15 份，制白附子 1—6 份，六神曲 3—15 份，甘草 3—15 份，冰片 0.2—2 份。对比文件公开了一种用于治疗风痰闭阻所致的癫痫抽搐、小儿惊风、面肌痉挛的痫愈胶囊，由天麻 10.5 份、钩藤 10.5 份、僵蚕 10.5 份、黄芪 14 份、党参 14 份、丹参 14 份、柴胡 7 份、酸枣仁 10.5 份、远志 7 份、石菖蒲 7 份、胆南星 7 份、当归 14 份、郁金 7 份、制白附子 3.5 份、六神曲 7 份、甘草 7 份组成，权利要求与之相比仅增加了冰片。审查决定认为冰片的添加没有为技术方案带来其所声称的引药入窍的作用，增加冰片也未使技术方案获得预料不到的技术效果，其疗效完全可以预期与原方无差别，而认定发明不具有创造性。

◆　例证 3：申请号为 93104666.1 一种防治婴幼儿腹泻、厌食症贴膏，其特征在于：以丁香、肉桂、荜茇、凡士林、羊毛脂、甘油、氮酮为原料。对比文件记载的治疗小儿腹泻的“椒桂香止泻方”包括胡椒、肉桂各 20g，丁香 10g。权利要求与之比较，可以看出，其区别包括权利要求用荜茇代替了胡椒。审查决定认为没有教导启示荜茇可代替胡椒，引入这些技术特征是本领域技术人员非显而易见的，且减小了单剂重量，具有有益的技术效果。

根据对实际审查案例分析，中药专利审查标准根据不同的区别特征存在不同的判断标准，对于不同区别特征判断的侧重点不同。例如，在组分替换、增加作为区别特征的发明审查中，创造性判断的侧重点在于非显而易见性判断，包括教导启示和本领域普通技术人员水平判断等；而在组分减少、改剂型作为区别特征的发明审查中，审查的侧重在于技术效果判断。同时，对于具有同样的发明点的发明，例如，在例证 1 与例证 2 中都是在固有方剂基础上增加了药味，例证 1 对技术启示的判断侧重对增加的药味与其他药物的配伍关系，以及在整个方剂中发挥的治疗作用是否具有教导启示；例证 2 对技术启示的判断侧重增加的药味所能达到的技术效果是否可被预期。

对于不同区别特征下的技术效果所应达到的程度，也有不同的要求，例如对于组分减少的发明，其技术效果达到与原有技术相当的水平，即可认为具有创造性；而在组分增加、替换的技术方案中，技术效果所应达到的程度有的要求高于原有技术水平，而有的在进行了非显而易见性判断后不再进行技术效果判断。同时如例证 3 中显示，技术效果的考虑不局限于治疗功效，还考虑了对于产品物理特质、质控方面的改进与提升，而审查决定反映出，对除治疗功效之外的其他方面改进的创造性判断标准也不是统一的，且这些基于不同区别特征判断的不同，只能从具体案例中加以总结，而在指南中并没有相应的明确规定，这对创造性判断造成了一定模糊性，不容易把握其标准适用的规律。

4.4.3.3　预料不到技术效果难以把握

◆　例证 1：申请号为 200910215815.0，一种复方血栓通中药制剂，其特征在于由下列原料制得的活性成分组成或由下列原料制得的活性成分加药学上可接受的附加剂组成：三七 500g，黄芪 160g，丹参 100g，玄参 160g，三七药渣粉 300—400g。现有技术公开了一种复方血栓通胶囊，其处方为三七 250g、黄芪 80g、丹参 50g、玄参 80g。权利要求相较于对比文件的区别在于三七药渣回填。该专利申请经历两次无效请求，第一次无效审查决定（2011 年第 4W101025 号）认为现有技术没有给出三七药渣可以回填某一组方原料中的教导启示，药效学实验证明了回填提高了全部药效成分的利用率，表明其具有更好的疗效，同时药渣的回填利用有利于提高产量，因而认定其具有创造性；而第二次无效审查决定（2017 年第 4W104928 号）认为药渣回填，加大一倍的处方用量，其所能取得的有益的技术效果是可以预期的，其并不具有预料不到的技术效果，因而不具有创造性。

在中药发明专利创造性审查中，对技术效果的考虑不够全面，有些案例对技术效果无具体的实验数据，有些案例有个别病例证实，虽然个别病例有时也可证实其技术效果，但无明确的实验设计。在进行创造性审查时，对于很多没有具体实验设计的中药发明，一般是从其理论描述上确定其技术效果，而缺乏对其描述的技术效果可信性程度的验证。同时对个别案例效果的验证，也没有明确规定应具体用什么方式，达到什么程度，有的案例审查中甚至认为只要符合发明的构成，即认可其预期的效果。

如果从不同审查路径出发很有可能作出不同的判定结果，如第 4W101025 号与第 4W104928 号是针对同一个发明专利的无效宣告，2011 年的无效决定中认为区别特征并没有受到现有技术的启示，且药效学实验已证明活性成分的利用率提高，在临床上有更好的疗效，因此认定专利具有创造性。这里并没有强调活性成分利用率的提高是否事前可以预知，只要实验已经证明了其具有有益的效果，更多是依从创造性判定的一般步骤来得出结论；而在 2017 年的无效决定判定中强调，即便专利证明了具有有益的效果，但是根据现有技术判断这种效果是可以被预期的，并没有达到预料不到的技术效果水准，而最终被判为专利权无效。预料不到的技术效果对中药专利来说是一个模糊、不能明确把握的概念，具体在案例中反映出了预料不到的技术效果认定因素包含了功效发挥与产业 / 商业效果两方面，但没有明确显示两者是否具有主次关系，或者应以何种价值取向衡量两种因素的作用。

4.5 现行中药专利创造性审查标准中存在的问题分析

4.5.1 价值取向已明显偏离中药创造性本质理论

创造性理论与原则在中药领域中的应用，主要体现在创造性高度的价值取向以及审查基准的制定。创造性审查的本质是衡量技术质变的程度，以区分真正的发明创造与普通技术性劳动。具体到中药领域中，创造性审查就是要将一般的中医药理论应用与科研创新区分开来，将单纯的中医药技术工艺与创造性发明区别开来，以充分体现出中药科研成果中的学术造诣。在这个本质要求基础上，中药创造性高度的价值取向，第一应有助于增加有用的中药知识存量，以实现社会利益最大化；第二应有助于防止类同专利、简单改进专利等发明成本搭便车行为；第三应符合实际中药技术创新的要求，体现真正的中药技术创新本质。

但从目前中药专利创造性高度的价值取向来看，并没有全面考虑创造性的理论本质，创造性高度被简单运用为调整专利数量的政策“指挥棒”，当中药专利数量水平低或大环境局势需求下，专利授权审查标准即被放宽，审查实践中对各考量因素采取模糊处理，例如2000—2005年间大量授权的中药专利；而当中药专利数量增势迅猛时，为防止“专利丛林”现象则收紧创造性审查标准，例如在2011年以后收紧授权标准，2015年以后更加形成了中药、食品及冶金原则上不授权的内部标准控制。对中药专利创造性高度价值取向的选择简单归结为设定门槛的高或低、要求宽或松。实际上，中药专利创造性高度价值取向不应仅限于调整专利数量，创造性高度设定考虑的不应仅为门槛的高或低、要求的宽或松，不应单纯以授权率为“指挥棒”而进行调整，而是要回归创造性理论的本质，从技术价值角度考虑设定创造性高度，不论在任何时候，不论整体专利数量多少，创造性高度都应符合中药技术发展的方向，确保创造性高度的设定能够适应中药技术要求，并不断激励真正的技术创新。

通过本章对中药无效案例的模型分析与数理统计，证实了现行中药专利创造性审查标准范式在实际运行中存在问题，其中以复方和制备方法为保护客体的发明问题尤为突出，原因即在于对创造性价值的衡量取向已然偏离其理论本质，没有根据技术特征制定审查标准，现行标准只能按照政策要求掌握运用尺度，在具体审查实践中与中药技术要求脱节，两者不能相互适应并相互促进，直接影响到专利制度在中药领域中的运用情况。

4.5.2　中医药技术理论与专利制度逻辑存在冲突

中药专利创造性审查问题产生的根源，在于中药技术与化学药技术从理论本质上存在不同，但在实际审查中套用或借用化学药审查标准，这套审查标准适合于化学药技术，其与中药技术之间存在诸多的不兼容，中药的技术特殊性在专利审查中没有给予体现。现有的药品专利制度的规定和实践主要基于西药（主要是化学药品），但是由于中药的独特特征，现有的药品专利制度与中药技术之间存在矛盾。

中药技术理论采用“气”“阴阳”“五行”等传统医药理论。概括其特征主要有如下内容：（1）整体观。认为人体是一个物质与精神统一的有机整体，形成有别于西方组织解剖学定位的“脏腑经络”“气血津液”“四肢百骸”等生理特征。强调通过中药方剂中多种成分对身体的多项调节作用达到调动机体内因、调整机体平衡、祛病养生的目的。（2）和谐观。中医药是用人文科学的理念构建起自然科学的理论体系，讲究“中庸之道”以及“万物负阴抱阳以为和”。中医药把“调节平衡”“扶正祛邪”作为保持健康和治疗疾病的主要原则，而不用“对抗”和“杀死”作为征服疾病的手段。它的思路是运用中药或其他诊疗手段调动人体修复力，增强人体抵抗力，把病态调节到自稳态。（3）辩证观。运用中医药理论对病人进行具体的个体化分析，强调因人、因时、因地制宜，重在研究和把握不同的疾病在不同个体、不同时间、不同季节、不同气候和地理环境下，发生、发展、演变的客观规律，以及所反映出的不同证候特点，具体情况具体分析。（4）治疗观。十分强调“未病先防”和“已病防变”的治病思路，通过“望闻问切”施以方剂等其他治疗手段。中药的主要表现形式就是方剂，其按照“君臣佐使”的原则配伍，以“方证对应”作为辨证论治的基本思路，以“调节平衡、扶正祛邪”作为遣方用药的原则，在体内发挥综合效用，既能治愈疾病，又很少产生副作用，决不是简单的“以毒攻毒”。

首先，中药和专利制度之间冲突问题来源于中药特殊的医学理论与治疗逻辑。中药将人体视为内在关联的整体，在“辨证论治”等中药传统理论的指导下进行疾病的诊断和治疗，与西药直接针对疾病治疗不同，中药用药体现为对“证”采取治疗，及所谓“西医治标、中医治本”。上述中药的特有理论从深层次对中药的专利法实践产生了影响。从医药专利“三性”的角度，除了新颖性，实用性和创造性这两项表征均需要药品发明提供一定的疗效说明。中药重视整体的医学疗效，而缺少如西药的数据化分析。中医理论又趋向个体化的诊断和治疗，所谓“辨证论治”即是基于对具体病人个体特征为基础的治疗。由此，中药的复方在很多情况下，缺乏动物实验设计以验证其技术效果，同时大多数中药是从临床中总结出来的，具有经验性而非科学试验性特征，这使得其临床效果的验证也达不到现代药效学实验数据的要求。

其次，中药现有的药方包含大量的传统知识。中药用药历史源远流长，在实践中积累了大量的中药经典方剂。这些中药经典方剂大量存在于中药古籍或者以祖传秘方的形式存在于民间。近年来，随着对中药传统知识保护的日益重视，各类机构开始建立中药数据库，大量存在于民间的中药经典方剂亦被收入上述的数据中，成为中药经典方剂保存形式。根据新颖性的要求，专利申请的标的必须未被公开发表或者使用，否则属于不具有新颖性的现有技术。对于中药经典处方而言，其大部分已经广为流传，或已被记录于中药著作和数据库，从而不再符合专利法意义上的新颖性。

最后，在物理特性方面，中药药品的化学构成往往难以界定。西药通常具有较为清楚稳定的化学成分或者有效成分，但是对于中药而言，无论是中药单方还是复方，其往往具有极其复杂的成分构成，从而难以确定其化学成分。专利申请和保护的前提之一是专利申请人必须清楚并准确地定义其发明，以便确认中药发明的授权和保护的范围。中药的上述特点为中药专利的取得和保护带来困难。

4.5.3　对中药技术特色的认识存在偏差

中药组方发明的创造过程首先是诊断证候，然后要根据诊断的证候辨证施治，给出治法治则，例如诊断为气虚血瘀证的要补气活血，阴虚阳亢证的则要滋阴潜阳，最后根据制定出的治法治则遣药组方。在治法治则明确的基础上，中药组方的过程表面上貌似非常容易。例如，对于需要补气开窍、活血化瘀的治则，只要从补气药、开窍药、活血药中各选几味，就可组成上百个方剂，同时这些药味间通常均可以配伍，没有使用禁忌。但是补气药在中药学中有黄芪、人参、党参等至少多达 16 种，开窍药有冰片、降香、檀香等至少 10 种，活血药就更多了，至少有 20 种，如不考虑组方疗效，随机组合都能够成为符合中药理论治法治则的方剂，但是这些组合每一个处方都有效吗？绝不是的。中药有效组方的筛选需要几个关键的步骤，首先应当是辨证准确，如果开始辨证错误则会将整个发明引入错误的道路，假使气虚血瘀、蒙蔽心窍的辨证正确无误，下一步则是备选多个方剂组方，经过临床实践验证，反复试错并调整药物和用量，并通过大量病人的使用加以验证。

此外，在相同治疗原则前提下，不同的发明者根据现有技术记载选择药物进行组方，所得到相同处方的概率很小。这好比在 0—9 之间任意抽取三个数字组合后得到的三位数与一个已知的三位数相同的概率为 1/900。以天士力集团开发的复方丹参滴丸为例，其专利申请的有效处方为丹参、三七、冰片，以 10 个备选药物为例，现有技术可选药物数量仍太多了，其他可供备选的药味包括太子参、川芎、红花、桃仁、赤芍、乳香、当归、冰片、降香、檀香等。这个时候，中医药理论指导能否降低难度概率？答案是否定的，因为中医药理论看似易于把握，任何人翻开中药学书本，通过记忆背诵都能够掌握每味药的性味归经，但这些理论在发明过程中并不能够指导发明者有效地做出组方选择。因为中医药是一种经验科学，真正有效的处方来源于临床，有效验方是经过反复试错，总结经验，大量临床使用验证而获得。中医药理论可以指导临床实践，但更多情况下是用于解释临床实践，即使在中医理论指导下，本领域普通技术人员可以获得符合理论原则的处方（理论上有效），但是获得一个临床有疗效的处方不是必然结果，特别是疗效可以重复验证的处方仍是不容易的事情，而筛选并验证中药有效处方的过程也最能够体现出中药技术的特色，应当保护并挖掘其中所包含的中药技术价值。

第五章　中药专利创造性审查标准的趋势与思路

通过对实践审查案例我们总结出现行的中药专利创造性审查标准，并通过数理统计与回归分析对此标准运行的规律与质量进行了分析，从法律实证角度揭示了运用目前的中药专利创造性审查标准带来的问题及其原因。结合对创造性理论、中药产业经济与技术创新需求的分析结论，本章主要分析如何对现行创造性审查标准进行调整，以使其能够适应中药技术的发展需求，并真正发挥促进中药产业经济的积极作用。

5.1　中药专利创造性审查标准的基本原则

基于前文对中药专利创造性审查标准运行现状的揭示与实证分析，发现现行中药专利创造性审查标准最突出的问题在于专利保护模式不能反映中药复方技术创新实质与特色，目前的审查标准框架要求也没有完全涵盖应保护的所有中药创新类型，不利于中药的传承与创新。问题的根源在于中药技术与化学药技术从理论本质与研发思路及方式上都存在不同，而现行审查逻辑是基于化学药技术提出的，中药专利在实际审查中套用或借用化学药审查标准，其本身的中医药理论与现行审查制度逻辑存在冲突，中药的技术特殊性在专利审查具体操作中也没有给予体现。因此，本书提出完善中药专利创造性审查标准的路径为：从理论选择与规则建立两方面分析问题的表现形式与原因，以突显中药技术自身特色为导向提出相应的解决性措施，目标是通过完善中药专利创造性审查标准来促进中药产业高质量发展。

5.1.1 以体现中药创新技术本身特色为导向

无论现代医学，还是传统中医药学，都在为当代卫生事业做着特有的贡献。同时，作为生命科学的现存形态，都需要不断创新和发展。中药不该因为人为制度缺陷而使其无法通过自身更新发展而被淘汰。我国目前的中药专利保护存在诸多缺陷，使专利人的一些权益难以得到有效的保护，不利于中医药创新能力的提高。借助专利制度建立我国特有的中药专利保护体系，可有效改变我国目前中药专利保护不力的状况，加速中医药的发展。对于中药专利创造性审查标准的完善，从整体上要以中药专利质量为出发点，力求解决现行中药领域专利审查中面临的困扰多年的突出问题，[1] 尤其是无效复审及司法诉讼案件中围绕的有关创造性审查的争议点；同时，破除单纯地利用创造性标准作为调整专利数量、唯“授权率”为“指挥棒”的政策思路，回归从技术价值角度考虑创造性标准适合性的思路。创造性标准设定不仅仅是门槛高或低、要求宽或松的问题，同样存在衡量技术的标准是否“适合”的技术本身的问题，无论在任何时候，无论中药整体专利数量多少，创造性标准设定都应符合中药技术发展方向，体现中药技术本身的特色，确保创造性高度设定能够适应中药技术要求，并能够促进中药技术的传承与发展。

5.1.1.1 措施一：突出中医药理论与整体观思想

中药领域的专利审查标准坚持遵循中医药理论体系和发展规律，力图尊重并体现中医药发明创新的特点和方向。专利审查指南中没有针对中药专利的专门标准，而是按照化学药物的标准进行，而中药本身并不适合这样的标准，需要构建符合中药自身特征的审查标准，从而引导中药创新的发展方向。

[1] 冯小兵．“中医药领域热点研究”导语［J］．专利代理，2018（3）：14.

专门标准可从以下几点构思：（1）将中医药理论与原则融入专利创造性判断要求中，使中医理论与中药本身都可借助专利机制而获得创新与发展。中医药理论具有整体观、和谐观及辨证治疗观特征，在专利审查中运用中医药理论来判断其创造性，可以克服专利制度僵化、机械的内在缺陷，增加人性化、社会化及整体性的成分。（2）鉴于中药整体观的治疗特征，在中药技术方案的创新评价中，强化在是否能够“提高疗效、减少不良反应、改变主病主证”等药理学、药效学及临床方面的验证要求，适当弱化对现有技术是否为要素加减、参数改变提供教导启示的判断。

5.1.1.2　措施二：明确中药技术领域创新的具体形式

中药专利创造性判断中会涉及许多技术方面的问题，现有专利法规定及专利审查指南不能全面回答如何表达关键技术、现有技术的公开程度、技术效果验证要求及程度、本领域技术人员水平范围等问题。这些复杂的科学要求都必须通过制定适宜的相关标准来细化衡量。有了这些具体的标准，在执行中药专利保护的相关法规及在申请与审查过程中，才能有据可依，提高专利审批的透明度和效率，降低中药专利侵权纠纷的发生率，切实增强中药专利保护法规的操作性。因此在中药这个特殊技术领域，要完善其创造性审查标准应根据其技术自身特色作进一步细致性规定，否则在具体运用与实践中容易产生模糊性，不得不再去套用化学药领域的一些规则。

5.1.1.3　措施三：摆脱中药专利撰写的组合物模式束缚

专利质量主要由专利申请质量和专利审查质量共同决定，而专利申请质量又主要取决于发明创造水平和专利撰写水平。合理的专利创造性授权标准会引导创新活动的方向，从而优化专利申请质量。

对于创造性审查标准的完善，要注重通过标准的制定，对中药专利的撰写提出专门的要求，引导中药专利撰写逐步摆脱对化学组合物的模仿。[1]可突

[1] 张晴，王菲，白雪．论中药专利申请过程中存在的问题及对策［J］．辽宁中医药大学学报，2012，14（3）：144-148.

破目前广泛采用的以制备方法表征产品的方法，设计一种专门适用中药专利的表征与撰写方法，引导中药专利撰写摆脱周边限定方式的约束。清晰划分出中药专利与化合物专利的区别，以是否利用次生代谢产物表征作为划分依据，如果技术方案以次生代谢产物表征则将其划到化合物领域，如果技术方案仍以组分中药药味名称表征则为中药专利。具体撰写方法可不再以技术方案整体的上位概念与区别特征构成必要技术特征为主，而是以引证现有文献构成发明基础，并详细阐述背景基础知识，包括方解理论、药材产区等，接着描述在引证文献基础上所做出的改进，所述改进要以详细的实施例与效果数据来表征，效果数据包括对发明基础与改进间的对比实验数据，以此验证所述改进后的技术方案有利于提高疗效、减少不良反应、改变主病主证等。此外，还要继续加强对审查员的培训，扩大审查员的知识面，引入技术调查官或顾问团。细化审查员专业领域分工，建议审查员可长期专门处理较窄子领域的专利申请案的审查，使得审查员所要求掌握的普通技术知识相对较少，相对降低对审查员记忆能力和知识面的要求，从而一定程度地避免易得性偏差。

5.1.1.4　措施四：加强对中药发明临床疗效的要求与采纳

中药的技术特色蕴含在医疗实践与应用中，而且中药技术发挥最能彰显其价值的地方在于疗效。虽然对于药品发明的创造性判断来说，技术效果的认定可以是在疗效、产品特质或生产状况改善等任何方面，但对中药发明来说，根据其技术本身特色疗效是最为重要的技术效果因素；同时，由于在中药研究中实验与实践应用常常是统一的，二者并不存在明显的阶段性划分，对中药疗效的认定也应以临床疗效为主，弱化对于单一药理指标性实验数据的依赖程度。临床疗效的认定方式不仅包括现代的临床试验，以临床试验数据作为具体的判断客体，也包括传统的临床实践应用，以行医资料、应用记录等作为具体判断客体。

5.1.2　以促进中药产业高质量发展为目标

任何技术领域的发明活动都是连续的，每个发明都可能获得专利保护，但当下一个发明产生，过去发明人的累积利益被清零，最新发明人成为新的受益人。当研发机构投入研发时，并不知道计划中的发明是否能获得专利，也不知道发明规模和盈利水平。在这种不确定情况下，投资研发的激励依赖于发明人的预期利益，而预期利益则取决于专利性的高度，尤其是创造性的高度。专利性条件中创造性的要求越高，当前发明获得专利的可能性就越弱，而且也会减少下一代发明获得专利的可能性，[1]而构建合理的专利创造性制度可以消除私人协商的阻碍，继而减少和解决交易成本带来的问题。[2]

5.1.2.1　中药技术产业的盈利效益正在下行

产业运行效果最直观的是根据产业经济数据来反映。中药产业是我国具有战略意义的优势产业。据统计，[3]从2009—2018年的10年间，中国医药领域高技术产业主营业务收入位居前三的分别为化学药品制造产业、中成药制造产业，以及生物、生化制品制造产业。其中，中成药制造业主营业务收入一直仅次于化学药品制造业数据，长期保持位居医药制造业领域第二位。十年的前五年，化学药、中成药及生物药主营业务收入都保持增长态势，从增长速率来看，化学药与中成药增长速率持平，生物药略低；但在后五年，三大制造业收入增长放缓，与化学药及生物药相比，中成药制造业甚至出现明显的收入下降态势（见图5.1）。

---

❶ Hunt R M. Patentability, industry structure, and innovation［J］. The Journal of Industrial Economics, 2004, 52（3）: 401–425.

❷ 罗伯特·D. 考特，托马斯·S. 尤伦. 法和经济学［M］. 施少华，姜建强，等译. 上海：上海财经大学出版社，2002: 74.

❸ 统计数据来源为国家统计局网站的国家数据查询平台，参见 http：//data.stats.gov.cn.

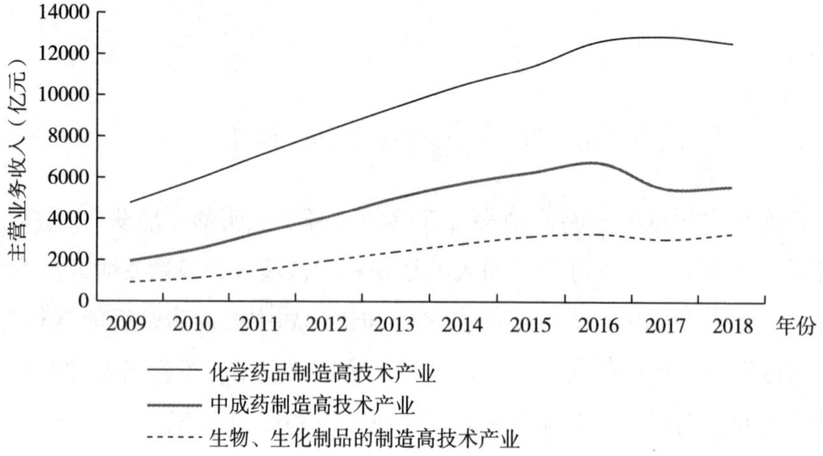

图 5.1　2009—2018 年主营业务收入前三位的医药领域高技术产业

在所有中药加工药品产业中，中成药制造业的利润份额最大，其次是中药饮片加工产业（包含中药配方颗粒）。2010—2016 年，中成药制造高技术产业与中药饮片加工产业的利润额总体呈现增长态势，且增长趋势较为明显，总利润额从 351 亿元增长至 900 亿元，年增长幅度超过 10%；但自 2016 年开始总利润额明显下降，且中成药产业利润额减少的幅度要高于中药饮片加工产业的利润额（见图 5.2）。

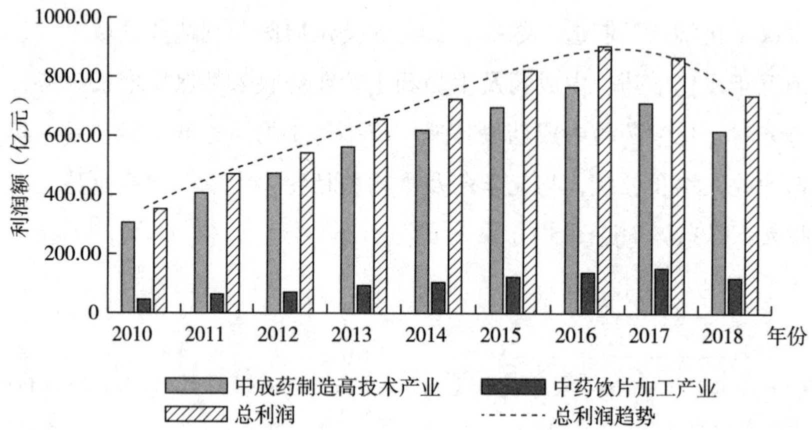

图 5.2　中药加工产业利润额变化趋势

同时，统计中成药制造高技术产业企业数量的变化情况。[1]2010—2011年，中成药制造高技术企业数量有所下降，其原因主要是《药品生产质量管理规范》（GMP）2010年修订版颁布后，快速拉高了中药制药行业门槛，提高了中药制药企业生产管理的规范化、药品质量与安全性。不合规的小型中药厂在这两年间陆续关停，行业经历了淘汰期。此后从2012年开始，中成药制造企业一直处于稳步增长时期，但从2016年之后企业数量又显示出减少趋势，这与中药制造业主营业务收入及利润额的下降有相关性，很多小企业因此破产关停（见图5.3）。

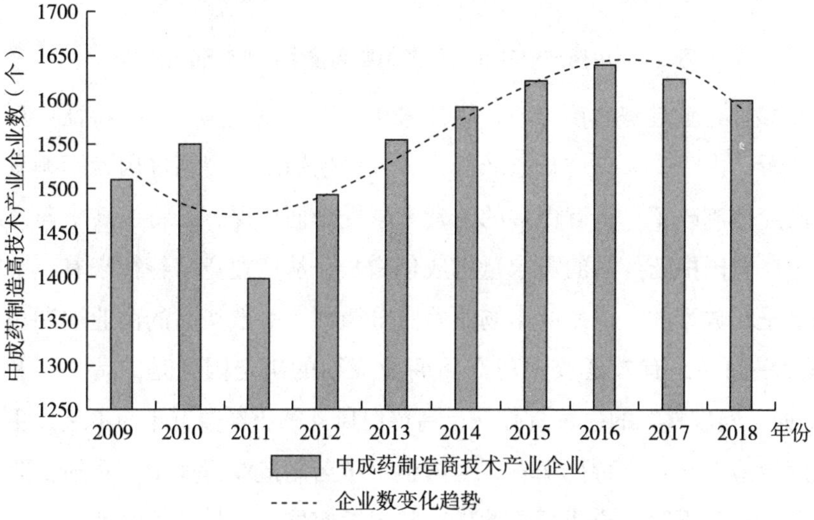

图5.3　中成药制造高技术产业企业数的变化趋势

从医药领域高技术产业总利润来看，虽然2018年相较于前一年利润额有所减少，但从2010年开始医药工业利润整体趋势一直处于增长阶段。但整个中药产业利润额所占医药工业整体比值，却在2015年后就开始明显下滑，并且减少幅度逐渐增大。2016年中药产业利润率占医药工业总利润的29.0%，但在2017年降至26.0%，2018年降至23.8%，这其中中成药利润两年来累计已下跌23.3%，中药饮片加工产业利润两年来累计下跌10.5%（见图5.4）。

[1] 统计数据来源为国家统计局网站的国家数据查询平台，参见http：//data.stats.gov.cn.

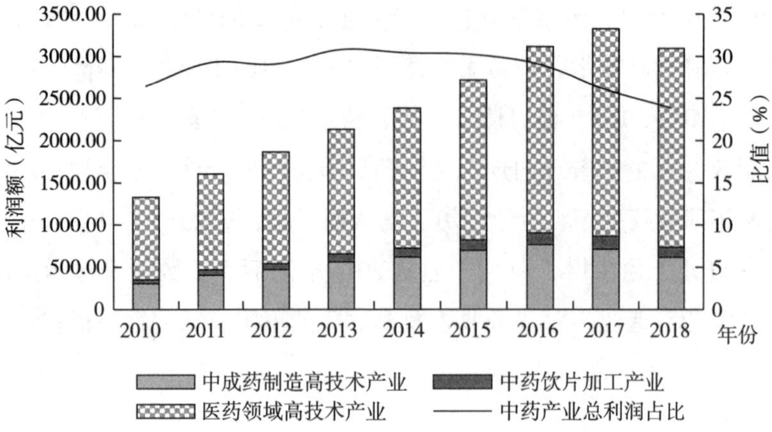

图 5.4　中药产业利润占医药领域高技术产业利润的比值

从整体产业趋势角度分析，近年来中药产业发展具有如下特征：从需求特征来看，由于受人口增长、老龄化、人民生活水平提高等因素影响，并且随着医疗体制改革，将有更多的消费者享受全面医保，必将提高中药产品的消费量，全国中药产品的需求量将成倍增长；从产业竞争特征来看，中药产业基础是粗放型的，产品的市场竞争十分激烈，一般产品的商业周期短，特别是大宗制品，有效延长中药产品商业周期的决定因素是"品牌"和"特色"，如"同仁堂"的牛黄清心丸、乌鸡白凤丸等历经数百年而不衰，主要还是品牌效应；从生产特征来看，全国整个中药制造业行业中，亏损企业数量的比重在逐年下降，说明行业的生产状况稳定发展；从政策特征来看，国家加大对中医药发展的支持力度。因此，综合以上特征来看，中药产业发展仍处于成长阶段，未来发展速度将会进一步加快，产业发展将会向规模化、集约化以及专业化方向发展，随着国民经济的发展，中药产业需求将会保持较快速度增长，产业发展空间非常大。

虽然发展趋势及潜力是乐观的，宏观政策层面也加大了对中医药事业发展的支持力度，但从以上实际的产业运行数据可直观发现，2015 年以后中药产业总利润、企业数量以及所占医药工业利润比值都开始明显下滑，与化学药品产业数据的差距越来越大，产业经济数据与《中医药发展战略规划纲要》中提出的"在 2020 年中药产业占医药行业产业的比重达到 30%"的目标越来越远。中药产业收入及利润额的下降，一方面受整体医药产业增长值放缓影响，与药品生产成本（生产资料）、同类产品市场竞争以及药品流通领域实行“两票制”与“零差价”等因素均有关。中药产业从药材种植源头开始的法规要求不断提高，中药产业生产成本持续提升，同时从2017年以来，综合医改试点省（区、市）、公立医院改革试点城市的公立医疗机构及部分其他地区医疗机构开始推行药品采购“两票制”，使得整体药品价格进一步降低，均使得中药产业收入与利润下降。[1]另一方面原因，不可否认从1996年国家正式启动中药现代化发展战略至今的二十多年间，中药产业自身积累了很多弊病，包括自主创新动力不足，追求规模、忽视创新，仿制药占绝大多数，同质化竞争日趋激烈，中药创新产品结构失衡，新药研发成果大量流失，低端供给过剩和高端供给不足同时存在等现象，已严重阻碍了中药产业的健康发展。因此药监部门对中药新药的审批态度已回归谨慎，新药注册数屡创新低。中药产业若要打破发展瓶颈，实现营收与利润额的持续增长，关键还是要依靠创新推动中药高质量发展。

5.1.2.2　中药专利创造性审查标准对产业利润影响深远

为分析中药产业利润与专利创造性标准之间是否存在一定的关系，以中药专利数量与专利授权率作为反映创造性标准高低的指标，分别将二者与产业利润进行比较。

对比2009—2018年来中药专利数量与产业利润额变化（见图5.5），[2]2009—2015年中药专利数量快速增长期间，中药产业利润额也处于持续增长期，提示中药专利在产业发展中起到了一定作用，可能是促进利润增长的驱动因素之一，2015年以后随着专利质量提升工程的实施，中药专利审查标准收紧，中药专利数量减少，中药产业利润额也停止增长。总体来看，专利数量变化在前期对中药市场及产业盈利能力产生了一定的影响作用，其后续作用还有待进一步观察。

---

[1] 八部门推药品采购“两票制”降低药品虚高价格［EB/OL］.［2019-12-11］. http：//www.xinhuanet.com/politics/2017-01/09/c_129437908.htm.

[2] 统计数据来源为国家统计局网站的国家数据查询平台，参见 http：//data.stats.gov.cn.

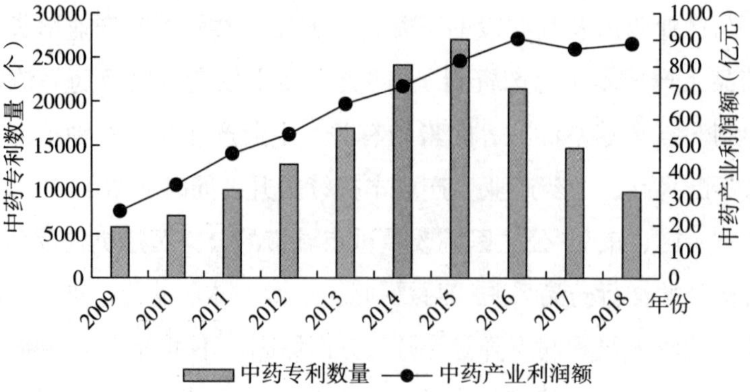

图 5.5　中药专利数量与产业利润额的变化趋势

进一步对比 2009—2018 年来中药专利授权率与产业利润变化（见图 5.6），2009—2011 年中药专利授权率增长，产业利润额也在增长；2012—2016 年中药专利授权率持续下降，而产业利润额保持持续增长；2017 年以后中药专利授权率又开始增长，产业利润额先停止增长，但从 2018 年形势来看，仍有增长的趋势。以上现象提示，2011 年以前授权的专利与产业增长可能具有相关性，对产业经济增长发挥促进作用；而此后直到 2016 年，中药专利质量下降明显，对产业的促进作用不大；随着专利质量提升工程的实施，2017 年开始中药专利数量已明显下降，专利质量有所提升，对产业经济有促进作用，预计今后会继续发挥对产业的促进作用。

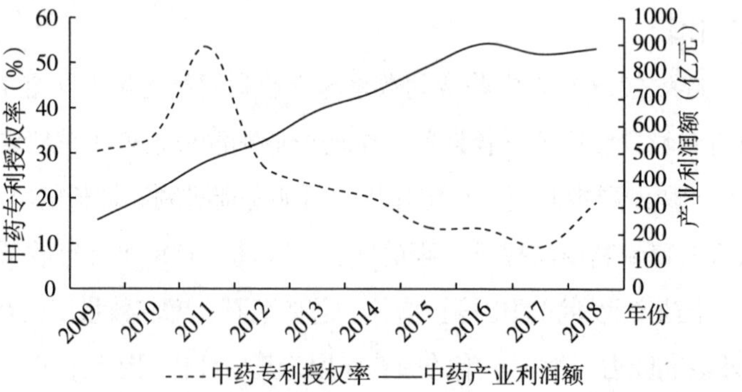

图 5.6　中药专利授权率与产业利润额的变化趋势

以上专利数量及授权率与产业利润额的对比，反映出在前五年，中药专利数量优势可能还能够对中药产业发展起正向促进作用，但从后五年开始，中药专利数量对产业发展已不能起到促进作用，反而会带来负面影响。而专利质量对产业发展的影响正好相反，近年来对中药产业发挥积极影响作用。

对中药专利质量的控制，最直接的方法就是制定与产业经济发展水平相适应的审查标准，其中最重要的就是创造性标准。随着科学技术的飞速发展，技术创新越来越难，尤其是在医药领域，创新药物研发周期长、费用高，研究人员要承担巨大的失败风险。在产业经济发展初期，创新能力较低，经济基础薄弱时，适当降低创造性审查标准，有助于鼓励创新研究；随着科技进步，经济发展，企业的创新能力有了很大的提高，适度提高创造性审查标准，提高专利可授权的门槛，有利于挤压专利泡沫，排除无价值低水平专利申请，保证专利授权质量和稳定性。从长远看，应制定与产业经济发展水平相适应的创造性审查标准，尽量摒弃低水平、低价值、无创造性专利申请，有利于提升中药专利质量，也有利于激励中药产业持续进步。

5.1.2.3　调适中药专利创造性审查标准以激励市场主体获取预期利益

创新既包括知识创新（含科技创新和文化创新），也包含制度创新（含法律创新、政策创新、体制与机制创新等）。历史上看，专利制度的发展与完善，不仅是现代科技强国和经济大国推动的结果，还要根据国家不同发展阶段的不同发展需求对知识产权保护作出有选择性的制度安排。专利审查标准作为专利制度的一小部分，对其理论及规则进行的调整也要符合这一基本要求。同时在发展理论中，经济增长、知识创新与法治建设应形成相互作用、相互促进的协调机制。在技术创新、经济发展、法治建设的协调体制中，经济处于中轴的地位，技术与法律为之进行曲线偏向摆动。其中，技术进步是经济增长的动力机制，法治建设则是经济增长的保障机制。[1]因此，中药专利审查制度也要以促进中药经济增长为目标，尤其在当前国情形势下，中医药

---

[1] 吴汉东．知识产权法的制度创新本质与知识创新目标［J］．法学研究，2014（3）：6.

事业发展已提升为国家战略发展目标之一，[1]同时也是健康中国建设中的任务，推进中医药继承创新从而促进中医药产业经济增长是发展中医药事业的重点。中药专利创造性审查标准应适时地作出相应调整，创造性审查标准不应仅作为约束机制而发挥作用，还应该发挥激励机制作用，具体来说应当让中药技术领域人员能够从既定标准中获得预期利益，这样才能鼓励更多企业积极投入研发，促进中药产业经济增长。

5.2　中药专利创造性审查标准的基本思路

5.2.1　本领域技术人员应是具备现代药物知识的中药技术人员

本领域技术人员是创造性判断中拟制出的主体概念，审查实践中难以把握所指判断主体的静态知识范围与动态技能水平，对这一概念作具体要求有助于提升中药发明创造性判断的客观性。建议在目前所采用的知识与技能范围基础上，增加“掌握中西医结合临床诊疗基本知识与技能”的要求，即要求本领域技术人员应当是具备运用现代药物知识与诊疗技能的中医药界人员，同时制定明确的中西医病名对照表以供审查员及申请人参考。

中华人民共和国自建国以来，长期实行中西医结合的方式诊治疾病与研发药物，中西医结合诊疗与研发中，虽然常见疾病的中医与西医名称、病理机制根据各自的理论而有所不同，但在名称与基本症状表现方面已达成“通约”。例如，中医上的痹症即为西医所指的风湿病，中医上的风眩即为西医所指的高血压。依据中西医结合诊疗基本知识，对常见疾病的病名与基本病症表现，在中医与西医领域都能够实现相互对应。增加这一要求有助于防止发明通过采取同一疾病在中西医领域不同的表述方式来提出申请的情形。此外，中药制药领域的技术人员都已掌握了现代制药与制剂工艺技术，对于中药材

[1] 参见：中医药发展战略规划纲要（2016—2030年）[EB/OL]. http://www.gov.cn/zhengce/content/2016-02/26/content_5046678.htm.

中主要有效部位的提取、分离及纯化工艺早已成为教科书的内容；同时中药片剂、胶囊剂、冲剂等常见的现代剂型工艺，除非结合有效成分的特性实现了独特的治疗效果，否则都应被视为普通技术人员所掌握的技能范围。

5.2.2　现有技术的选择应当从解决临床实际问题入手

依据现行中药专利创造性标准，审查员经过检索需从现有技术中选择其中几个作为对比文件，这通常作为“三步法”判断的第一步。在进行现有技术对比时应当考虑中药复方证候治疗的整体性机理，以分析发明本身的技术方案为起始，再检索确定对比文件，在具体的对比中，不能首先关注药味组合的区别特征，而是先看所针对的病症。对病症进行对比时，应既想到中医领域的“证”，也想到西医领域的“症”，病症对比清楚后再进行药味组合与配伍的对比，且在进行药味对比时，也应该考虑到中医或西医理论各自的治疗机理，以此才能够对技术领域和解决的技术问题进行整体性对比。中药创新的技术特色通常体现在“辨证论治”“临证加减”上。在辨证或阐明治疗机理基础上形成组方思路，再通过临床应用或试验加以验证或进一步完善，这是很多组合物中药创新的基本过程与方法。因此对发明本身的分析与理解很重要。与现有技术进行对比时，应从把握发明实质的角度出发，不应过多关注现有技术中披露发明的技术特征的数量，在具体判断中应首先从技术领域和解决的技术问题入手，而不能先去关注具体的区别特征。

对于现有技术是否对区别特征提供了技术启示的判断，应当以区别特征为技术手段，选择解决了与本申请相同/相似的技术问题或达到了与本申请相同/相似的技术效果的其他现有技术作为技术启示来源。对来源于最接近的现有技术、教科书、工具书、文献等的技术启示，应着重考虑技术启示与选择动机之间是否存在相关性。中药组方的每味药材都是已知的，每味药材都各有性味归经、主治功效，而这些知识也都是已知的，对于组方发明的区别特征而言，很多增加、替换或是减少的药味，其主治功效或针对某类病症的作用机理可能已公开，这时候要防止审查员做出“存在即有启示”的判断，而是要根据技术方案“理、法、方、药”整体构思，考虑该“技术启示”是否与选择动机之间存在相关性，然后再作出判断。例如，某发明是一种治疗妇女乳腺增生的中药制剂，其特征之一在于由香附、橘叶、夏枯草、丹参、土贝母、延胡索、月季花配伍而成，审查员所用的对比文件 1 公开的治疗妇女乳腺增生的组方为丹参、夏枯草、橘叶、红花、郁金、皂角刺、香附、地龙；对比文件 2 公开的治疗乳腺增生的组方为瓜蒌皮、蒲公英、赤芍、土贝母、柴胡、延胡索、丹参。审查意见认为对比文件 2 给出了土贝母、延胡索可以和丹参等药物配伍治疗乳腺增生的启示，因此在上述技术启示下，为了增强组方活血行气止痛的功效，本领域技术人员有动机在对比文件 1 公开基础上加入土贝母和延胡索，因而认为权利要求不具有创造性。但在对比文件 2 中只有土贝母、延胡索和丹参可以一起使用的启示，没有发明技术方案选择土贝母、延胡索的启示，并不能必然得出：本领域普通技术人员有动机在对比文件 1 公开的组方中加入土贝母和延胡索。这个启示和选择不具有关联性，是因为中药技术领域，发挥相同主治功效药材选择很多，为了增强活血理气的作用，也还有其他很多种选择，如可以选赤芍（活血）、柴胡（理气），但为什么选择土贝母、延胡索，则正是因为临床应用或试验中取得了良好的治疗效果，选择土贝母、延胡索的动机并不是来自于现有技术公开的启示，而是来自于研发试验与应用过程。

5.2.3 非显而易见性应当着重于其治疗技术效果的判断

在明确了本领域技术人员水平范围与现有技术基础上，结合发明整体解决的技术问题判断现有技术是否为区别特征的提出提供了技术启示，对中药发明来说，非显而易见性判断重点应当落脚于所产生的技术效果判断。

对于发明技术方案所产生的技术效果的判断，说明书所记载并证实的任何技术效果都可以作为重新确定技术问题的基础，通常包括但不限于增强疗效、降低毒副作用、改变适应症、扩大治疗范围或简化组方以节省资源等方面。但是，针对中药复方改进发明（加减方）的创造性判断，应当考虑对以上所指技术效果分清判断主次。例如，针对加减方，考虑以是否改进治疗功效，是否提升产品特质，是否改善生产过程为次序逐步考虑其技术效果。虽然在审查实践中，技术效果考虑的因素较为广泛，但总结目前考虑的所有因素总共可分为治疗效果、产品特质与生产过程三大类。治疗效果增进包括增强疗效、降低毒副作用、改变适应症或扩大治疗范围等；产品特质提升包括提高有效成分的纯度、浓度，促进药物的崩解、释放或吸收，或是在药品物理特性方面做了相应的改善，有利于质量控制、稳定性、口感或服用方式等；生产过程的改善包括降低成本能耗或危险因素，提高生产周期、效率或产量，在环境保护与原料资源的可持续利用方面的改善等。从这三类能够体现出的中药发明技术方案价值发挥来说，存在“治疗效果 > 产品特质 > 生产过程”这样一个关系，在创造性判断时应有主次之分。

此外，对中药发明技术效果的判断，应在充分考虑其作用机理基础上衡量其治疗效果的发挥程度。因为中药复方的组合物发明专利需要保护的实质是作用机理，例如马应龙痔疮膏本来用于治疗痔疮，如果以用于治疗青春期痤疮而被提出专利申请，这表明上看似扩大了治疗范围，但从这两类应用的治疗机理来说，作用于痔疮与青春期痤疮都是“化湿解毒”，其应用机理都是一样的。而西医很多病症都能够归类于某个中医“证”候下，即中医治疗机理本身即为西医治疗的上位概念，在中医理论指导下，根据中西医结合临床基本知识，很容易能够想到可用于某个西医具体的病症。如果不考虑中医理论治疗机理，而以西医某个下位病症作为扩大治疗范围或改变适应症而授予专利，这种情形应当在审查中予以排除。

5.3　中药专利创造性审查标准的设置

5.3.1　在审查指南中设立专门章节

从本书第二章的分析可知，中药技术创新从理论上来说采用与化学药创新不同的研发视角，而通过对现行中药创造性审查标准问题的分析，我们发现当前的中药专利创造性审查本质上仍旧借用、套用化学药组合物的审查标准范式，导致无法实现创造性审查之本质需求。因此，本书建议在专利审查指南中为中药专利设立专门章节，并规定专门性审查标准的适用范围与基本理论。可考虑通过技术方案表征物质的方式、所依据的研发理论、研发人员知识背景以及所解决的具体技术问题等多个方面来区分中药发明与化学药发明，从而确定专门性审查标准的适用范围。

由于现行中药专利创造性审查标准问题之根源，即在于当前的专利创造性审查逻辑与中医药理论及中药创新研发思路之间均存在冲突。因此，中药专利创造性审查标准的建立，应确定在认识中医基础理论内涵并接受其指导的前提下，制定关于创造性审查的具体措施。“医无药不能扬其术，药无医不能奏其效”，中药是中医从理论到临床的桥梁，中药理论体系主要包括四气（四性）五味、升降浮沉、归经等，这其中药性寒热温凉是与病证寒热相对应的，是从“寒热”这一特定角度反映药物作用性质、作用倾向的概念；升降浮沉与中医气机升降理论相关；而归经则离不开中医对疾病定位的认识，是以脏腑经络理论为基础的。可见，中药运用离不开中医理论指导，而中医理论最大的特征在于具有整体观思想。

首先，应认识到中药是由不同的组分按照一定的组织原则构成其物质基础，各组分间存在相互关联性和相互作用规律，其组分构成特征包括：各要素（组分）的数量比例、排列次序、结合方式和作用规律。简而言之，即组分之间的“量—效”、“量—量”、非线性作用规律的三重性特征。在组分整体观结构理论下审查组分加减、替换等技术创新，不能简单地放大局部改变的区别特征，也不能抽象地看待整体，必须把整体与部分的全部关系作为衡量其是否具有创造性的依据。[1]

其次，在评价中药发明的功效时也要遵循整体观思路，绝非单一组分药效的简单叠加，而是存在组分间多层次、多环节、多维度的非线性作用，中

[1] 贾晓斌．基于整体观中药物质基础认识与创新中药研发［J］．世界科学技术・中医药现代化，2017（19）：1434.

药功效物质基础为一整体，不能将中药复方功效归纳为多个药效学作用的综合，应在中医药传统理论对疾病认识的基础上，对中药复方功效进行评价。传统中医药对疾病的理解是以“证候”为核心的，因此对复方中药发明创造性判定中，也要以辨证论治、病证结合为功效评价的基础。除将功效物质基础视为一整体外，其干预的对象也为一整体。[1] 中药辩证用药最好的研究是进行临床试验，但法规不允许先进行临床研究，与临床最接近的方法是整体动物试验，应建立适应于中药复方特点的整体性动物疾病模型、病证结合模型和证候模型，以提升复方功效与“证”本质的密切性及可信性。

5.3.2　突破传统的“三步法”审查步骤

由于传统“三步法”运用存在局限性，且容易对技术方案形成割裂的认识，不利于运用在以整体观中医药理论内涵下进行创新的中药发明。因此，在中药专利创造性审查基准部分中提出了不同于“三步法”的步骤建议。尤其当无法确定“最接近的”现有技术时，提出以分析发明本身的技术方案为起始，再检索确定对比文件。在进行具体的对比中，不能首先关注药味组合的区别特征，而是先看所针对的病证。病证对比时，应既想到中医领域的“证”，也想到西医领域的“症”，病证对比清楚后再进行药味组合与配伍的对比，且在进行药味对比时，也应该考虑到中医或西医理论各自的治疗机理，以此才能够对技术领域和解决的技术问题进行整体性对比。

若要突破传统审查步骤运用的局限与不适性，则要反向还原中药创新在临床实践中的形成规律和构思过程，突出对“辨证论治”与“临证加减”特征过程的考虑，还要全面考虑到发明所涉及的中医药治疗理论，制备方法流程、特征与参数，组方所包含的方解与方义，药材产区、部位、炮制方法等内容。在辨证或阐明治疗机理基础上形成组方思路，再通过临床应用或试验加以验证或进一步完善，这是很多组合物中药创新的基本过程与方法。因此对发明本身的分析与理解应当为首要一步，随后从对比技术领域和解决的技

[1] 于友华，王永炎．论方剂“整体综合调节”的作用方式［J］．中国中药杂志，2003（4）：4-6，83.

术问题入手开始判断，而不能首先去关注具体的区别特征。

5.3.3 引导中药专利的申请倾向与撰写方式

当前的中药专利申请与撰写模式仍无法摆脱化学药组合物模式的影响，中药创新类型与化学药创新在审查中没有实质区分，化学药组合物模式的撰写方法更有利于审查授权，一方面造成了化学药实质的“洋中药”专利申请得以授权，而部分在中医药理论指导下作出的能够代表中药创新特色的组合物发明难以获得授权的情况；另一方面导致很多不具有中药创新实质的技术方案，借助运用化学药组合物专利的撰写技巧，获得了不当授权。因此，建议通过对中药专利创造性考量因素的界定，增加在各类中药专利创造性判断时对申请文书记载内容的要求，借此引导并规范中药专利的申请倾向与撰写方式。例如对疗效的认定，申请文书要明确说明发明所治的中医病名与对应的西医病名，还要明确记载组方的作用机理，治则治法与方义；对中药组合物发明，要公开组方配伍之间的“君、臣、佐、使”关系，或指明组方中的核心药味（君药、臣药）；在古方、经典名方基础上加减或合方化裁得来的发明申请，说明书提供的临床数据或资料，是认定发明创造性的关键。

在创造性审查标准中有意识地明确判断所涉及的重点，引导并规范中药专利的申请倾向与撰写方式，[1]一是有利于提高审查效率与质量；二是有利于从起始阶段就排除一些低质量申请，使得发明人不会过多依靠撰写技巧而获得发明授权，而是将更多的精力投入到实质研发过程中；三是有利于中药技术创新发挥并体现其自身特色，促进专利制度发挥激励技术创新的作用。

5.3.4 将中药技术特色体现于考量因素中

中药发明创造的产生过程与化学药物存在本质的区别。临证加减、合方化裁这些在化学药发明审查中难以被认为具有创造性的创新方式，其实最能

---

[1] 吴红，付秀颖，董坤．专利公信力影响因素实证分析与建议［J］．图书情报工作，2013，57（14）：87-91.

体现中药创新与应用所发挥的技术特色。中医药传统文化的发展与现代中药的发展紧密联系，作为现代中药技术发展之源的经验不断得以积累，中药技术创新通过中医药理论整体性规则形成一个具有自身特色的技术体系。因此制定中药发明创造性审查标准，在结合中医药理论整体观的基础上，还要根据中药技术特色进行相应的解释与修改。

建议充分考虑中药整体观、辨证论治、临证加减及“理、法、方、药”为一体的技术特色，并将对这些技术特色的认识与考虑充分融入中药创造性考量因素中，对现有技术、本领域普通技术人员、技术启示、技术问题与技术效果等关键因素的界定与判断都做出相应的专门性规定。

考虑到对中药组方改进发明来说，如果有明确的基础方情况下，则存在比较确切的“最接近的现有技术”，如果在无明确的基础方情况下，审查员所确定的最接近的现有技术只是相对的“接近”，无法保证是“最接近”的现有技术。在审查实践中，申请人经常对审查员确定的最接近的现有技术提出质疑，认为审查员确定的最接近的现有技术与所申请的技术方案差距较大。因此，建议审查标准中将“最接近的现有技术”的表述改为“用于判断创造性的现有技术”或“对比文件”，有利于提高审查规范表述上的严谨性。

考虑到自新中国建立后长期实行中西医结合的方式诊治疾病与研发药物，中西医结合诊疗与研发中，虽然常见疾病的中医与西医名称、病理机制根据各自的理论而有所不同，但在名称与基本症状表现方面已达成“通约”，例如，中医上的痹症即为西医所指的风湿病，中医上的风眩即为西医所指的高血压。依据中西医结合诊疗基本知识，对常见疾病的病名与基本病症表现，在中医与西医领域都能够实现相互对应。因此，建议在当前普遍认为的中医药领域知识与技能范围基础上，增加“掌握中西医结合临床诊疗基本知识与技能”的要求，同时制定中西医病名对照表作为参考目录，有助于防止发明通过采取同一疾病在中西医领域不同的表述方式来提出申请的情形。

考虑到中药组方的每味药材都是已知的，每味药材都各有性味归经、主治功效，而这些知识也都是已知的，对于组方发明的区别特征而言，很多增加、替换或是减少的药味，其主治功效或针对某类病症的作用机理可能已公开。[1]现有技术是否发挥教导启示，也要联系技术方案“理、法、方、药”的整体构思来判断。因此，建议创造性审查要注重该技术启示是否与选择动机之间存在相关性，避免作出“存在即有启示”的判断。

考虑到在审查实践中，技术效果判断涉及的因素较为广泛，总结目前所有因素总共可分为治疗效果、产品特质与生产过程三大类。从这三类能够体现出的中药发明技术方案价值来说，存在“治疗效果 > 产品特质 > 生产过程”这样一个递减关系，在创造性判断时应有主次之分。因此，建议判定技术效果时要遵循一定的次序，将疗效方面的提升与改善放在判断的首要位置，依次为产品特质提升及生产过程改善，有利于消除技术效果判断的不确定性与模糊性，使判断思路更加清晰。

考虑到模式动物药理指标式的实验数据并不适合证明中药发明的疗效。例如，中药复方对于头痛症状的作用机理不能简单地用小鼠疼痛阈值或是扭体实验来模拟验证，其思路也不符合中药发明的过程。事实上，其实中药组合物的发明过程是临床应用与观察的积累，中药临床应用与试验的分界模糊，很多中药发明创造天生缺乏实验室研究数据，最好的办法仍然是通过临床观察资料或临床试验数据验证其功效。因此，建议针对中药疗效，加强对临床应用数据与观察资料的采纳，并根据涉及的病症情况不同，制定对于观察与试验样本数量的要求，这不仅符合中药技术创新要求，同时有利于提升中药专利质量。

5.3.5 对各类中药发明作分类规定

各类中药技术发明仅通过审查实践形成了创造性基本判断要件，以及通用的创造性审查考量因素，针对各类中药技术发明创造性审查的具体操作规

---

[1] 参见国家知识产权局复审和无效审理部发布的复审无效决定评析：现有技术的整体教导在中药组合物创造性判断中的适用［EB/OL］.［2020-04-26］. http：//reexam.cnipa.gov.cn/alzx/scjdpx/fswxjdpx/19845.htm.

定目前仍旧是缺失的。在创造性考量因素中融入中药技术特色，以此作为判断基础，建议再对各类中药发明创造性判断提出具体化规定，包括中药组合物发明、中药单方发明、中药提取物发明、中药用途发明，有利于加强中药专利"严保护"，提升中药发明专利的整体质量。

中药组合物发明中又分为加减方与自组方。针对加减方：（1）考虑到组分替换发明中常见的替代情形，包括对常用替代、近源替代作出具体规定，以排除简单替换申请发明的可能性。（2）考虑到在实践中对中药组分减少的发明，现有技术若不存在组分减少的技术启示，那只要能够提供证明组分减少后对病症的有效率不比原方差的实验结果，即可被认为具有创造性。但这其实降低了对组分减少技术效果的阈值设定，本质上默认本领域技术人员的预期是组分减少后其功效会随之减损，如果能够维持原有疗效即认为是"意料不到的技术效果"，在治疗效果上不强调实现"额外的"进步。但是，对药品的疗效应从两方面认识，一方面是正性的治疗效果，另一方面是负性的副作用或不良反应，中药经典方、固有方或已公开的经验方中一些药味的添加可能是为了缓和副作用、不良反应，或者祛味矫味等，这些复方在长时间的民间使用过程中，其减缓副作用或不良反应的效果已得到了检验，然而在这些经方、固有方或经验方基础上减少几味药后申请的专利，申请人提供的药效学实验评价只从正性的对病症的治疗效果来证明其有效率，而不需要证明减少药味后副作用或不良反应率是否也保持不变，而且减少后的组方缺乏临床应用数据或资料来证明其副作用或不良反应的发生率及程度也如原方一样，这样的发明不该认为具有创造性。因此，建议对组分减少发明"依然保持与固有方剂相同功效"作扩大理解与解释，保持相同功效的含义应当是既能够证明发明可实现相同的治疗功效，又能够使审查员相信发明不会使得副作用和不良反应的程度增大或带来其他副作用和不良反应。（3）考虑到实践中对有效组方筛选的难易程度存在误解，认为复方组量配比的确定与改进是比较容易的，容易忽略对这类中药技术创新的肯定，建议对组量配比发明的创造性也作规定，这有利于鼓励对那些仅有简单记载而无实际应用研究的古方进行二次创新开发。

针对自组方，考虑到中药组合物创新的研发过程偏向经验性、实践性特征，具体表现为将中医理论诊法治法与临床实践予以贯穿的思维方法，专利保护的核心应为组方中隐含的治法治则、方义以及药味配伍选择过程。与化学药研发相比，很多中药不经过实验室研究阶段而直接应用于临床，且研究与临床应用同时并行，临床应用与实验的分界模糊，很多技术方案的技术效果难以通过实验室研究予以证明。因此，建议对自组方发明同样增加对临床应用与观察资料的采纳度，以符合中药技术特征需求。

中药单方发明的创新类型一直被审查部门所忽视，建议可将其分为选择特定基源、品种或部位的药材发明以及炮制方法发明，针对每一类建立创造性审查具体规定。此外，对于中药制备方法发明，建议将其根据创新类型分为运用新技术、改变工艺步骤、选择工艺条件参数这三类情形作出具体规定，其目的一方面是能够与本领域普通技术人员所应具备的中医药现代研究的基本技能相互呼应，另一方面则是排除将成熟的化学药制药技术简单“转用”或“移用”在中药领域，而未有实质创新的制备技术。

5.3.6 以临床疗效为评价核心

从中药研发的过程及研究人员知识背景特点可看出，中药研究重视临床疗效。对中药发明技术效果的评价应主要围绕疗效。中药创新研发不是一味对中药进行所谓的现代化改造，认为工艺“科学”、剂型时髦、从西医角度药理作用机制研究“出奇”以及质量控制标准“现代”才能称之为“创新中药”。对理想的中药新药来说，安全、有效和可控的要求是关键，在这三者之间，有效是核心，安全和可控都应该是为保证疗效服务的，中药创新的任何工作都应该是围绕疗效进行，在能够保证尽可能提高疗效的前提下，做得精致或现代一些。简而言之，要追求形式和内容的统一，不应该只追求形式上的所谓创新，其他方面做得再漂亮，疗效下降或没有明确疗效，都没有意义，如果所谓发明的其他“水平”提高了，但疗效下降或是不能够明确说明，那传统形式就没有改的必要。已经有许多所谓中药传统名方制剂在进行现代化改造后疗效大大下降，把认为“傻、大、黑、粗”应用数百上千年的传统“丸、散、膏、丹”用所谓现代工艺提取而改造成浓缩丸、胶囊、软胶囊、滴丸和口服液等现代剂型，都远不如传统制剂疗效确切。

此外，对中药发明功效的验证要针对临床需求，注重其临床功效的发挥以及整体治愈率或改善情况。中医药学有其独特的作用特点和理论体系，其发展模式是从临床经验积累到理论总结、再回归指导临床的过程。始终与临床实践相结合，在临床实践中对整体生命客观活动规律进行总结，这是中药功效评价与验证的基础。但目前多数中药发明存在的主要问题是研究未从临床实际出发，而是为了研究专利申报或新药审批要求而研究。研究思路多是“从方到药”，即已假定（甚至是确定）此“方”有效，所有的研究工作只是满足专利标准要求的外围研究，例如，增加些细胞或分子指标，缺少明确的、大规模的临床试验数据，即便很多能够获得专利授权，但从中药技术创新角度来说其临床价值受到质疑。因此，对中药发明疗效的评价应突出临床应用，引导发明人进行临床—基础—回归临床的循环式研究。

多数中药发明的起点是临床实践，发明者很多都是中医临床工作者，在临床工作中通过诊断不同的病人证候，辨证施治并运用相应的治法治则，根据君臣佐使的组方原则得到组方，长久的临床实践为发明者积累了足够多的观察资料，从中总结出能够产业化应用的技术方案，为了达到申请专利的目的，往往在这个时候发明者会进行动物实验或其他临床实验，以得到专利申报所要求的数据。化合物药物发明的起点在实验室，发明者可以不是临床工作者，这些非临床的药物化学家或者药理学家通过寻找药理作用的靶点或病原体，再通过提取、合成、优化及筛选化合物，以保证得到的化合物针对之前所确定的靶点或病原体，然后进行一系列的动物实验及临床实验，拿到申报专利要求的数据。对比以上发明过程可以发现，中药发明通常会缺乏实验数据，即使有实验数据也是为了符合专利申报的要求，根据需要证明的临床观察疗效而设计实验并得到相应的数据。但中药的疗效是一个整体概念，对临床症状的观察与积累才符合中药创新要求，而非在实验室得到的某个药理指标。

例如，有一种治疗头痛的药物“头痛Ⅱ号”，其中各原料的重量配比（组方一）为：当归 12g、川芎 12g、熟地 12g、细辛 3g、元胡 15g、夏枯草 30g、钩藤 30g、草决明 30g、珍珠母 30g、鸡血藤 30g。而另外某个发明人调整了原方配比，其组方（组方二）如下：当归 6.75%、川芎 6.75%、白芍 5.4%、熟地 5.4%、钩藤 13.5%、鸡血藤 13.5%、夏枯草 13.5%、决明子 13.5%、珍珠母 13.5%、元胡 6.75%、细辛 1.34%。若将组方一也换算为重量配比，则组方二相较于组方一的区别在于组量配比不同。组方二发明人为了证明其疗效优于组方一，分别采用 YLS–3E 电子压痛仪以加压强度为痛阈值和腹腔注射冰醋酸溶液记录小鼠扭体反应进行试验，通过数据统计结果表明用组方二药物比用组方一的小鼠痛阈值明显提高。但是，这样的证明方式其实并不适合中药发明创造，中药复方对于头痛症状的缓解不能简单地用小鼠疼痛阈值或是扭体实验来模拟验证，其思路也不符合中药发明的过程。从药理学实验角度来看，通过类似的单个药理指标的模拟对比实验，可以找到支持发明人的药理指标，同样也可以找到反对发明人的药理指标，可以说，想得到有利于自己一方的实验数据是不难的，但这些实验数据真的就可以证明组方二优于组方一吗？其实发明人对组方配比的改进是基于临床应用与观察的积累，最好的办法仍然是通过临床观察对比其功效。中药发明在进行创造性审查就应该充分考虑中药发明创新的过程，以符合实际中药技术创新的要求。

5.3.7 中药专利创造性审查标准之文本建议

为了更好地体现并落实以上提出的中药专利创造性审查标准的完善路径，应当以《专利法》第 22 条第 3 款关于创造性的规定为基础，以专利审查指南为参考形式，结合中药技术创新特点制定符合中药技术与产业发展需求的创造性审查标准。

为了更加客观地展示这一标准，结合本书的分析结论，草拟“中药专利创造性审查指南建议稿”（以下简称“建议稿”），建议稿的基本框架和内容如下。

引言

根据《专利法》第二十二条第一款的规定，授予专利权的发明和实用新型应当具备新颖性、创造性和实用性。因此，申请专利的中药发明和实用新型具备创造性是授予其专利权的必要条件之一。相较于化合物发明，中药发明所含有的有效成分大多不明，而中药基本理论又与化合物药物有所差异，复方用药特色更是化合物发明所少有，使得中药发明在审查上难以适用于一般化合物发明审查之规定。在遵循《专利审查指南》第四章关于创造性的规定之外，制定有关中药发明的创造性审查若干专门性规定。

一、适用范围

专门性规定的适用范围主要为：不能说明全部有效成分的中药复方组合物、中药复方提取物。对于能够表征有效成分的中药单体提取物，建议引入天然药物化学中对于中药成分的划分，中药提取物分为一级代谢产物与次生代谢产物，若提取物仅通过一级代谢产物表征其成分特征，则仍适用本专门性规定，若提取物通过次生代谢产物表征其成分特征，则不适用该专门性规定，划归到化合物或者化学药组合物类别审查。[1]适用的发明包括中药产品发明、方法发明及用途发明三种类型，举例如下：

（1）中药复方，例如一种治疗冠心病的中药复方，由人参 30%、水蛭 10%、延胡索 20%、川芎 20%、肉桂 10% 组成；中药单方，例如，一种鸦胆子油提取物，或一种蜂胶萃取物。中药制剂，例如，一种治疗口腔验证的中药

---

[1] 中药大多数来源于天然植物，根据天然药物化学的分类，将构成植物体的基本物质（纤维素、壳质、木质素、黏液）、贮藏物质（淀粉、蛋白质、磷脂等）、代谢机能物质（蛋白质、核酸和酶）等维持生命必需的物质称为一级代谢产物；一级代谢产物在特定条件下又进一步经不同代谢途径，生成如生物碱、黄酮、糖、苯丙素、醌、萜、甾体及其苷类等化合物，称为次生代谢产物。参见：吴继洲，孔令义. 天然药物化学［M］. 北京：中国医药科技出版社，2008：17-19.

分散片剂。

（2）中药制备方法，例如，一种治疗肝炎的中药组合物的制备方法，一种六味地黄丸的精制方法。中药提取方法，例如，一种提取丹参有效部位的方法。中药炮制方法，例如，一种何首乌的炮制方法。

（3）中药用途，例如，一种凤仙花提取物用于治疗灰指甲的药物用途。

二、审查基准

根据《专利审查指南》的规定，“三步法”是创造性判断的常用方法。适用“三步法”的前提条件为存在并能够找到与发明“最接近的现有技术”，如果在审查中不确定“最接近的现有技术”，则以整体构思与整体技术效果比较为主。具体可考虑采用以下步骤：第一步先分析发明技术方案本身解决了什么技术问题，所记载的适应症在中医与西医领域各自名称是什么，所记载依据中医或西医理论发明的治疗机理具体是什么，从“理、法、方、药”四个方面分析技术方案的内容及研发过程。其中，理，指中医理论；法，指治则治法；方，指方义理论；药，指遣方用药的选择过程，药材产区、部位、炮制方法，制备方法流程、特征与参数等。第二步是根据对发明本身的分析确定用于创造性判断的现有技术（对比文件）。第三步是将以上确定出的现有技术与发明技术方案进行对比，对比遵循的次序依次为：将技术领域（依据适应症在中医与西医领域各自的名称与表现）、所解决的技术问题（依据中医或西医理论各自的治疗机理）、“君臣佐使”配伍关系或核心药味、方法步骤及参数等特征进行完整对比。最后一步是判断发明提出的区别特征是否容易被替代，是否在现有技术中存在教导启示，发明所产生的技术效果是否是预料不到等（类似于是否显而易见的判断）。

1.用于创造性判断的现有技术（对比文件）

对现有技术的筛选应不囿于区别特征及其数量的比对，而是应从发明整体技术方案出发，充分考虑发明目的、技术领域、技术问题或技术效果的相似性，选择本领域技术人员更有动机对其进行改进，从而得到发明所述技术方案的现有技术作为创造性审查判断的起点及依据。

2. 本领域普通技术人员水平

作为中药领域的技术人员，应当具备中医药的基本知识，掌握中医基础、诊断、治疗等各种基本理论，熟悉组方配伍的常见规律和变化原则，以及中医药现代研究的基本技能，同时熟悉中西医结合诊疗的基本知识与技能。

3. 技术启示

技术启示的主要来源为记载了以区别特征为技术手段，解决了与本申请相同/相似的技术问题或达到了与本申请相同/相似的技术效果的现有技术。对来源于最接近的现有技术、教科书、工具书、文献等的技术启示，应注重技术启示与选择动机的相关性考虑，避免"存在即有启示"的判断思路。

4. 实际解决的技术问题和技术效果

在确定发明的区别特征后，根据该区别特征在要求保护的发明中所能达到的技术效果确定发明实际解决的技术问题。

应整体上考虑区别特征与技术方案中其他特征之间的关系，以及在要求保护的发明中所达到的技术效果。对技术效果的判断，疗效方面的提升与改善是最先考虑的因素，具体包括增强疗效、降低毒副作用、改变适应症或扩大治疗范围；其次为产品特质与生产过程的改善，具体包括改善药物吸收、提高质量控制及稳定性，降低生产能耗、提高效率、节省资源等。

对于疗效，具体而言，是指中药能够治疗某特定疾病或能改善人体状况。疗效可以西医治疗的疾病或药理作用进行界定，也可以中医治疗之证或病进行界定。对于疗效要通过详细的实施例与效果数据的判断来验证，效果数据包括对背景技术与发明改进间的对比实验数据、筛选实验数据、临床试验数据或临床应用资料，以此验证所述改进后的技术方案有利于提高疗效、减少不良反应、改变主病主证等。

用于验证或评估疗效的实验规模或者样本数量的多少，应视申请时该发明所属技术领域中的普通技术人员水平及其了解程度来定，判断所提供的验证或评估实验/试验结果是否具有显而易见性。例如，针对在中、西医学界尚未有明确治病机制及治疗机制的病或证提供疗效的发明，或针对病例极少的西医的病或中医的证提供疗效的发明，虽然验证或评估疗效的实验/试验仅有较少的样本数量，但对于中西医学来说，仍足以认定其代表了显著意义。对于中、西医学界较为明确的某治病机制，且中、西医之间对该病从机理的研究上能达到通约的程度，针对这样的病证的验证或评估疗效的实验/试验应要求其具有足够的样本数量。关于中西医病名对照可参见附表D。

（1）以西医治疗的病证或药理作用界定疗效

若以西医治疗的病或药理作用界定疗效，可进行体外实验、动物实验或临床试验，以科学数据统计方法证明其疗效，并且要说明中药组方的组分或有效成分与疗效之间的相互关系、药理作用，以及该病证在中医理论中的界定及其中药作用机理，并列举相关的参考文献。实验数据要能够显示发明至少具有以下任一技术效果：可作用于同一病证的不同类型、减少毒副作用、显著提高疗效、适应新的病证。

（2）以中医治疗的证或病界定疗效

若以中医治疗的证或病界定疗效，除以体外实验、动物实验或人体试验等方式证明其疗效之外，还可以中医辨证施治原则推论所申请药物对该证或病具有疗效，但必须同时提出可供验证及评估的客观数据，或足以证明其疗效的相当数量的实施例观察资料，对中医辨证施治原则推论的验证以临床数据与资料为主。临床数据或行医应用资料应能够显示发明至少具有以下任一技术效果：可作用于同一病证的不同类型、减少毒副作用、显著提高疗效、适应新的主病或主证。

三、创造性审查的具体规定

1. 中药组合物发明

（1）加减方

若申请专利之发明为中药固有方剂之组分的加减、替换，或对若干个固有方剂进行合方化裁，且该加减、替换或合方化裁于申请前未见于刊物、未公开使用且未为公众所知晓，如果此类改变为该发明所属技术领域中的普通技术人员依申请前的现有技术能轻易完成时，则该发明不具有创造性。如果无法判断中药固有方剂之组分的加减、替代，或固有方剂间合方化裁是否为该发明所属技术领域的普通技术人员所能轻易完成时，可就改变后得到的中药方剂与原固有方剂进行技术效果的比较，若发明与原固有方剂相比产生了预料不到的技术效果，则具有创造性，对不同类型的技术效果的判断应具有主次关系，以是否改进治疗功效、是否提升产品特质、是否改善生产过程为次序逐步考虑其技术效果。

针对在古方、经典名方、已上市或民间长期使用的固有方剂基础上进行加减、替换或合方化裁得来的发明，若说明书没有记载临床试验数据或临床应用资料，那么可以认为这种组合物发明属于已知方的常规加减或随意组合，因而不具有创造性。

①组分替换的发明

由于药材不宜取得或稀缺性，利用较为易得或常见的药材替代的发明，不具有创造性。例如，犀牛角用水牛角、羊角替代，穿山甲用皂角刺替代等。由于药材本草的基源复杂，利用相同或相近中药药名下的其他基源药材替代的发明，不具有创造性。例如，中药材骨碎补即有至少13种不同学名之植物，如果该类药材在现有技术中可互相替代使用，传统用法中不认为其疗效有重大之差异，因此将固有方剂中的一味或多味药材，以其他容易取得或相同基源的药材予以替换，若未产生预料不到的功效，则该替代不具有创造性。

②组分减少的发明

对于在古方、经典名方、已上市或民间长期使用的固有方剂基础上减少药味或其用量的发明，其功效应保持与固有方剂相同或更好的水平，对“依然保持与固有方剂相同功效”的认定应包含治疗效果与副作用、不良反应两方面，即对减少组分的中药组合物发明来说，保持相同功效应当证明其既能够实现相同的治疗功效，也不会使得副作用和不良反应的程度增大或带来其他副作用和不良反应。

③组量配比改变的发明

若发明是对固有方剂中个别组分配比用量范围进行了限定，具体限定其中部分或全部组分的配比用量在一个较小的范围内，若该限定是本领域普通技术人员不能通过有限次的实验即能完成，同时与原方已知的功效相比，产生了预料不到的技术效果，则该发明具有创造性。[1]

（2）自组方

若申请专利之发明是依据中医药理论和遣方运用的经验进行直接遣药组方而形成的中药组合物，如果该技术方案为所属技术领域中的普通技术人员依申请前的现有技术不能够轻易获得的，那么只要发明通过实验数据、临床效果数据及临床应用资料能够证明发明取得了有益的技术效果，则该发明具备创造性。若说明书没有记载发明技术方案所涉及的“理、法、方、药”内容及过程，那么可以认为这种组合物发明属于已知药味的随意组合，因而不具有创造性。

2. 中药单方发明

若发明是由一已知药材中选择特定基源、个别品种或特定部位的药材，若该选择是本领域普通技术人员难以完成的，或其与该类药材已知的功效相比，产生了非显而易见的功效，经过实验或临床试验数据可证明其产生的功效优于原药材或原使用部位，则该发明具有创造性。

以不同产地中药单方为区别特征的发明，需证明所属产地药材不为本领域普通技术人员所知晓，并具有有益的技术效果，且符合《专利法》第五条规定，产品的开发利用不违背自然资源的可持续利用。

如果新的中药单方采取了不同的炮制方法，并通过临床试验数据证明了新炮制方法导致中药单方归经的改变，使其能够应用于新的适应证，则应当认定该新中药单方对中医药领域的普通技术人员来说具有“非显而易见性”，应当肯定其创造性。[2]

3. 中药制备方法发明

中药制备方法发明的技术方案要详细记载原料、制备流程及产物特征。包括药材的组分及配比，制备流程中所用到的具体方法、步骤以及参数条件（包括环境参数，如温度、湿度、酸碱度，仪器参数，所用试剂的理化参数等）。

---

[1] 王未东. 组合物权利要求中百分比含量限定问题浅析［J］. 专利代理，2016（4）：76–78.

[2] 杨显滨. 论中药单方专利的创造性认定［J］. 法学论坛，2012，27（1）：148–153.

产物特征一般指某种剂型，若发明之提取制备方法与制成特定剂型有关，则应指明为何种剂型，若发明作为提取物可制成中药领域中的一般剂型，则以“制剂”统称。对于传统中药剂型改良带来的有益效果，要清楚阐明该效果不是改变的剂型本身所具备的，而是经过不断的实验研究，通过改变制备工艺及限定辅料选择或配比等手段获得的。不论是制备工艺的改进、辅料选择或辅料配比的限定，获得的技术效果都要通过实验数据证明。

（1）新技术的应用

对于将前沿技术首次应用于中药提取分离、检测分析及制剂方法中，如果由于该技术的应用产生了有益的效果，则该发明方法具备创造性。对于将新技术非首次应用于中药提取分离、检测分析及制剂方法中，如果该技术在专利申请日或优先权日以前没有用于同类产品，并且由于该技术的应用产生了预料不到的技术效果，则该发明方法具备创造性。对于将新技术非首次应用于中药提取分离、检测分析及制剂方法中，如果现有技术已经公开了该技术或者已知与之功能相同的技术用于与所述产品结构非常接近的其他产品，但该发明请求保护的方法与之相比并没有取得预料不到的技术效果，则本领域技术人员有动机将该技术应用于结构非常接近的不同已知产品，因此，该发明方法不具备创造性。

（2）工艺步骤的改变

工艺步骤的改变包括工艺步骤的增加、减少、替代或者工艺顺序的调整，判断创造性时通常需要考虑这种改变是否存在技术启示，其技术效果是否能够预料等。

①如果工艺步骤的改变在于为了某一公知目的而增加能够实现这一目的的已知技术手段，例如，仅仅为了进一步提高产品纯度而增加常规的重结晶步骤等，并且所述增加没有产生预料不到的技术效果，则该发明不具备创造性。

②如果工艺步骤的改变在于省去一个或多个步骤，但其功能和效果也相应地消失，则该发明不具备创造性。

③如果工艺步骤的改变仅在于为了解决同一技术问题而采用相同功能的

已知技术手段进行等效替代，或者仅仅是各步骤间的顺序调整，但是并没有导致技术效果的变化，或者技术效果的变化是可预料到的，则该发明不具备创造性。

④如果工艺步骤的改变导致发明产生了预料不到的技术效果，则该发明具备创造性。

（3）工艺条件参数的具体选择

①对于提取溶剂、分离提纯的介质（如色谱柱等）、流动相（洗脱剂）等关键参数的选择，应当根据现有技术的教导情况进行判断。如果现有技术明确教导了选择方向和范围，而发明在这种有限的范围内作出具体选择，并且没有取得预料不到的技术效果，则发明方法不具备创造性。如果现有技术没有给出相应的教导或者发明方法与现有技术的教导相反，并且由于这种具体条件的选择给发明带来了预料不到的技术效果，则发明方法具备创造性。

②如果发明是在可能的、有限的范围内对常规参数（例如比例、浓度、温度范围等）进行具体选择，而这些选择可以由本领域的普通技术人员通过常规手段得到并且没有产生预料不到的技术效果，则该发明不具备创造性。如果选择特定参数使得发明取得了预料不到的技术效果，则该发明具备创造性。

4. 中药用途发明

若发明为已知中药用于新适应症，或扩大了已知中药的治疗范围，根据现有技术所述该适应症的致病机理与药物作用机理，本领域的普通技术人员不能够轻易完成并得出该用途，且通过实验数据、临床试验数据或临床应用资料能够验证其疗效，则发明具有创造性。若说明书没有记载能够证明其疗效的实验数据、临床试验数据或临床应用资料，那么可以认为用途发明是本领域的普通技术人员能够轻易完成并得出的，因而不具有创造性。例如，申请专利的发明为产物A用于治疗糖尿病的用途，若引证现有资料公开产物A可用于促进胰岛素的产生，则本领域普通技术人员都知道促进胰岛素产生的物质具有治疗糖尿病的功效，则可知产物A应具有治疗糖尿病的功效，则发明不具有创造性。

基于对中药专利创造性审查标准问题的分析，结合中药产业经济表现及与专利审查标准之间的关系，制定完善中药专利创造性审查标准的路径，即要以中药专利质量为出发点，力求解决现行中药领域专利审查中面临的困扰多年的突出问题，尤其是无效复审及司法诉讼案件中围绕的有关创造性审查的争议点。破除单纯地利用创造性标准作为调整专利数量、唯“授权率”为“指挥棒”的政策思路，回归从技术价值角度考虑创造性标准适合性的思路。以促进中药产业经济增长为目标，形成中药技术创新、产业经济发展、法治监督三者协调发展机制，这其中中药产业经济发展处于中轴的地位，技术创新与法律应为之进行曲线偏向摆动。针对当前的中药产业，由于受医药产业大环境下行因素影响，专利制度要能够适时地发挥激励创新的作用，中药专利审查标准要能够使得中药领域研发人员从中获取得到预期利益，则必然要求标准的制定能够突出中药技术的自身特色，符合中药技术的发展要求，引导中药研发与专利申请都能够主动摆脱化学药的影响。基于以上路径，本章尝试性地提出关于中药专利创造性审查标准的建议稿，希望能够对完善中药专利审查规则提供一些参考。

5.4　中药专利创造性撰写举隅

中药专利审查标准不仅具有指导审查业务的作用，而且具有规范中药专利申请的作用。本书以上篇幅对中药专利创造性审查标准原则、思路及具体文本设置进行了分析与阐释，希望能够通过中药专利审查进一步延伸性地规范中药专利申请，结合中药专利创造性审查标准的完善思路对中药专利申请与撰写提出具体要求，从而达到以“审”促“申”，共同提升中药专利审查与申请质量的目的。

5.4.1　中药专利创造性撰写典型误区

我们通过对各类中药专利申请文书的研读与分析，发现中药专利在权利要求书及说明书撰写方面存在一些典型问题，以下分别总结并举例说明之。

5.4.1.1 实质性特点不突出

权利要求决定了专利权的保护范围，它是专利撰写的核心。表面上看权利要求内容越多、要求保护的范围越广，专利似乎对申请人发挥的保护作用越大，但权利要求范围越大，越容易“落入”他人已公开的技术方案范围内，造成对所申请专利权的无效，这在中药复方发明专利申请中较为常见，典型的主要表现在没有设定最优值，没有特殊的制备方法与工艺要求等。

例如某专利权利要求为：

1. 一种治疗脾胃阳虚型萎缩性胃炎的中药制剂，其特征在于其原料组分重量百分比为：

党参 6—12	肉桂 2—8	砂仁 1—7	补骨脂 6—12
黄芪（蒸）6—12	附子（制）4—10	白术（炒）6—12	山楂（炒）8—14
肉苁蓉（制）6—12	山药 6—12	乌梅 8—14	陈皮 4-10

2. 如权利要求 1 所述的一种中药制剂，其特征在于所述的制剂为冲剂和胶囊两种剂型。

该专利撰写的问题在于，各组分的组量范围比较宽泛，没有要求最优值。同时，制剂的特征要求为冲剂与胶囊，没有特殊的制备方法与工艺要求，而冲剂与胶囊剂又是常规中药复方制剂。其不利后果主要是，类似的中药复方发明组分与组量选择可作为体现创造性的实质性特征，但由于大多是基于已公开或使用公开方剂基础上进行的改进发明，宽泛的组量特征无法满足创造性要求，一旦找到相同或近似的已公开组方，复方发明很容易被驳回或遭遇专利权无效。

5.4.1.2 说明书披露不详细

（1）中药方义阐释不够清晰

中药特色不突出体现在复方发明的组方方解和方义阐释的不够清晰，部分复方发明对组方的阐释利用西医名词或中西医结合方式解释，缺乏对组方“理、法、方、义”理论的剖析，对组分间的配伍缘由也缺乏深入阐释，难以突出中药用药特色。

例如某专利说明书为：

> 制剂中党参、黄芪、山药益气扶正为主药，可调节免疫功能，改善微循环，修复胃粘膜，对萎缩腺体有恢复作用。白术可抗幽门螺旋杆菌、抑制胆汁反流，增强扶脾益胃之功。乌梅、山楂生津助消化，双向调节胃酸分泌功能。肉桂、肉苁蓉、附子等形成补阳方，以起到脾肾互补作用，对高龄或久病肾气衰者尤为合适。

该专利说明书以中药现代药理研究结论分析组分发挥的主要作用及主证，以中西医结合方式分析次要作用及兼症，但没有阐明组方的中医理论基础及配伍缘由，各药味根据作用发挥的类型被划分为几个集团，集团间相互作用也没有体现。该专利所用药味皆为常规中药，常规中药都已有上千年历史，且对每类基础病证都已形成了通用药物，例如益气通用药物、补阳通用药物等，发明书中未披露在众多通用药物中选择药味进行组方的缘由，或是通过其他披露的信息能够证明存在选择性配伍的过程，这个过程花费了大量智慧性劳动，或是能够证明这个选择性配伍的作用效果格外优秀。其主要不利后果是，由于中药的临证遣方用药是其精髓，能够代表中药特色，针对此类复方发明，专利审查员或是第三人难以理解该发明的技术方案，很容易找出组方中存在同类通用药物的“类同方”，从而驳回或是无效原发明申请或专利。

（2）实验数据过于简略

中药发明存在实验记录简单、数据不够翔实的问题。中药发明的临床实验以临床效果观察数据为主，部分发明的实验数据并不能与其所叙述的病症分型对应，仅给出临床总体观察结果，而观察类数据结论的主观性较大，可重复性有限。审查员面对此类实验数据难以得出发明具备预料不到技术效果的心证结论。

例如某专利说明书为：

> 本发明临床观察病人323例，其中门诊病人234例，住院病人89例，慢性盆腔炎97例，慢性附件炎85例，卵巢囊肿50例，阴道炎91例。本发明对慢性盆腔炎、慢性附件炎、卵巢囊肿、阴道炎四个病种以及中医属于湿热下注证、肾虚湿盛证、气滞血瘀证三个证候类型的患者的临床观察表明：本发明总有效率为90.10%，其临床疗效满意。

该专利说明书虽将所治疾病根据中医证候分为三个类型，但没有给出详细的治疗观测数据，包括根据组方特色与证候类型披露试验过程与考虑因素，也没有详细解释临床有效的依据与标准，而是笼统地给出总有效率作为技术效果证据。

此外，对于部分中药改良剂型发明，实验数据难以体现改良剂型具有显著的进步，无法证明新剂型解决了某个技术问题，而仅仅是多了一种剂型选择，此剂型与原有剂型相比并不存在明显的对患者而言的优越性。

例如某专利说明书为：

> 本发明的快速分散制剂，其中药配方与金嗓散结丸相同，成药具有清热解毒，活血化瘀，利湿化痰之效，用于热毒蓄结、气滞血瘀而形成的慢喉（声带小结、声带息肉、声带黏膜增厚）及由此而引起的声音嘶哑等症。对本发明实施例中的药物进行了实验研究，证明本发明的快速分散制剂在疗效上优于传统制剂金嗓散结丸，可以以更小的剂量达到传统药物的效果，在使用上更得到患者的欢迎。本发明的优点在于：本发明在疗效确切的金嗓散结丸组方和制剂工艺的基础上，采用先进生产工艺技术如超微粉碎技术，有效地增加了药材的分散度，并使用快速崩解的辅料，使制剂同时具有快速分散和极大分散程度的特征，从而使药物较原剂型服用更加方便，通过快速崩解（<3min）而达到提高生物利用度的目的。……

表 1　制剂处方及其主要评价结果

主药量 1	崩解剂 / 用量	黏合剂 / 用量	助流剂 / 用量	其他 2	崩解时间 /min
100	立崩 /20　立崩 /45　立崩 /90	PVP/4.5	微分硅胶 /1	绿茶香精 /1	1.1　0.8　0.6

对当前制药工业来说，丸剂、分散剂都属于常规剂型，剂型改变的结果不是仅仅多一种选择，而是要能够升级技术效果或解决原有剂型的技术问题。该专利是将原有丸剂改为快速分散剂的改良型发明，其说明书公开的新剂型崩解时间缩小是本领域普通技术人员能够预料得到的技术效果，说明书中提到新剂型通过快速崩解能够达到提高生物利用度的目的，但实验数据却没有该方面的客观证据，这样撰写的不利后果是，崩解时间的测验数据不能证明一定能够提高生物利用度，因此无法证明新剂型能够带来意想不到的技术效果，或克服困难解决以往的技术难题。

5.4.2　中药专利创造性撰写策略

5.4.2.1　充分运用中医药理论阐明技术方案

中药发明的创造性与化学药发明的最大不同在于，其技术创新根植于中医药理论，而中医药理论的形成源于从古至今的医学临床实践，同时又不断在实践中接受检验并发展，反过来再丰富完善理论。因此，中药发明的创造性要体现中医药理论在实践中传承与创新的过程与结果，既阐述清楚发明创造的理论依据，同时突出其自身所具有的理论特色。

具体在中药专利文书撰写中，中医药理论依据可在说明书中通过阐释病证机理、组方方解与方义予以体现。以下用两个示例进一步说明。

◆示例 1：用于治疗股骨头缺血性坏死症的药物及其制备方法（专利申请号：CN 02139206.4）

背景技术（说明书）：股骨头缺血性坏死，是指由于不同的病因导致股骨头的血液循环障碍，使股骨头发生部分或完全性缺血的病理过程。主要表现为髋关节疼痛、功能受限、下肢肌肉萎缩等症状。其病程长，致残率高，会给患者带来巨大痛苦。祖国医学认为，本病属“骨蚀”范畴，其主要病机为肝肾亏虚、气滞血瘀、骨失濡养，或为暴力所伤，或感染淫邪，或房事过度，或先天禀赋不足，均可发生缺血性骨坏死。……发明内容（说明书）：本发明组方分析如下，三七：甘，微苦，温，入肝、胃、大肠经，散瘀消肿，定痛，可治跌扑闪挫，瘀血肿痛；《玫揪药解》言其“和营止血，通脉行瘀，行瘀血而敛新血”。丹参：苦温，入心、肝经，活血破瘀，《别录》言：“丹参，未入血分，其功在血行血，内之达脏腑而化瘀滞，故积聚清而瘀滞破，外之利关节而通脉络，则腰膝健而痹著行。”是活血化瘀之要药。上述二药以活血化瘀、通利血脉为用，改善骨髓血供受阻，考虑到股骨头坏死的多种病因，所以本发明的组方选用三七和丹参两味中药共同作为君药，以增强治疗效果。牛膝，补肝肾强筋骨；续断，入肝肾经，疗伤续折；骨碎补，甘温，入肝肾经，有温补肾阳，强筋骨，益虚损之功；鸡血藤，能养血活血而舒筋活络，以上四味药补肝肾强筋骨共为臣药。党参、当归、川芎、白术以补气养血、活血而起效，以上四味药共为佐药。木香行气止痛，为使药。总观全方，以补益肝肾、活血化瘀为主，补气养血、调理阴阳为辅，攻补兼施，标本同治，可收到良好的治疗效果。

◆示例 2：一种治疗头痛的中药（专利申请号：CN93100050.5）

说明书：血管神经性头痛是一种常见病，虽有部分中西药物可用，但效果均不甚理想，尤其是对治疗血虚、血瘀型的肝阳头痛的药物，在国内外的文献中尚未见报道。现常用的治疗头痛的西药有麦角胺咖啡因，它是一种血管扩张剂，只适合于脑动脉缺血性疾病。另外，1988 年才生产的氟桂嗪胶囊，其作用机理是选择性地抑制钙进入细胞，以减少静脉的收缩。目前报道的治疗头痛的中成药有正无丸，它是中西药合方，其机理是活血化瘀，并配有西药的止痛剂，此药只适合于外感头痛之类，而对中医称谓的内伤型头痛、血虚血瘀肝阳头痛则效果不佳。本发明的目的在于提供一种纯中药制剂的一种治疗头痛的中药，它能治疗内伤头痛范畴，适应血管神经性头痛、偏头痛及高血压的头晕、头痛等症。……本方案涉及的治疗头痛的中药适应于治疗内伤头痛的范畴，盖因“脑为髓之海”，主要依赖肝、肾，精血濡养及脾胃运化水谷精微，输布气血上充于脑，故内伤头痛与肝、脾、肾三脏密切相关。若为血虚血瘀、阴虚肝阳升腾所致之头痛，需宜养血活血、滋阴平阳为法。而这在国内的药品中是没有报道的。本药的同伍之中兼有活血养气、滋阴填精之中兼有潜阳平肝，静中有动协调阴阳。它以当归为君药主要为养血、活血、止痛，熟地为滋阴补血、益精填髓，因“脑为髓之海”，精髓不足则脑髓失养而作痛，用之相宜。白芍为平肝止痛、养血调经，用于阳血虚而肝阳亢所致头痛最佳，川芎活血行气，人血分行血中之气，祛风止痛为治疗血瘀肝阳所致头痛的常用药，熟地、白芍、川芎合用协助君药，其作用为养血活血、滋阴平肝、祛风止痛。勾藤、珍珠母、夏枯草、决明子为镇静安神，为补治药，佐协鸡血藤补血行血、舒筋活络，元胡活血行气止痛，细辛芳香走窜、祛风散寒止痛共为佐使。全方总的功能为补血养阴、活血止痛。

上述两个示例都在说明书中阐述所针对中医病因与病机，并对组方各药味性味、功效、配伍功能进行披露。示例 1 中提到股骨头缺血性坏死症在中医领域属于“骨蚀”范畴，其主要病机为肝肾亏虚、气滞血瘀，围绕病机理论继而分析组方的方解及方义，以补益肝肾、活血化瘀为主；示例 2 中提到血管神经性头痛、偏头痛及高血压的头晕、头痛等症在中医领域属于“内伤头痛”范畴，与肝、脾、肾三脏密切相关，治疗方针须濡养精血及运化脾胃水谷精微，从而输布气血上充于脑，组方以潜阳平肝、补血养阴、活血止痛为主。这两个示例充分体现中药复方“整体观”治疗特色，重在脏腑与气血调理，而非“头痛医头，脚痛医脚”。两个发明在撰写上能够围绕其治疗特色，运用中医药理论来阐明方义及组方如何在临床中运用，下一步再去衡量发明的作用效果时，会对发明有更客观的认识。

5.4.2.2 尽可能突出技术方案的效果特色

中药技术效果特色可体现在疗效、产品特质与生产过程等方面。疗效的技术效果特色具体包括有益的治疗效果，其效果程度与现有技术相比可能是达到相同或相似的水平，或者达到更好的疗效水平；或是产生了新的医疗用途，或是毒副作用减小。产品特质的技术效果特色具体包括提高有效成分的纯度、浓度，改善药物的崩解、释放及吸收方式，提升制剂的稳定性及工艺的再现性等质控标准，优化制剂物理性状以便于产品储存、增进口感、利于服用等。

在实际撰写中，以上所述的技术效果特色可通过几种途径体现，一是明确改进的参比对象，二是针对特定的证候，三是具备独特的制备工艺，以下分别通过示例说明。

（1）明确参比对象以表征技术改进

◆示例1：一种用于淤血阻滞、脉管不通的中药制剂及其制备方法（专利申请号：CN200810146980.0）

背景技术（说明书）：中国专利公报2005年7月6日公开了（专利申请号：CN200410072690.8）“一种治疗脉管炎、硬皮病及动脉硬化性下肢血管闭塞症药物”，其组方配比采用：丹参25份、鸡血藤25份、郁金10份、乳香4份、没药4份，该发明在临床应用中发现有严重的副作用，患者在服药后会出现抑郁、乏力、精神不振等现象，且在使用的过程中该药物稳定性差，其为糖衣片，不易为患者所接受，糖尿病患者不能服用。针对目前本领域现有技术所存在的缺陷，通过发掘祖国丰富的中药资源，结合大量的中医组方理论及药效学和药物稳定性研究，本发明组方中有效地减少了郁金的使用量后，意外地发现可有效地避免现有技术（专利申请号：CN200410072690.8）的副作用，而且对冠心病、脑血栓也有显著的治疗作用，对于淤血阻滞、脉管不通所引起的脉管炎、硬皮病、动脉硬化性下肢血管闭塞症，疗效显著增强。……下面以本发明制备的中药胶囊对比中国专利“一种治疗脉管炎、硬皮病及动脉硬化性下肢血管闭塞症药物”(脉管复康片)，说明其主要药效学……

该示例在说明书的背景技术中点明发明是在已有专利上的改进，并明确与之相比所取得的技术效果特色为减少副作用与提升制剂稳定性。改进发明具有明确的参比对象，在撰写上凸显与已有专利的区别，并证明这些区别所带来的技术进步，使创造性的证成从前提到结论的推导更为清晰。

（2）明晰特定证候表征发明点所在

◆示例 2：一种治疗泌尿系统疾病的药物组合物及其制备方法、用途（专利申请号：CN03124080.1）

权利要求 10：权利要求 1 或 2 所述中药组合物在制备治疗泌尿系统属肾虚、湿热下注证或湿热下注证疾病的药物中的用途，所述疾病包含肾虚兼湿热下热证，或下焦湿热，热淋，小便短赤，淋沥涩痛；或上述证型的急慢性肾盂肾炎、慢性肾盂肾炎急性发作、急性膀胱炎、尿路感染、前列腺炎及类似疾病。

技术领域（说明书）：所治疗病症为湿热下注型病症，如热淋、小便短赤、淋沥涩痛，及属肾虚湿热下注证的急慢性肾盂肾炎、慢性肾盂肾炎急性发作、急性膀胱炎、尿路感染。也可用于治疗前列腺炎。……背景技术（说明书）：现代医学的泌尿系统感染属于中医学中“淋证”范畴，多为“热淋”证型，也有虚实夹杂的证型。病因病机主要是湿热下注或脾肾亏虚等，多见于女性。因疲劳、情志变化、感受外邪而诱发。现代医学主要是感染细菌、病 毒、支原体、衣原体等微生物而造成肾盂肾炎、膀胱炎、尿路炎症等泌尿系统感染，或者是由机体免疫功能低下而感染细菌、病毒、支原体、衣原体等而起，或者反复感染而造成感染迁延难愈。…… 发明内容（说明书）：本申请的目的在于提供一种药味少而疗效确切的治疗泌尿系统疾病的中药，其主要用于肾虚兼湿热下注证，或下焦湿热，热淋，小便短赤，淋沥涩痛；或上述证型的急慢性肾盂肾炎、慢性肾盂肾炎急性发作、急性膀胱炎、尿路感染及前列腺炎等。…… 本方是为湿热病邪蕴结下焦所致之热淋而设，以清热解毒，利湿通淋，益肾为法。方中以积雪草为君药；金沙藤为臣药；佐以羊开口、菝葜（金刚刺）、金樱根。

该示例在权利要求中限定所述发明用于治疗肾虚、湿热下注证或湿热下注证疾病，并进一步解释肾虚兼湿热下注证在中医及西医临床所表现的主要症状及适应证。在中医理论中，“证”是“症”的上位概念，“证候”则是患病时出现的互有联系的一组症状。该示例的权利要求的用途限定是在清晰的前提下考虑包括尽可能大的范围，既点明发明所针对的特定证候，同时又兼顾中西医不同表述方式下的适应证类型。同时在说明书中，展开阐述证候的中医药理论依据，与权利要求前后呼应。

（3）具备独特的制备工艺

◆示例 3：一种活血化淤、益气养阴的中药制剂及其制备方法（专利申请号：CN200910215814.6）

权利要求 1：一种活血化淤、益气养阴的中药制剂，其特征在于由下列原料制得的活性成分组成或由下列原料制得的活性成分加药学上可接受的附加剂组成：三七 200—500 克、黄芪 50—160 克、丹参 40—100 克、玄参 60—160 克、三七药渣粉 100—400 克；其中的三七药渣粉是将三七粉碎，加 50—90V/V% 乙醇浸渍或超声提取或加热回流或渗漉二次，第一次 3-6 天，第二次 1—3 天，滤过，合并滤液，回收乙醇并浓缩至相对密度在 20℃—50℃时为 1.05—1.30，药渣烘干，粉碎成细粉，过筛即得三七药渣粉。……

技术领域（说明书）：本发明涉及一种含三七的中药制剂及其制备方法，更特别的涉及一种含三七药渣的中药制剂及其制备方法。 ……采用此方法提取三七后产生大量三七药渣，这些药渣均被废弃，得不到合理的使用，本发明试验证明，三七药渣中仍含大量的活性成分，如三七皂苷、三七素、三七多糖、黄酮类、氨基酸等。这些成分具有与复方血栓通制剂的功能主治一致的药理活性，因而制剂中使用三七药渣将对复方血栓通制剂的临床疗效产生协同作用。…… 本发明通过将三七提取，药渣干燥粉碎成细粉，过筛后与浸膏一同入药制备含三七药渣的复方血栓通制剂，通过三七药渣的有效成分检测、与复方血栓通胶囊功能主治有关的主要药效学试验、复方血栓通胶囊动物长期毒性试验及临床试验证实，制剂中加入三七药渣粉是安全有效的，提高了三七的有效利用，为提高三七的生物利用度提供了一种新的方法，也为三七药渣的再利用带来新的解决办法，该发明具有很好的临床疗效，解决患者的疾病，同时为企业更好的发展提供有力保障，为环境保护做出一定的贡献。

该示例发明对其中一味药三七进行特别提取加工，并在组方中加入三七药渣粉进行再提取，对某一药味的特殊制备工艺构成该发明的技术特征，在权利要求 1 中即点明披露，并在说明书又进行了详细解释，回填三七药渣粉的制备工艺有助于功效提升，提供有效成分检测、与复方血栓通胶囊功能主治有关的主要药效学试验、复方血栓通胶囊动物长期毒性试验及临床试验等多种实验数据支撑。

5.4.2.3　充实真实世界实验数据

在本书第四章对当前中药专利创造性审查标准的实证研究中，发现中药专利审查技术效果判断存在模糊性。通过研究，我们认为对中药发明的非显而易见性应当着重于真实世界治疗技术效果的判断。从专利申请或代理角度出发，则要加强对技术效果的证成，即通过临床试验数据来证明发明确实具有技术效果特色。所提供的数据还需在两方面加以提升，一方面是提高数据的翔实性，数据量要能够直接体现发明创造的过程付出了足够的努力；另一方面是提高数据的真实客观性，根据数据得出的结论由实验过程得来，不是本领域普通技术人员根据知识与技能预测得到，并且数据质量要能够经得起推敲或重现。

针对中药复方发明来说，其组方应当针对特定的证候，撰写时要提供分证型实验数据及判断标准。针对制剂改良发明来说，撰写时要提供对比实验数据。以下通过示例说明。

◆示例1：治疗咳嗽气喘的药物及其制备方法（专利申请号：CN02112833.2）

临床疗效统计（说明书）：

（1）主要症状、体征判断标准

咳嗽：轻（+）白天间断性咳嗽，不影响正常生活和工作；

中（++）阵咳，不影响睡眠；

重（+++）昼夜咳嗽频繁，影响工作与睡眠。

咯痰：少（+）昼夜咯痰6—15口或20—50毫升；

中（++）昼夜咯痰15—30口或50—100毫升；

重（+++）昼夜咯痰100毫升以上。

喘息：轻（+）安静时不喘息，明显活动后或早晚有轻度喘息；

中（++）安静时喘息不重，稍有活动或早晚喘息加重；

重（+++）安静时喘息明显，夜间不能平卧，影响睡眠与活动。

主要体征：干、湿罗音，哮鸣音

少（+）两肺偶闻，或在咳嗽、深快呼吸后出现；

中（++）两肺散在；

重（+++）两肺满布。

（2）疗效判定标准

结合分析各项观察指标，以咳、痰、喘息和主要体征干、湿罗音，哮鸣音为主要判定依据。

临床控制：咳、痰、喘息症状和主要体征不足轻度或消失；

显效：咳、痰、喘息症状和主要体征明显好转，由（+++）转为（+）；

好转：咳、痰、喘息症状和主要体征好转，由（+++）转为

（++）或（++）转为（+）；

无效：咳、痰、喘息症状和主要体征无改变或加重。

（3）疗效临床数据统计

① 总疗效

病例	临床控制	显效	好转	无效	有效率
73	18	28	22	5	93.15%

② 单项疗效

病症	病例	临床控制	显效	好转	无效
咳嗽	73	18	28	22	5
喘息	61	19	23	14	5
咯痰	69	18	26	20	5
罗音	55	15	24	13	3

③ 中医辨证与疗效关系

病症	病例	临床控制	显效	好转	无效
风寒	28	8	12	7	1
痰湿	29	9	12	6	2

示例1发明的实质性特征在于组方的组分与组量，说明书中披露的临床实验数据首先明确限定适应证与疗效程度的判断标准，在结果统计方面进行了分证型统计，并根据程度标准分别进行统计。实验设计及观测项目根据组方辨证方义而来，既能够作为中医药理论依据的实践检验，也能够充分体现中药发明的技术效果特色。

◆示例2：治疗乳腺疾病的中药软胶囊及制备（专利申请号：CN200710065087.0）

应用本发明制备方法得到的软胶囊剂，通过药效学研究证明，其疗效比同法制成的片剂、颗粒剂等有显著性提高，与片剂相比较溶出度更好，与颗粒相比较提高了抗湿性。本发明药物的生产过程应用真空干燥，不仅使地龙的有效成分得到了最大限度的保留，而且简化了生产工序，生产成本得到节约，还可以克服片剂、颗粒剂产品服用量过大的缺点。再加上药物是以液态存在于软胶囊中，吸收更快、显效更迅速，生物利用度得到显著性的提高。软胶囊制剂易于吞服、外形美观，使患者更容易接受。下面将制备工艺的部分优选试验披露如下：……

本发明药物组合物的药效学试验：试验材料为本发明药物，阳性对照药物I：市售乳癖消片，阳性对照药物II：市售乳疾灵颗粒，空白对照：生理盐水。……

本发明药物组合物的临床疗效观察试验：共收治病例780例，随机分为治疗组（本发明药物组）400例和对照组（阳性对照组I、II）380例。

（1）一般资料

① 治疗病例400例，女性，年龄从20—57岁平均年龄35.3岁，病程最长14年，最短3周；对照组共380例，其中对照组I 200例，女性，年龄21—54岁，平均年龄34.6岁，病程最长15年，最短4周；对照组II 180例，女性，年龄22—52岁，平均年龄37.1岁，病程最长13年，最短3周。三组年龄分布对比见表7。

表7　病例年龄分布与年龄表

组别	例数	0—	30—	40—	50—	平均年龄
对照组I	200	34	72	61	33	34.6
对照组II	180	26	59	63	32	37.1
治疗组	400	50	195	117	48	35.3

注：治疗组与对照组比较 $p > 0.05$。

该表显示治疗组、对照组的病例年龄分布与年龄无显著性差异，两者具可比性。

② 病情程度

轻度：乳房疼痛以隐痛、窜痛为主，单侧或双侧乳房肿块为单一肿块或呈颗粒状而范围小，或呈条索状而较软，局限于1个象限。

中度：乳房胀痛明显、肿块较大，累及双乳，范围在两个象限。

重度：乳房刺痛或呈坠痛、触痛明显，肿块大，累及双乳，范围在两象限。

轻度、中度、重度情况如表8。

表8　病人病情程度比较表

组别	例数	轻度	中度	重度
治疗组	400例	92例	189例	118例
对照组I	200例	61例	82例	57例
对照组II	180例	52例	74例	54例

注：两组比较治疗组病情略重，但无显著差异（$P > 0.05$）。

（2）治疗方法

全部病例为门诊病人，共780例，随机分为治疗组（本发明药物治疗）400例，对照组（阳性药物治疗对照组I、II）380例，观察时间3个疗程。

①治疗组：软胶囊剂，按照本发明实施例1方法制备。

②阳性对照药物I：市售乳癖消片。

阳性对照药物II：市售乳疾灵颗粒。

（3）疗效评定标准

参照国家中医药管理局颁布的《中医病症诊断疗效标准》

① 痊愈：乳房疼痛及肿块消失，结合X线钼钯乳房摄片或近红外线乳腺检查仪检查证实。

② 显效：乳房疼痛减轻，肿块缩小1/2以上，结合X线钼钯乳房摄片或近红外线检查仪检查证实。

③ 有效：乳房疼痛减轻，肿块缩小不及1/2，辅助检查基本与临床症状符合。

④ 无效：乳房疼痛不减，肿块未见缩小，症状与治疗前相同。

（4）治疗结果

表9　临床疗效试验结果

分组	例数	痊愈（%）	显效（%）	有效（%）	无效（%）	总有效率（%）
本发明物治疗组	400	180（45.00）	121（30.25）	89（22.25）	10（2.5）	97.5

续表

分组	例数	痊愈 （%）	显效 （%）	有效 （%）	无效 （%）	总有效率（%）
阳性对照组 I	200	71（35.5）	55（27.5）	43（21.5）	31（15.5）	84.5
阳性对照组 II	180	66（36.67）	52（28.89）	39（21.67）	23（12.78）	87.22

三组综合疗效比较，治疗组的痊愈率与总有效率均显著高于阳性对照组（$P < 0.05$），二者有显著差异，表明治疗组疗效优于对照组。

治疗组和对照组两组病性与疗效比较：…… 由表 10 可见病情与疗效关系在治疗组内无明显差异，对轻、中、重度的乳腺增生均有显著疗效，治疗组疗效均显著高于对照组 I、II（$p < 0.05$）。

综合上述结果表明：本发明药物组合物的软胶囊制剂总疗效要优于阳性对照药物，能够有效治疗乳腺增生、乳房胀疼等乳房疾病，且临床用药安全。

示例 2 发明的实质性特征为剂型改良，实验数据突出与原有剂型的比较。实验数据不仅有药效学实验，还有临床试验数据。临床试验数据量合理，且较为详细地披露数据分布。根据权威资料制定疗效判定的标准程度，将发明与原有剂型的疗效进行了统计比较，数据能够清晰反映改良剂型的临床疗效得以进一步提高。

跋

由于中药与化学药技术创新本身就在研发理论、研发过程、研究人员知识背景以及面临的技术问题等多个方面存在不同，因此中药领域发明的创造性审查除了在遵循创造性一般理论和审查原则基础上，应与化学药审查有所区分，使其能够涵盖应有的中药技术创新类别，并符合实际中药技术创新的要求，同时体现中药技术的特色。然而，理论上的应然难以在实际审查指南或规定文件中予以体现，专利审查指南中针对化学药、生物药品制定了相应的操作规定，而忽略了中药专利，致使中药专利从开始申请到接受审查都不得不参照化学药组合物的审查指南，套用或借用其审查思路，使得从实践中总结而形成的中药专利创造性审查标准存在一些掣肘之处。

现行中药专利的创造性审查标准来源于长期实践总结，形成了由外在判断要件与内在考量因素所构成的标准范式。中药专利创造性审查标准范式并没有脱离化学药（化合物药）审查思路，即在创造性一般理论范畴下套用化学药审查标准，将中药技术方案类比于化学药组合物，需要对技术方案进行拆分与重构，按照技术“四要素”原理提炼出技术方案中用来判断创造性的考量因素，即对比文件、区别特征、本领域普通技术人员水平、技术启示、客观技术问题及技术效果。中药专利按此范式进行创造性审查，审查员容易忽视中药“理、法、方、药”为统一整体的创新研发过程，造成对技术特征理解的割裂，使得很多基于中医理论内涵并体现中药技术创新特色的发明，例如部分（现有方剂）加减方发明、组合方发明难以获得或维持其专利权，符合现行因素化判断模式的“洋中药”（多数以中药作为生物原材料来源的化学药）反而获得授权。与创造性审查直接相关的考量因素，其概念内涵界定以及从中衍生的判断方法也没有融入对中药特殊理论、研发过程与方法的思考，容易造成判断方法和中药发明与技术发展需求不兼容、不适应的问题。在这种情况下，中药创新不能以原本技术特色为发明点而申报专利，只能“改头换面”或增加能够符合要求的实验室外围研究资料，不仅不利于中医药技术的传承与发展，也加重了中药企业的研发成本。

本书基于实证案例的数理统计与模型分析，证实现行中药专利的创造性审查标准在理论价值取向及操作运行中都存在值得重视的问题。具体来说，理论价值取向上的问题在于将创造性标准简单运用为调整专利数量的政策“指挥棒”，而忽略从实际出发思考中药技术特征与发展要求。在审查实践中表现为：第一，审查步骤存在不适，对传统工艺的认识存在偏差；第二，对某些考量因素例如技术启示、技术效果、本领域普通技术人员水平等，在审查规则制定中没有融入对中药特殊性的思考；第三，实际审查中，对不同的中药区别特征审查员判断的侧重点有所不同，但却没有明确的可供参考的统一标准，造成一些同类型案件的审查决定不一致或前后矛盾，对创造性判断造成了一定的模糊性，难以明确把握其标准；第四，中药技术本身也存在一些问题，例如，功效验证的可信度尚不确定，中药术语与现代科学语言之间难以契合等。

结合中药产业经济表现及与专利审查标准之间的关系，制定中药专利创造性审查标准已成为当然趋势，即要以中药专利质量为出发点，力求解决现行中药领域专利审查中面临的困扰多年的突出问题，尤其是无效复审及司法诉讼案件中围绕的有关创造性审查的争议点。破除单纯地利用创造性标准作为调整专利数量、唯“授权率”为“指挥棒”的政策思路，回归从技术价值角度考虑创造性标准适合性的思路。以促进中药产业经济增长为目标，形成中药技术创新、产业经济发展、法治监督三者协调发展机制，这其中中药产业经济发展处于中轴的地位，技术创新与法律应为之进行曲线偏向摆动。基于以上考量，本书尝试性地提出关于中药专利创造性审查标准的建议稿，提出应设定中药专利创造性审查标准的适用范围；制定符合中医药理论内涵与研发思路的审查步骤，打破了传统“三步法”的限制，并通过对中药专利创造性考量因素的界定，以及增加对说明书记载内容的要求，有意识地引导中药专利的申请倾向和撰写方式；在具体的审查操作规定中，建议稿将中药整体观、辨证论治及“理、法、方、药”为一统的技术特色融入考量因素的界定与判断中，对现有技术、本领域普通技术人员、技术启示、技术问题与技术效果都作了特殊规定；并对各类中药发明作分类规定，以提升中药发明专利的整体质量，真正实现中药专利的“严保护”；充分考虑中药发明创新的过程，提出以临床疗效作为中药专利创造性的评价核心，以符合实际中药技术创新的要求。

在本研究工作的后期，国家知识产权局起草形成了《中药领域发明专利审查指导意见（征求意见稿）》(简称“征求意见稿”)，征求意见稿中体现出的针对中药专利创造性审查标准改进的思路与本书所提出的路径基本吻合，但在具体标准的制定与完善中仍存在一些固有问题。本书作者已经将研究的主要结论提供给国家知识产权局参考，期待为中国的中药专利乃至中药产业作出些许贡献。

参考文献

一、著作

[1]李明德.知识产权法[M].北京：社会科学文献出版社，2007.

[2]闫文军.专利权的保护范围：权利要求解释和等同原则适用[M].北京：法律出版社，2007.

[3]钟赣生.中药学[M].北京：中国中医药出版社，2012.

[4]施建勇.中药产业经济与发展[M].上海：上海科学技术出版社，2002.

[5]严永和.论传统知识的知识产权保护[M].北京：法律出版社，2006.

[6]张清奎.医药及生物领域发明专利申请文件的撰写与审查[M].北京：知识产权出版社，2002.

[7]欧阳德方，潘卫三.实用药品专利[M].北京：人民卫生出版社，2006.

[8]王明旭，刘家全，秦正.医药知识产权战略研究[M].北京：军事医学科学出版社，2004.

[9]宋晓亭.中医药知识产权保护指南[M].北京：知识产权出版社，2008.

[10]肖诗鹰，刘铜华.中药知识产权保护[M].2版.北京：中国医药科技出版社，2008.

[11]汤宗舜.专利法教程[M].3版.北京：法律出版社，2003.

[12]管荣齐.发明专利的创造性[M].北京：知识产权出版社，2012.

[13]郑成思.知识产权论[M].3版.北京：法律出版社，2003.

[14] 阿瑟·R.米勒，迈克尔·H.戴维斯．知识产权法概要［M］．周林，译．北京：中国社会科学出版社，1998.
[15] 石必胜．专利创造性判断研究［M］．北京：知识产权出版社，2012.
[16] 李永明．知识产权法（第2版）［M］．杭州：浙江大学出版社，2003.
[17] 尹新天．专利权的保护（第2版）［M］．北京：知识产权出版社，2005.
[18] 国家知识产权局专利局审查业务管理部．审查指南修改导读［M］．北京：知识产权出版社，2002.
[19] 约翰·洛克．政府论（下篇）［M］．杨宇冠，李立，译．北京：中国政法大学出版社，2018.
[20] 吴汉东．知识产权基本问题研究［M］．北京：中国人民大学出版社，2005.
[21] 刘俊士．专利创造性分析原理［M］．北京：知识产权出版社，2012.
[22] 威廉·M.兰德斯，理查德·A.波斯纳．知识产权法的经济结构［M］．金海军，译．北京：北京大学出版社，2005.
[23] 刘作翔．法理学［M］．北京：社会科学文献出版社，2005.
[24] 石必胜．专利权有效性司法判断［M］．北京：知识产权出版社，2016.
[25] 杨柏灿，文小平．方药学［M］．上海：上海科学技术出版社，2010.
[26] 欧阳石文．医药生物领域发明专利申请文件撰写与答复技巧［M］．北京：知识产权出版社，2017.
[27] 吴继洲，孔令义．天然药物化学［M］．北京：中国医药科技出版社，2008.
[28] 仝小林．方药量效学［M］．北京：科学出版社，2013.
[29] 黄敏．发明专利申请文件的审查与撰写要点［M］．北京：知识产权出版社，2015.
[30] 张廷模．中药学［M］．北京：高等教育出版社，2010.
[31] 张伯礼，陈传宏．中药现代化二十年：1996—2015［M］．上海：上海科技出版社，2016.
[32] 张伯礼，李振吉．中国中医药重大理论传承创新典藏［M］．北京：中国中医药出版社，2018.
[33] 多米尼克·格莱克，布鲁诺·范·波特斯伯格．欧洲专利制度经济学：创新与

竞争的知识产权政策［M］.张南，译.北京：知识产权出版社，2016.

［34］罗豪才，湛中乐.行政法学（第3版）［M］.北京：北京大学出版社，2012.

［35］尹新天.中国专利法详解（缩编版第2版）［M］.北京：知识产权出版社，2012.

［36］章洪流，章鹿野.中药专利文献方剂精选［M］.北京：知识产权出版社，2014.

［37］罗伯特·D.考特，托马斯·S.尤伦.法和经济学［M］.施少华.姜建强，等译.上海：上海财经大学出版社，2002.

［38］William D. Nordhaus，Invention，growth and welfare：a theoretical treatment of technological change［M］. M.I.T. Press，1969.

［39］Josef D，Nari L. Pharmaceutical innovation，competition and patent law：a trilateral perspective［M］. Cheltenham，UK；Northampton，MA，USA：Edward Elgar，2013.

［40］Ron A B. Patently innovative：how pharmaceutical firms use emerging patent law to extend monopolies on blockbuster drugs［M］. Oxford：Biohealthcare，2012.

二、报刊及会议论文

［1］李悦书，郜江海，刘霁堂.中药产业集群类型及进化路径分析［J］.科技管理研究，2010，30（22）.

［2］房耘耘，石学峰，程薇，等.建国以来中医药科技管理相关政策回顾［J］.中医药管理杂志，2010，18（11）.

［3］乔延江，卢建秋，马群，等."九五"以来中药分析学科发展报告［C］// 中华中医药学会中药分析分会第三届学术交流会论文集.北京中医药大学，2008.

［4］丁安伟.中药现代化发展历程的回顾与思考［J］.江苏中医药，2004（10）.

［5］王月茹，谢伟，王剑龙.我国中药品种专利保护状况分析［J］.中国科技信息，2019，597（1）.

［6］秦宇，董丽.我国中药专利申请现状分析及建议［J］.中国新药杂志，2016，25（8）.

［7］刘扬，李海燕，陆烨鑫，等.国内中草药失效专利分析［J］.医学信息学杂志，2014，35（8）.

［8］王志刚，贺云龙，田侃.专利转化视角下我国中药专利审查方式的再思考［J］.中国卫生事业管理，2014（12）.

[9]李帆，孟锐 . 浅析现有中药专利保护的缺陷［J］. 中国药房，2011（3）.
[10]李美英，李先元 . 对中国中医药知识产权保护现行制度的思考［J］. 国际药学研究杂志，2015，42（4）.
[11]王兵，陈维国 . 我国中草药知识产权保护的几个问题［J］. 科技与法律 . 2005（1）.
[12]冯雪飞，袁红梅 . 中国中药领域专利情报分析［J］. 中国新药杂志，2018，27（4）.
[13]耿胜燕，耿立冬，欧阳雪宇 . 我国中药专利申请质量的现状分析与对策研究［J］. 中国中医药信息杂志，2016，23（1）.
[14]李少彬 . 浅析我国的中药专利保护制度［J］. 金长工程 · 经济与法，2010（7）.
[15]丁先明 . 我国仅有 0.3% 中药申请国际专利［N］. 中国青年报，2012-04-22（2）.
[16]张晓东，徐嘉慧 . 多国植物药专利申请状况比较研究及我国企业应对［J］. 科技管理研究，2014（16）.
[17]马超宇，曹阳 . 论新形势下加强中药专利保护并逐步废除中药品种保护的必要性［J］. 现代经济信息，2012（9）.
[18]李莹辉，李洋，陈晓雨，赵晶，李红玉 . 德国典型植物药专利保护策略及启示［J］. 中草药，2017，48（7）.
[19]刘彦明，邢伟伟 . 若干代表性国家的天然药物专利保护政策浅析［J］. 中国发明与专利，2013（9）.
[20]江茹，沈爱玲 . 利用国外植物药专利保护政策对我国中药专利保护的意义［J］. 贵阳中医学院学报 . 2012，34（2）.
[21]李扬，孙晓北，等 . 美日药品专利发展趋势［J］. 医学信息学杂志 . 2009，30（12）：49-52.
[22]刘盼，曹雅迪，巩瑞娟，等 . 基于美国对中药组合物专利保护客体审查规则的应对［J］. 中国中药杂志，2018，43（3）.
[23]陈朝晖，郑洪 . 从美国专利文献看中药复方在国际上的专利保护方式［J］. 中成药，2006,（1）.
[24] 杜国顺 . 浅谈提取物方法发明的创造性判断方法［J］. 中国发明与专利，2013（6）.
[25] 杨显滨 . 论中药单方专利的创造性认定［J］. 法学论坛，2012，27（1）.
[26] 张冬 . 透视中国传统技术专利新发展的瓶颈问题：以中药专利为视角［J］. 知

识产权，2009，19（4）.

[27] 杨崇森，杨显滨．本土意境下中药复方专利的涅槃场域：以中医药学原理为研究路径［J］．法学杂志，2013（10）.

[28] 颜艳．浅析中药专利的审查标准问题［J］．商业文化，2011（11）.

[29] 赵丽莉，赵建魁．中药专利保护分析［J］．山西中医，2003，19（4）.

[30] 史怡然，赵静，王一涛，等．中药专利保护的难点分析及建议［J］．中药研究与信息，2005，17（4）.

[31] 陈学宇．中药专利国际化四大阻碍［N］．医药经济报，2012-11-05（7）.

[32] 陈庆．专利视角下中医药传统知识现有技术评介及制度启示［J］．知识产权，2017（10）.

[33] 张冬．中药知识产权国际化保护问题的实效方法论应用：以中美对中药保护最佳路径选择为视角［J］．河北法学，2012，30（1）.

[34] 李宗辉．专利"三性"标准的历史演进及其启示［J］．电子知识产权，2015（6）.

[35] 丁锦希，傅凌宇，孟立立，等．美国专利非显而易见性 Graham-TSM 判定标准及其对我国的启示：基于"Pfizer vs.Apotex 案"的实证分析［J］．上海医药，2015，36（13）.

[36] 李梅，高燕．KSR 案后各国家和地区的专利创造性标准发展研究（二）［J］．中国发明与专利，2014（7）.

[37] 杨旭杰，肖诗鹰，梅智胜，等．社会收益视角中中药组合物专利"三性"的价值评析［J］．中华中医药杂志，2011，26（5）.

[38] 宋晓亭．中医药创新中的知识产权新问题［J］．世界科学技术・中医药现代化，2011，13（3）.

[39] 郑永锋．中药领域发明创造的专利保护［J］．世界科学技术，2003（2）.

[40] 罗爱静，罗京亚，谢文照，等．基于加权求和法的我国中药知识产权现状分析［J］．中草药，2015，46（9）.

[41] 张朝磊，赵良，卞志家，等．我国中药专利涉及创造性法条的司法判例分析［J］．中国新药杂志，2018，27（2）.

[42] 郑永锋．中药专利申请的现状分析及审查标准［J］．中国新药杂志，2000（1）.

[43] 方相锋，侯鸿军，李兴民．关于中药复方申请专利“三性”问题的探讨[J]．中国卫生事业管理，2008，25（11）．

[44] 彭晓琦，邓声菊．中美日欧医药用途发明专利审查制度对比分析[J]．中国新药杂志，2017，26（7）．

[45] 黄国群．我国专利创造性判定中的整体性评审与模型构造研究[J]．上海财经大学学报，2015，17（3）．

[46] 赵晶，戴治娟，王亚亚，等．从无效宣告大数据看剂型改良对中药专利再保护的重要意义和实践途径[J]．中国药业，2018，27（18）．

[47] 易玲，魏小栋．多维度视角下的“本领域技术人员”之界定[J]．知识产权，2016（7）．

[48] 师晓荣，刘艳芳，杨秦，等．浅谈欧洲专利创造性审查标准变化对我国医药领域审查的借鉴意义[J]．中国发明与专利，2017，14（8）．

[49] 张小林．论专利法中的“本领域普通技术人员”[J]．科技与法律，2011（6）．

[50] 张晓东，傅利英．美国专利审查中的“显易尝试”标准及对我国的启示[J]．中国医药工业杂志，2013，44（5）．

[51] 刘晓军．专利创造性评判中的技术启示[J]．知识产权，2012（5）．

[52] 张静．论创造性判断中的技术启示问题[J]．清华知识产权评论，2015（00）．

[53] 卜冬泉，栗彬彬．浅谈创造性评价中技术领域对技术启示的影响[J]．中国发明与专利，2013（4）．

[54] 胡杨．发明实际解决的技术问题：判断创造性的关键[C]//中华全国专利代理人协会．《专利法》第22条创造性理论与实践：2011年专利审查与专利代理高端学术研讨会论文选编．北京：知识产权出版社，2012.

[55] 马文霞，何炜，李新芝，等．“预料不到的技术效果”在创造性判断中的考量[J]．中国发明与专利，2013（2）．

[56] 夏芬，刘子志，王瑞敏，等．基于中医药传统文化的中医药专利审查标准思考[J]．医学与社会，2017，30（4）．

[57] 吴晶，李欣．国外天然药物专利政策分析及对我国中药保护的启示[J]．中草药，2010，41（11）．

［58］马文霞，刘丽伟．创造性判断中发明构思的把握与应用（上）［M］．审查业务通讯，2015，21（2）．

［59］钱承．运用 MATLAB 处理线性回归异常值问题方法［J］．中国计量，2016（6）．

［60］刘立春，漆苏．专利特征对药品专利法律质量评估的实证研究［J］．科研管理，2015，36（6）．

［61］黄国群．专利创造性判断的系统分析与影响因素实证研究［J］．情报杂志，2015，34（7）．

［62］冯冲，董新月，袁红梅．离散型产业内知识流动影响因素研究：以中药上市企业为例［J］．中草药，2018，49（6）．

［63］李耿，李振坤，等．中药大品种科技竞争力报告（2018 版）概要［J］．中国现代中药，2019，21（1）．

［64］陈一孚．论中药和专利制度之间的兼容性：以中药发明的实用性审查为视角［J］．理论与改革，2016（2）．

［65］白雪，张晴，王菲，等．关于中药专利申请中生品和炮制品名称的撰写方式［J］．中国中医药信息杂志，2013（1）．

［66］王孝涛，曹晖．中药炮制制毒增效论［J］．中国中药杂志，1999（3）．

［67］张村，李丽，肖永庆．中药炮制学科的发展与创新［J］．世界科学技术·中医药现代化，2011，13（1）．

［68］谢海燕．浅谈创造性判断中最接近现有技术的确定［C］// 中华全国专利代理人协会．《专利法》第 22 条创造性理论与实践：2011 年专利审查与专利代理高端学术研讨会论文选编．北京：知识产权出版社，2012．

［69］朱晓琳，陈新，沈颖．黑箱方法在中医药中的表现［J］．世界最新医学信息文摘，2017，17（65）．

［70］刘东华．本领域技术人员在专利创造性判断中的作用反思［J］．情报杂志，2016，35（11）．

［71］尚颖，李彩芬．KSR 案后各国家和地区的专利创造性标准发展研究（一）［J］．中国发明与专利，2014（6）．

［72］刘艳芳，师晓荣，刘会英，等．浅议日本专利创造性标准的变迁及对我国的启示

[J].中国发明与专利，2017，14（7）.
[73] 李蓓.浅谈专利创造性判断标准对创新活动的影响[J].中国发明与专利，2014（2）.
[74] 屠鹏飞，姜勇，郭晓宇.新形势下中药创新药物的发现与研发[J].中国中药杂志，2015（17）.
[75] 姜勇，李军，屠鹏飞.再议新形势下中药创新药物的发现与研发思路[J].世界科学技术·中医药现代化，2017（6）.
[76] 蒋宁，张永祥，杜冠华.新思路·新方法：中药药理学研究与中药新药研发[J].中国药理学与毒理学杂志，2016，30（9）.
[77] 张铁军.基于以临床为核心的中药新药研发思路与创新策略[J].中国医药工业杂志，2016，47（9）.
[78] 贾晓斌.基于整体观中药物质基础认识与创新中药研发[J].世界科学技术·中医药现代化，2017（9）.
[79] 于友华，王永炎.论方剂"整体综合调节"的作用方式[J].中国中药杂志，2003（4）.
[80] 邓飞飞，侯未，袁红梅.中国中药专利自实施影响因素研究[J].情报杂志，2016，35（5）.
[81] 陈一孚.国际视野中的中药可专利性问题研究[J].山东社会科学，2012（12）.
[82] 温明，孙鹤，涂洪谊，等.基于创新实践的中药专利组合研究[J].中国药学杂志，2010，45（17）.
[83] 杨显滨，苏喆.论中药单方专利的侵权认定[J].法学杂志，2010，31（8）.
[84] 张晴，王菲，白雪.论中药专利申请过程中存在的问题及对策[J].辽宁中医药大学学报，2012，14（3）.
[85] 王晓天，王承华，袁红梅，等.论中医方剂知识产权保护的困境与出路[J].中国实验方剂学杂志，2013，19（15）.
[86] 陈一孚.论专利法和传统中药之间的兼容性：以在专利申请中产品界定为例[J].中国法律，2010（2）.
[87] 冯小兵."中医药领域热点研究"导语[J].专利代理，2018（3）.

[88] 王未东．组合物权利要求中百分比含量限定问题浅析［J］．专利代理，2016（4）．
[89] 刘晖晖，李盛青，詹若挺，等．中药配方颗粒发展现状与临床推广应用面临的主要问题分析［J］．世界科学技术·中医药现代化，2011，13（1）．
[90] 文翠兰．中药现代化发展战略［J］．世界科学技术，1999（1）．
[91] 邓声菊，何黎清．地标升国标对药品能否获得专利保护的探讨［J］．中国发明与专利，2008（8）．
[92] 陈光，王阶．证候类中药新药研发的中医理论基础探讨：基于古代文献的中医方药干预模式研究［J］．中国中药杂志，2020，45（3）．
[93] 韩启德院士：中医不科学不代表不正确［J］．科技传播，2014，6（11）．
[94] 王振国，张冰，曾英姿，等．中医药理论的近代嬗变及其影响：以本草诠释方法为视角［J］．山东中医杂志，2019，38（1）．
[95] 张铁军，王文燕．中药新药研究的系统思维［J］．世界科学技术，2005（1）．
[96] 吴汉东．知识产权法的制度创新本质与知识创新目标［J］．法学研究，2014(3)．
[97] 吕茂平．我国新批准上市中药新药的专利保护状况分析［J］．中国中医药信息杂志，2016，23（7）．
[98] 吴红，付秀颖，董坤．专利公信力影响因素实证分析与建议［J］．图书情报工作，2013，57（14）．
[99] LEMLEY M A，LICHTMAN D，SAMPAT B N．What to Do About Bad Patents［J］．Ragulation，2005–2006，28（4）．
[100] BURK D L，LEMLEY M．Policy Levers in Patent Law［J］．Berkeley Olin Program in Law & Economics，Working Paper Series，2003，89（7）．
[101] FRIESE J，JUNE U，ROHM T.，et al. Intellectual Property：An Underestimated and undermanaged asset?［J］Journal of Business Chemistry. 2006，3（1）．
[102] DONG T P，SUNG C H. Exuberance or Bubble? Study of Nano–based Herbal Medicine patents in the PR China. Journal of intellectual property rights. 2011，16.
[103] FRANK D P. Standard of Patentable Invention from 1474 to 1952［J］．The University of Chicago Law Review，1952，20（1）．
[104] EDWIN C H. Justifying Intellectual Property［J］．Philosophy and Public Affairs，

1989, 18（1）.

[105] KITCH E W . The Nature and Function of the Patent System [J] . The Journal of Law and Economics, 1977, 20（2）.

[106] MENELL P S, LEMLEY M A, MERGES R P. Intellectual Property in the New Technological Age: 2017 – Chapters 1 and 2 (July 18, 2017)[M] // Intellectual Property in the New Technological Age 2017: Vol. II Copyrights, Trademarks and State IP Protections; ISBN–13: 978–1945555077, UC Berkeley Public Law Research Paper, Stanford Public Law Working Paper, Available at SSRN: https: //ssrn.com/abstract=2999038.

[107] VINCEZO D. Economic Theories of the Nonobviousness Requirement for Patentability: a survey [J] . Lewis & Clark L. Rev., 2008（12）.

[108] COHEN W M N, RICHARD R, WALSH J P. Protecting Their Intellectual Assets: Appropriability Conditions and Why U.S. Manufacturing Firms Patent (or not)[J] . Nat Bureau Econ Res Working Paper Series, 2000（2）.

[109] LEMLEY M. Rational Ignorance at the Patent Office [J] . Berkeley Olin Program in Law & Economics Working Paper Series, 2000, 95（1021）.

[110] HARHOFF D, GRAEVENITZ G V, WAGER S. Conflict Resolution, Public Goods, and Patent Thickets[J]. Management Science, 2016, 62（3）.

[111] WANG Y, FAN X H, QU H B, et al. Strategies and Techniques for Multi–component Drug Design from Medicinal Herbs and Traditional Chinese Medicine [J]. Curr Top Med Chem, 2012, 12（12）.

[112] ZHANG J H, ZHU Y, FAN X H, et al. Efficacy Oriented Compatibility for Component Based Chinese Medicine [J] . Acta Pharmacol Sin, 2015, 36（6）.

[113] KIEDAISCH, CHRISTIAN. Intellectual Property Rights in a Quality–ladder Model with Persistent Leadership [J] . European Economic Review, 2015, 80.

[114] CAILLAUD B, DUCHENE A. Patent Office in innovation policy: Nobody's perfect [J] . International Journal of Industrial Organization, 2011, 29（2）.

[115] CHRISTOPHER C, KENNEDY. Rethinking Obviousness [J] . Wisconsin Law

Review, 2015.

[116] DI GUARDO M C, HARRIGAN K R . Shaping the Path to Inventive Activity: the Role of Past Experience in R&D Alliances [J] . The Journal of Technology Transfer, 2016, 41 (2) .

[117] DEEPAK J S . The Elusive Quest for the Definition of Obviousness—Patent Law's Holy Grail [J] . Iic International Review of Intellectual Property & Competition Law, 2010, 41 (4) .

[118] HOLMAN C M . Supreme Court Asked to Consider Role of Post-Filing Evidence in Assessing Obviousness of Pharmaceutical Inventions[J]. Biotechnology Law Report, 2015, 34 (2) .

[119] TESSENSOHN J A . Japan's Patent Issues Relating to Life Science Therapeutic Inventions [J] . Expert Opinion on Therapeutic Patents, 2014, 24 (9) .

[120] HOLMAN C M . The Federal Circuit's Ongoing Expansion of Obviousness-Type Double Patenting Creates Patent Prosecution Pitfalls [J] . Biotechnology Law Report, 2014, 33 (3) .

[121] LIN F, WANG S J . Identification of the Factors that Result in Obviousness Rulings for Biotech Patents [J] . Human Vaccines & Immunotherapeutics, 2013, 9 (11) .

[122] GENDLOFF E H . The Evolving Obviousness Standard for Biotechnology and Pharmaceuticals in U.S. Patent Law [J] . Biotechnology Law Report, 2010, 29 (4) .

[123] WANG Z G, REN J . Current Status and Future Direction of Chinese Herbal Medicine [J] . Trends in Pharmacological Sciences, 2002, 23 (8) .

[124] WANG Z, LIU J, CHENG Y, et al. Fangjiomics: In Search of Effective and Safe Combination Therapies [J] . The Journal of Clinical Pharmacology, 2011, 51 (8) .

[125] HESS R A . Excavating Treasure from the Amber of the Prior Art: Why the Public Benefit Doctrine is Ill-suited to the Pharmaceutical Sciences [J] . Food & Drug Law Journal, 2011, 66 (1) .

[126] Network Pharmacology Bridges Traditional Application and Modern Development of Traditional Chinese Medicine [J] . Chinese Herbal Medicines, 2015, 7 (1) .

[127] WHITAKER J K, NORDHAUS W D. Invention, Growth and Welfare: A Theoretical Treatment of Technological Change [J]. Economica, 1970, 37 (148).

[128] HUNT R M. Patentability, Industry Structure, and Innovation [J]. The Journal of Industrial Economics, 2004, 52 (3).

三、学位论文类

[1] 刘颖. 我国中药产业竞争力评价体系研究 [D]. 北京：华北电力大学（北京），2011.

[2] 黄志勇. 基于 R-SCP 分析的我国中药产业竞争力提升研究 [D]. 长沙：中南大学，2012.

[3] 丁宇峰. 专利质量的法律控制研究 [D]. 南京：南京大学，2016.

[4] 袁红梅. 中药知识产权法律制度本土化与国际化研究 [D]. 长春：吉林大学，2008.

[5] 周璐. 基于利益驱动视角的专利质量控制政策体系研究 [D]. 武汉：华中科技大学，2015.

[6] 王传超. 近代科学背景下传统中药知识的嬗变（1840—1949）[D]. 北京：中国科学院大学，2015.

四、法律、法规、标准类

[1] European Patent Office. Guidelines for Examination in the European Patent Offic.

[2] European Patent Convention, 13th ed.

[3] J.P Examination Standards Office. Examination Guidelines for Patent and Utility Model in Japan.

[4] 35 U.S.C.103 (a).

[5] 专利审查指南 [G]. 北京：知识产权出版社，2010.

[6] Patent Act of 1790, Ch. 7, 1 Stat. 109-112 (April 10, 1790). http: //legisworks.org/sal/1/stats/STATUTE-1-Pg109.pdf.

[7] DIRECTIVE 2004/24/EC OF THE EUROPEAN PARLIAMENT AND OF THE COUNCIL of 31 March 2004 (amending, as regards traditional herbal medicinal

products, Directive 2001/83/EC on the Community code relating to medicinal products for human use).

五、国外案例类

[1] Hotchkiss v. Greenwood, 52 U.S. 248 (1851).

[2] Reckendorfer v. Faber, 92 U.S. 347 (1875).

[3] Magowan v. New York Belting&Packing Co., 141 U.S. 332 (1891).

[4] Cuno Eng'g Corp. v. Automatic Devices Corp., 314 U.S.84, 90–91 (1941).

[5] Smith v. Goodyear Dental Vulcanite Co., 93 U.S. 486 (1876).

[6] Thomson v. American Braided Wire, [1889] 6 R.P.C. 518, 528 (H.L.)(U.K.).

[7] Graham v. John Deere Co., 383 U.S. 1 (1966).

[8] KSR International Co. v. Teleflex Inc., 550 U.S. 398 (2007).

[9] T1/80, OJ 1981, 206; T20/81, OJ 1982, 217; T24/81, OJ 1983, 133; T248/85, OJ 1986, 261.

[10] W.L.Gore & Associates, Inc. v. Garlock, Inc., 721F. 2d 1540, 220 USPQ 303 (Fed. Cir. 1983), cert. denied, 469 U.S. 851 (1984).

[11] Wire Wheel Corp. of America v. C.T. Silver, Inc., 266 F. 221, 227 (S.D.N.Y.1919), aff'd, 266 F. 229 (2d Cir. 1920).

[12] Van Heusen Products v. Earl & Wilson, 300 F. 922, 929 (S.D.N.Y. 1924).

[13] Diamond Rubber Co. v. Consolidated Rubber Tire Co., 220 U.S. 428 (1911).

六、网络资料类

[1] 国务院关于印发《中药材生产质量管理规范认证管理办法（试行）》及《中药材 GAP 认证检查评定标准（试行）》的通知 [EB/OL]. [2020–04–28]. http://www.gov.cn/gongbao/content/2004/content_63083.htm.

[2] 国家食品药品监督管理总局关于取消中药材生产质量管理规范认证有关事宜的公告（2016 年第 72 号）[EB/OL]. [2020–04–28]. http://www.nmpa.gov.cn/yanpin/ypggtg/ypqtgg/20160318173401411.html.

[3] 郑永锋：中药专利保护的客体分类——中医药知识产权专家访谈之一 [EB/OL]. [2019-12-11]. http：//www.chinamsr.com/2005/0624/2915.shtml.

[4] Tatsuya Tada. Revision of Examination Guidelines of the JPO，Description Requirements [EB/OL]. [2019-12-04]. Examination Standards Office the Japan Patent Office. http：//www.nyipla.org/images/nyipla/Documents/JPO/2_RevisionExaminationGuideline JPORequirements.pdf.

[5] 八部门推药品采购“两票制”降低药品虚高价格 [EB/OL]. [2019-12-11]. http：//www.xinhuanet.com/politics/2017-01/09/c_129437908.

[6] 国务院关于印发中医药发展战略规划纲要（2016—2030 年）的通知 [EB/OL]. [2019-12-11]. http：//www.gov.cn/zhengce/content/2016-02/26/content_5046678.htm.

[7] 国家知识产权局复审和无效审理部发布的复审无效决定评析：现有技术的整体教导在中药组合物创造性判断中的适用 [EB/OL]. [2020-04-26]. http：//reexam.cnipa.gov.cn/alzx/scjdpx/fswxjdpx/19845.htm.

[8] 国家知识产权局关于政协十三届全国委员会第二次会议第 2959 号（科学技术类 177 号）提案答复的函.（2019-09-10）[2020-07-03]. https：//www.yaozui.com/p793656.html.

[9] 朱萍，刘金健. 代表委员：中药不等于辅助用药，中医药产业下行趋势 [J/OL]. 21 世纪经济报道. [2020-07-03]. https：//finance.sina.com.cn/roll/2019-03-06/doc-ihsxncvh0263884.shtml.

附录 I

中药专利创造性审查标准的适用规律——基于 Matlab 多元回归模型分析方法与数据分析结果

一、研究方法

对 134 件无效案件中有关创造性的部分逐一分类整理并阅读其审理信息，发现将不具有创造性作为无效理由的案例共计 109 件，其中有 18 件无效请求并没有经过完整的创造性判断流程，而是因请求人所提供的无效证据在公开时间、方式等方面无法被认定为能够破坏专利新颖性或创造性的现有技术，而被认定为维持原专利权有效，91 件无效请求现有技术证据成立，对原专利的创造性进行了再次审查。以这 91 件无效审查决定中有关创造性的审理部分作为模型分析的数据源进行深入分析。

1. 模型与变量的选择

《专利审查指南》规定了创造性审查包括非显而易见性判断和显著的进步判断两方面内容，审查方法从步骤上遵循“三步法”，在进行非显而易见性或显著进步性的判断之前，要先确定最接近的现有技术、发明的区别特征及发明实际解决的技术问题。[1]非显而易见性与显著进步性判断的实质是一个准确

---

[1] 参见《专利审查指南 2010》第二部分第四章 3.2.1.1 判断方法。

把握发明构思的前因后果，并对发明进行重塑的过程，[1] 只不过非显而易见性判断偏于从正向还原发明构思，是对技术方案改进思路的探寻；而显著进步性的判断则倒果为因，通过对技术效果的确认反推技术问题与改进思路，偏于从反向还原发明构思的过程，实际审查中对两者通常进行综合考虑。

为了避免审查员事后眼光（hindsight）对创造性判断的影响，最大程度地实现创造性判断客观化的内在需求，在审查实践中逐步形成了可广泛应用且易于操作的创造性判断方法，[2] 这些方法帮助审查员从发明创造思维的多角度出发整体衡量创造性高度，得出是否具有创造性的审查结论。总结目前各类中药专利在非显而易见性判断中所运用的具体方法包括：现有技术是否为发明提供教导启示，技术方案在特征、效果及整体构思上是否为本领域技术人员容易想到、预见或仅需有限次劳动即可重现，以及技术特征是否为行业内常规技术手段或技术常识。[3] 中药专利显著性进步判断的具体方法要根据技术方案本身来定。概言之，应在整体上产生"意外的突出效果"，审查员可依据具体技术方案本身的信息确定发明是否能够产生其所述的效果，若仅根据技术方案本身无法确定其所能产生的技术效果时，则必须依赖实验数据或临床观察资料进行判断。[4]

鉴于创造性审查结果非无即有，审查所涉及的考察因素具有多元化的特点，对创造性审查的数据拟合选择多元二项回归模型，[5] 以案例的审查结果为因变量 Y，Y 的取值为 0 或 1（具有创造性为 1，不具有为 0）。将上述非显而易见性与显著进步性具体判断方法是否运用的情况作为自变量，包括现有技术教导启示判断（X4）、解决客观技术问题判断（X5）、容易想到 / 预见 / 可重现判断（X6）、常规技术手段 / 基本常识判断（X7）、根据技术方案本身判断技术效

[1] 马文霞，刘丽伟．创造性判断中发明构思的把握与应用（上）[J]．审查业务通讯，2015，21（2）：32-38.

[2] 石必胜．专利创造性判断研究［M］．北京：知识产权出版社，2012：71.

[3] 张清奎．医药及生物领域发明专利申请文件的撰写与审查［M］．北京：知识产权出版社．2002：312-315.

[4] 郑永锋．中药专利申请的现状分析及审查标准［J］．中国新药杂志，2000（1）：61-64.

[5] 邓飞飞，侯未，袁红梅．中国中药专利自实施影响因素研究［J］．情报杂志，2016，35（5）：123-129.

果（X8）以及根据具体的实验数据或临床观察判断技术效果（X9），X4—X9 的取值类型为二分类，对各案例进行是否运用的判断（是为 1，否为 0）。

由于在创造性审查中，确定现有技术与区别特征是进行非显而易见性与显著进步性判断的前提，审查员在现有技术、区别特征及其相互关系确定的基础上，才能够运用相关的创造性判断方法，因此判断中所用到的对比文件以及区别特征都是创造性判断的事实依据。将对比文件数量（X1）、区别特征数量（X2）以及判断方法数量（X3）也作为自变量，X1—X3 取值为实际的连续性数值（见表Ⅰ-1）。

表Ⅰ-1　变量的定义与取值

类别	编号	变量名称	取值方法
因变量	Y	创造性的审查结果	具有创造性为 1 不具有创造性为 0
判断依据	X1	对比文件数	取实际值
	X2	区别特征数	
	X3	判断标准数	
判断方法	X4	现有技术教导启示判断	是否运用的判断 是为 1，否为 0
	X5	解决客观技术问题判断	
	X6	容易想到 / 预见 / 可重现判断	
	X7	常规技术手段 / 基本常识判断	
	X8	根据技术方案本身判断技术效果	
	X9	根据具体的实验数据或临床观察判断技术效果	

针对这些因素实际中所用到的具体的判断方法共计六种，前四种方法均属于非显而易见性的判断，是以在先技术与知识为基础、以一般技术人员为判断主体的一个“从前往后”的单向预测过程，且在判断思维过程中四种方法多有交叉；后两种均针对技术效果，属于是否具有显著进步性的判断，是以发明效果及贡献程度为判断依据的事后评价。

2. 分析流程

根据经验和有关知识认为与专利审查结果有关联的自变量不止一个，考虑应用 Matlab 建立多元线性回归模型。建立回归模型主要分几个步骤：

（1）根据研究目的收集数据和进行预分析；（2）根据散点图或一元回归是否具有线性关系建立基本回归模型；（3）模型的精细分析及改进；（4）确定最优拟合模型。具体分析流程见图 I-1 所示。

在进行多元回归之前，先利用 Excel 计算各个自变量（X1—X9）相对于因变量（Y）的 Pearson 相关系数，初步探索各个自变量与因变量的相关性情况，通过对 T 统计量的双尾临界检验，排除与审查结果无相关性的自变量因子。

在回归分析中，由于 Y 值为 0 或 1，因此要利用 Regress 函数做 Logistic 回归。Logistic 回归的基本思想是，不直接对 Y 进行回归，而是先定义概率函数 π，代表中药技术方案经过审查后具有创造性的概率。

令：$\pi=\Pr(Y=1|X_1=x_1,\ X_2=x_2,\ \cdots X_n=x_n)=\dfrac{1}{1+a\cdot e^{-b_1X_1-\cdots-b_nX_n}}$（$a>0,\ b_j\geqslant 0$）

变形得到：$\log\left(\dfrac{1-\pi}{\pi}\right)=b_0-b_1x_1-\cdots-b_nx_n$

将 Y 值原数据进行上述的 log 变换后，再进行常规线性回归。在 Matlab 中编写代码调用 regress 命令建立变量对于审查结果 Y 的多元回归模型。执行命令后返回的结果包括拟合线性函数的系数（b）、对应系数的置信区间（bint）、残值向量（r）、残值的置信区间（rint）、以及回归模型的 Stats 值（置信度 R^2、统计量 F、与 F 统计量对应的 P 值、估计误差方差 RMSE）。根据第一次程序执行命令返回的 Stats 值以及残差分析，来确定是否继续剔除个别离群点后再进行循环回归，[1] 以此对初步回归结果进行改进。对 Stats 值的判断包括对置信度 R^2 的评价、F 检验、P 值检验等。

由于模型考虑因素众多，还需要从众多自变量中有效地确定最重要的一个或几个变量，因此最后一步是利用逐步回归来确定最优的拟合模型。逐步回归的基本思想是：先确定一个包含若干自变量的初始集合，然后每次从集合外的变量中引入一个对因变量影响最大的，再对集合中的变量进行检验，从变得不显著的变量中移出一个影响最小的，依此进行，直到不能引

---

[1] 钱承 . 运用 MATLAB 处理线性回归异常值问题方法［J］. 中国计量，2016（6）：93-94，98.

入和移出为止。引入和移出都以给定的显著性水平为标准。在 Matlab 中编写代码调用 stepwise 命令，先将 Logistic 回归模型中显著的自变量逐步引入回归方程，再将不显著的自变量逐个剔除回归方程，最后得到最优的拟合模型。

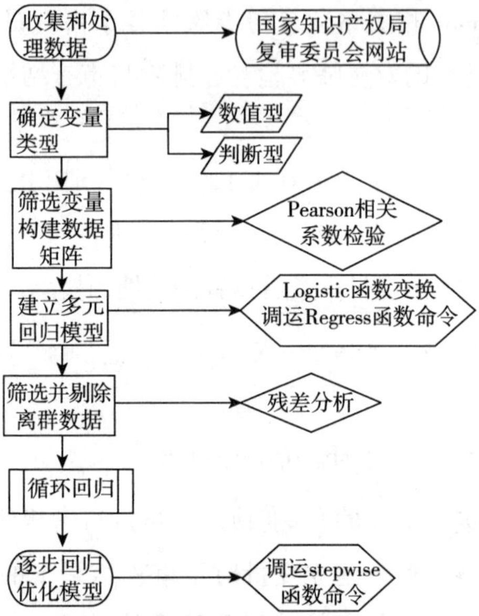

图Ⅰ-1　分析流程图

二、数据分析结果

1. 单变量的相关性

中药专利创造性审查过程涉及的各个变量因素与审查结果的相关系数及检验值见表Ⅰ-2所示。T统计量落入95%临界值正负区域的变量，与审查结果间不具有相关性；T统计量未落入95%临界值正负区的变量，则与审查结果间存在相关性。结果显示除了变量X2、X5与审查结果不具有相关性外，其他7个变量与审查结果之间均存在相关性。其中，X1、X4以及X9与审查结果具有正相关，且均在0.01水平（双侧）上显著；X3、X6、X7以及X8与审查结果具有负相关，变量X3与X8在0.05水平（双侧）上显著，变量X6与X7在0.01水平（双侧）上显著。

表 I–2 单变量的相关性检测

变量	变量名称	相关系数	T 统计量	T 临界值（99%）	T 临界值（95%）
X1	对比文件数	0251**	2.74	2.37	1.66
X2	区别特征数	–0.112	–1.00	2.37	1.66
X3	判断标准数	–0239*	–203	2.37	1.66
X4	现有技水教导启示判断	0.584**	8.55	2.37	1.66
X5	解决客观技术问题判断	0.022	0.21	2.37	1.66
X6	本领域技术人员容易想到 / 预见 / 仅需有限次的劳动可重现的判断	–0.448**	–3.51	2.37	1.66
X7	常规技术手段 / 基本常识判断	–0.632**	–4.67	2.37	1.66
X8	技术效果判断	–0.247*	–209	2.37	1.66
X9	具体的实验数据或临床试验资料判断	0.238**	2.57	2.37	1.66

注：* 表示在 0.05 水平（双侧）上显著相关，** 表示在 0.01 水平（双侧）上显著相关。

单变量相关系数分析结果显示：在中药专利创造性审查中，用到的对比文件数（X1）越多，越容易得到具有创造性的审查结论；若单独运用现有技术是否提供教导启示的判断（X4）或通过具体实验数据或临床试验资料进行判断（X9），容易得到具有创造性的审查结论；若单独运用本领域技术人员是否容易想到、预见或仅需要有限次劳动即可重现发明的判断（X6），或是否为行业内常规技术手段或基本常识的判断（X7），或技术效果的判断（X8），则容易得到不具有创造性的审查结论；以上判断方法运用的数目（X3）越多，则越容易得到不具有创造性的审查结论。此外，技术方案的区别特征数（X2）及区别特征是否解决客观技术问题的判断（X5）与审查结果的相关性不大，在之后的分析中不再考虑。

2. 自变量间的相关性

考虑到可能有部分自变量因为性质相似而具有较强的多重共线性，为了增强多元回归分析的准确性与效率，需要事先考察自变量间是否存在共线性，因此分别计算两两变量间的 Pearson 相关系数，结果见表 I–3 所示。可以看出各变量间的相关系数不超过 0.5，一般认为自变量间相关系数在 0.75 以上，会存在多重共线性影响，[1] 因此可判断变量间不存在多重共线性关系，X1—X7 可进行下一步的多元回归分析。

表 I–3 自变量间的相关性分析

变量	变量名称	X1	X2	X3	X4	X5	X6	X7
X1	对比文件数	1						
X2	判断标准数	0 2286	1					
X3	现有技术教导启示判断	0 2692	0 0563	1				
X4	容易想到 / 预见 / 可重现判断	–0.0421	0.4795	–0.2745	1			
X5	常规技术手段 / 基本常识判断	–0.1586	0.2249	–0.6093	0.2589	1		
X6	技术效果判断	0.1868	0.5196	–0.2733	0.2695	0.1904	1	
X7	具体实验数据判断	0.1742	0.3884	0.1 562	–0.084	–0.3393	0.1868	1

3. 多元回归模型

调用 Regress 命令，执行命令后返回的结果包括拟合线性函数的系数（b）、对应系数的置信区间（bint）、残值向量（r）、残值的置信区间（rint）以及回归模型的 Stats 值（置信度 R^2、统计量 F、与 F 统计量对应的 P 值、估计误差方差 RMSE）。分析程序返回结果中的 Stats 值（见表 I–4）。拟合结果的 F 值为 14.7555，运行 finv 函数算得 7 个自变量及模型矩阵数量下的标准值为 2.1131，$F=14.7555>2.1131$，表明在多元回归模型中，各自变量与因变量间存在显著的相关关系；此外，与 F 值对应的 P 值，$P=0.0000<0.05$，进一步验证各自变量与因变量间存在显著的相关关系；拟合结果的置信度 $R^2=0.5545$，RMSE=0.1007，一般置信度 $R^2\geqslant 0.5$ 表示拟合可以接受，R^2 越接近 1 拟合效果越好，RMSE 值越小越好，模型的 R^2 基本为要求的最小值，表明拟合程度尚需改进。

表 I–4 首次多元回归模型参数

变量	b	bint	
常数项	0.2416	–0.0450	0.5281
X1	0.0236	–0.0039	0.0511

[1] 刘立春，漆苏．专利特征对药品专利法律质量评估的实证研究［J］．科研管理，2015，36（6）：119–127.

续表

变量	b	bint	
X2	−0.0806	−0.2117	0.0505
X3	0.2915	0.0610	0.5220
X4	−0.1903	−0.3890	0.0085
X5	−0.2735	−0.4951	0.0518
X6	−0.0249	−0.2823	0.2325
X7	0.1394	−0.0963	0.3751
Stats 值	R^2=0.5545 F=14.7555 P=0.0000 RMSL=0.1007		

根据程序返回的残值向量（r）以及残值的置信区间（rint）绘制残差分析图，见图 I–2 所示，残值向量及置信区间过于偏离的数据点可被作为异常数据点，异常点会影响模型的正确性与拟合度，需要进行剔除。根据残差图对各个数据点的离群程度排序，将离群程度最大的 7 个异常数据点剔除，即图 I–2 中虚线所在位置数据点。再次进行拟合后，拟合模型的 Stats 值中，置信度 R^2 增大到 0.6720，估计误差方差 RMSE 减小至 0.0746，F 值和 P 值显示相关性依旧显著（见表 I–5）。从整体检验结果来看，剔除 7 个异常数据点后拟合度有明显提升，且相关性保持不变，该回归模型成立。

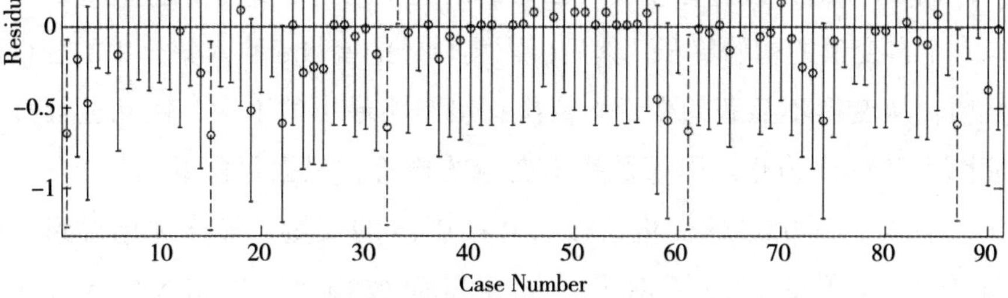

图 I–2 首次回归的残差分析图

根据表Ⅰ-5中多元回归模型的函数系数（b），可对各自变量与因变量（审查结果）之间的相关性方向进行初步分析。X1对比文件数、X3现有技术教导启示判断以及X7补充实验数据判断，这三个自变量的系数为正，表明与审查结果之间为正相关。与之相反，X2判断标准数、X4本领域技术人员容易想到/预见/可重现判断、X5常规技术手段/基本常识判断以及X6技术效果判断，这四个自变量系数为负，表明与审查结果之间为负相关。

表Ⅰ-5　剔除异常数据点后的多元回归参数

变量	b	bint	
常数项	0.3212	0.0592	0.5832
X1	0.0192	–0.0079	0.0463
X2	–0.1161	–0.2366	0.0044
X3	0.2853	0.0681	0.5025
X4	–0.1828	–0.3636	–0.0019
X5	–0.2703	–0.4908	–0.0497
X6	–0.0599	–0.2844	0.1647
X7	0.2534	0.0377	0.4691
Stats值	R^2=0.6720　F=21.9539　P=0.0000　RMSE=0.0746		

4. 逐步回归优化模型

利用Matlab逐步回归方法，对以上多元回归模型进行优化，从加入模型进行拟合的X1—X7中筛选对审查结果影响最为重要的一个或几个因素。逐步回归历史结果显示，当引入模型的自变量为X1、X2、X3、X4、X5、X7共六个时，估计误差方差RMSE为最低值（见图Ⅰ-3），因此先确定一个包含六个自变量的初始集合，然后引入集合外的变量，再对集合中的变量进行检验，从变得不显著的变量中依次移出影响最小的因素，依此进行直到不能引入和移出为止。引入及移出变量的检验，根据每次返回的P-val值决定，引入 $P > 0.05$ 的变量，移出 $P < 0.05$ 的变量，最终优化得到的结果见图Ⅰ-4所示，X1与X6因 $P < 0.05$ 而被移出，保留X2、X3、X4、X5及X7。

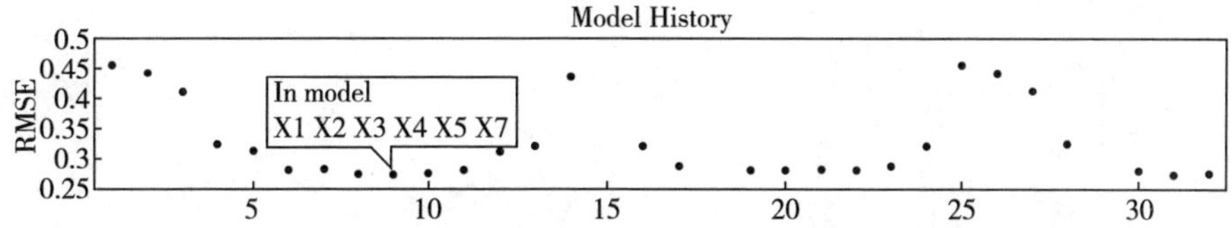

图 I-3 逐步回归的估计误差方差（RMSE）分析

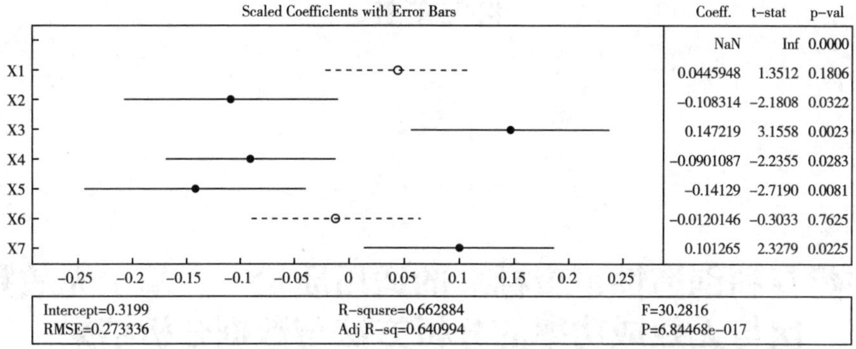

图 I-4 逐步回归优化后的回归参数

最终经过优化的拟合模型显示，对审查结果影响最为重要的因素是运用现有技术教导启示判断（X3）与具体实验数据判断（X7），这两个标准与创造性的判断正性相关，表明运用现有技术教导启示方法偏向于得到具有创造性的结论，另外无效审查中提供的具体实验数据一般情况下都有利于维护原专利创造性的稳定；判断标准数（X2）、运用本领域技术人员容易想到 / 预见 / 可重现的判断（X4）与中药领域常规技术手段 / 基本常识判断（X5），这三个因素与创造性的判断负性相关，表明从整体的中药知识水平出发去判断目前的中药发明，得到不具有创造性结论的概率较高，同时实际审查中运用到的判断方法越多，得到不具有创造性结论的概率越大。优化结果中淘汰了对比文件数（X1）与技术效果判断方法（X6）对审查结果的影响作用，表明从创造性判断模型的系统性评价效果来说，对比文件数及技术效果判断方法的运用，在中药专利创造性判断中的区分度不明显，即二者对中药专利创造性判断的影响作用存在模糊性。

附录Ⅱ

中药专利创造性审查标准的适用质量——基于无效频次与无效成功率的分析方法与数据分析结果

一、研究方法

对 134 件无效决定书逐一分类整理并阅读其审理信息。同时在国家知识产权局专利检索及分析平台[1]逐条检索相关争议专利公开文件，用于进一步分析各争议专利的技术特征信息。针对某特定问题从国家知识产权局、国家药品监督管理局、国家中医药管理局官方网站搜集相关政策信息。从中药无效案例涉及的专利文件中选取合适的技术性指标（具体包括无效决定时间、争议专利申请时间、争议专利年龄、所涉疾病治疗范围、药物剂型、药味数、保护客体、技术主题、权利要求数及引证数量），对各指标分类别统计无效案件请求数量和无效决定结果，计算无效请求数占比，并对无效成功率进行评分，以此作为分析中药专利质量问题的基础数据。

基于对低质量专利发掘的角度，在对无效成功率评分时，对全部无效决定结果赋分值为 1，对部分无效决定结果赋分值为 0.5，而对维持有效决定结果赋分值为 0。专利无效成功率分值 I，可以表示为：

---

[1] 参见网址 http：//www.pss–system.gov.cn/sipopublicsearch/portal/uiIndex.shtml.

$$I=\frac{W_i+0.5P_i}{M}$$

其中 W_i 表示全部无效决定的个数，P_i 表示部分无效决定的个数，M 表示三种决定的总个数。

为总结中药专利质量变化规律，对无效决定时间、争议专利申请时间及年龄指标的基础数据进行分析。为发现中药专利质量的“薄弱点”，从技术创新与审查稳定性两方面对技术方案保护范围、保护主体、所涉疾病治疗范围及药物剂型等指标的基础数据进行分析。

理论上，选取的指标中无效请求比例越大，其对应类型的中药专利权利及其技术本身的争议度应当越大。不同特性的产业专利争议度大的原因也不尽相同，离散型产品产业如化工、医药领域中，专利倾向被用于阻止竞争对手开发替代品，无效请求更多被作为保护创造的维权手段来运用，专利权利争议度大的原因在于存在较多异质性不强的类同技术或模仿技术，难以作为提升竞争力的“特殊资源”；[1] 而在复杂型产品产业如电子、机械领域中，专利主要是专利权人强迫竞争对手与其谈判的筹码，[2] 无效请求更多被当作商业竞争策略来运用，但专利质量存在瑕疵是发起争议的根本原因之一。

另外，选取的指标中无效成功率分值越高，其对应类型的中药专利技术方案越容易被否决，其专利审查前后的稳定性与一致性不高，其原因主要在于“亲专利政策”影响下授权审查中存在部分的“理性忽视”，[3] 造成审查质量较低。[4] 中药产业技术受“亲专利政策”影响，指标分析中无效成功率分值高的类别可被标识为授权审查中易被“忽略”的薄弱点。

---

[1] 冯冲，董新月，袁红梅．离散型产业内知识流动影响因素研究——以中药上市企业为例［J］．中草药，2018，49（6）：1481-1488.

[2] Cohen W M N，Richard R，Walsh J P. Protecting their intellectual assets：Appropriability conditions and why U.S. Manufacturing firms patent（or not）［J］. Nat Bureau Econ Res Working Paper Series，2000（2）：1-50.

[3] Lemley M. Rational Ignorance at the Patent Office［J］. Berkeley Olin Program in Law & Economics Working Paper Series，2000，95（1021）：1495-1532.

[4] Harhoff D，Graevenitz G V，Wager S. Conflict resolution，public goods，and patent thickets［J］. Working Papers，2013，forthcoming.

二、数据分析结果

1. 2011年以后的无效提出频率及无效成功率均呈下降趋势

按无效决定年份统计无效案件数量与无效成功率分值，发现两者的变化趋势基本保持一致。最早的中药专利无效决定发生在1997年。从无效案件数量来看，1997—2011年间总体显示增长的趋势，且在2005年以后增长得更为迅速；2011年全年共计审理18件，为无效案件最多的年份；从2011年以后，无效案件总数总体呈现快速下降趋势，2015年以后无效案件数量每年都不超过5件。从无效成功率分值来看，2005—2010年呈增长趋势，2010—2014年呈快速下降趋势，以后逐渐趋于稳定状态（见图Ⅱ-1）。

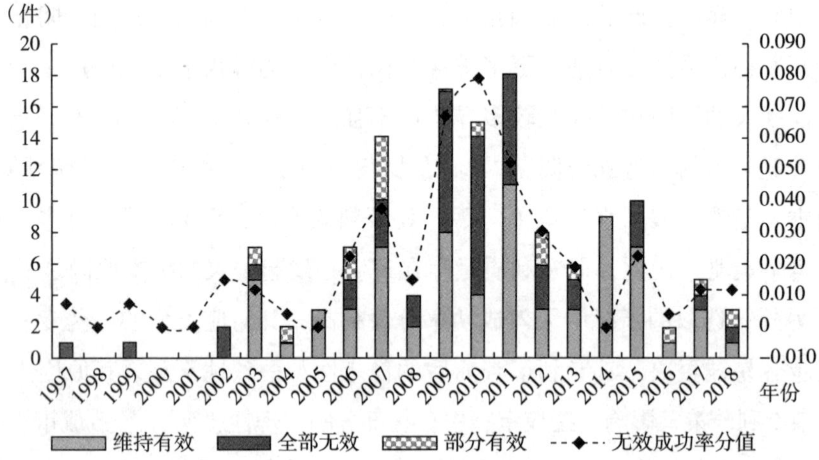

图Ⅱ-1　各年度中药发明专利无效决定数量与无效成功率分值

2. 2001—2005年申请的中药专利最易被无效

按争议专利的申请时间统计无效请求数量与无效成功率分值，发现2001—2005年申请的中药专利引发的无效争议最多。对无效案件按争议专利的申请时间进行分段，每5年为一个时间段统计无效请求占比与无效成功率分值。1990年以前最早申请的中药专利无效请求占比及成功率都较低，无效请求比例只有3.0%，无效成功率分值较低；1991—2000年10年间申请的中药专利无效请求占比与成功率较之前小幅度升高，请求比例升至7%—

8% 上下，无效成功率也随之上升；2001—2010 年 10 年间申请的中药专利无效请求占比与成功率则大幅度提升，尤其是在 2001—2005 年间申请的中药专利被提出无效请求最为频繁，请求比例占到 61.2%，同时无效成功率也最高；但到 2011 年以后申请的专利无效请求占比与成功率均降至历史最低值。所涉争议专利的申请时间具有阶段性集聚现象，2001—2005 年申请的中药专利最易被无效，而 2011 年以后申请的中药专利较为稳定（见表Ⅱ-1）。

表Ⅱ-1 不同时间段的无效请求占比及无效成功率分值

申请年	无效请求占比（%）	无效成功率分值
2011 年以后	2.2	0.000
2006—2010 年	17.9	0.052
2001—2005 年	61.2	0.272
1996—2000 年	7.5	0.037
1991—1995 年	8.2	0.037
1990 年以前	3.0	0.007

3. 7—9 岁为争议频发的专利年龄段

争议专利年龄即无效请求发生时该专利从申请日算起已维持的时间。将无效案件中争议专利的年龄划分为六类，分别为 1—3 岁，4—6 岁，7—9 岁，10—12 岁，13—15 岁以及 16 岁以上。统计争议专利各年龄段的无效请求占比和无效成功率分值，得出年龄超过 10 岁的中药专利，其维持时间越长则无效请求占比与成功率分值均越小；年龄低于 10 岁的中药专利中，在 7—9 岁时被提出无效请求次数最为频繁，4—6 岁的专利被无效的成功率最高（见表Ⅱ-2）。医药发明在得到药品监管部门的上市批准以及在医疗工作者认识其价值后，它们的价值普遍随时间的推移而增加。因此，竞争对手往往会在医药发明获得专利授权和监管批准后对其提出挑战。[1]

[1] Robinson D F, Abdel-Latif A, Roffe P. Protecting Traditional Knowledge (The WIPO Intergovernmental Committee on Intellectual Property and Genetic Resources, Traditional Knowledge and Folklore)[M]. 2017, 10.4324/9781315666358: 270.

表Ⅱ-2　不同年龄段无效请求占比及无效成功率分值

专利年龄段	无效请求占比（%）	无效成功率分值
≥ 16 岁	3.0	0.007
13—15 岁	3.7	0.011
10—12 岁	14.9	0.045
7—9 岁	36.6	0.149
4—6 岁	32.8	0.194
1—3 岁	9.0	0.007

4. 心脑血管等三类疾病相关的专利技术饱和度较高

将无效案件按疾病领域进行划分并按无效请求占比高低进行排序，共涉及 11 个疾病领域，其中占比前三位的治疗领域分别是心脑血管疾病、妇科疾病以及骨关节疾病。前三位疾病所涉无效案件数量超过总量的 50%，同时其无效成功率分值也是最高的。表明这三类疾病领域的中药专利不仅是诉争热点，同时其权利稳定性也是最低的（见表Ⅱ-3）。心脑血管、妇科及骨关节三类疾病领域涉及的权利争议主体数量分别有 36 家、34 家及 35 家。与其他争议较少的疾病领域相比，这三类领域的争议企业在地域上分布较为广泛（见图Ⅱ-2），基本覆盖了中国中药企业所在的全部区域，且各区域之间的数目差别不大。由于中药在这三类疾病领域中的大品种数目均较多，[1] 意味这三类疾病领域中现有技术数量较多，领域内技术的饱和度也较高，就导致其技术间区别特征的差异度较小。

表Ⅱ-3　不同疾病类型的无效请求占比及无效成功率分值

疾病类型	无效请求占比（%）	无效成功率分值
心脑血管疾病	23.1	0.082
妇科疾病	16.4	0.056
骨关节疾病	15.7	0.060
滋补	10.4	0.041
肿瘤疾病	7.5	0.026

[1] 李耿，李振坤，等．中药大品种科技竞争力报告（2018 版）概要［J］. 中国现代中药，2019，21（1）：1–19.

续表

疾病类型	无效请求占比（%）	无效成功率分值
肝胆疾病	6.0	0.052
清热解毒	5.2	0.022
五官科疾病	4.5	0.015
咳喘疾病	4.5	0.007
皮肤疾病	3.7	0.026
脾胃疾病	3.0	0.019

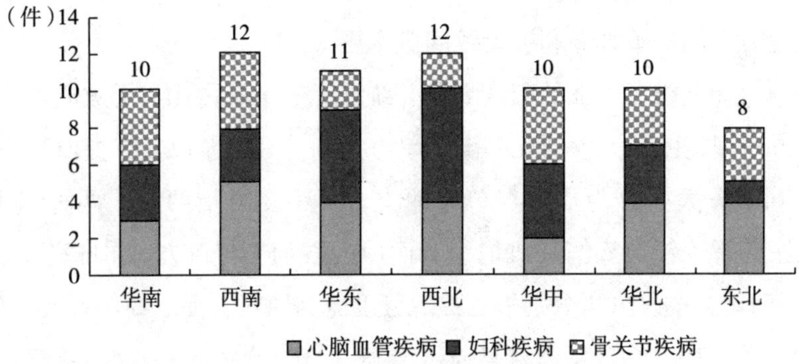

图Ⅱ-2 无效争议案件主体的地理分布

5. 剂型是否限定对无效结果影响不显著

将无效案件按争议专利剂型进行分类，其中58.1%的争议专利技术方案中明确限定了制剂工艺，剂型包括注射剂、片剂、丸剂、胶囊剂、颗粒剂与口服液共6种；剩下41.8%的争议专利技术方案中并未明确限定剂型种类，只在服用方法上做简单限定甚至不加限定，包括口服、外用以及无任何规定。从总体数据来看，是否对剂型种类作明确限定与无效请求占比及无效成功率无显著关系，但是对于口服制剂，有具体剂型限定的争议专利其无效成功率分值低于无具体剂型限定的（见表Ⅱ-4）。

表Ⅱ-4　不同剂型限定的无效请求占比及无效成功率分值

剂型	剂型	无效请求频率（%）	无效成功率分值
未限定型	口服	19.4	0.119
	无规定	14.9	0.041
	外用	7.5	0.030
限定剂型	胶囊剂	23.1	0.052
	片剂	11.9	0.067
	注射剂	11.2	0.063
	丸剂	7.5	0.026
	颗粒剂	2.2	0.015
	口服液	2.2	0.000

6. 复方专利比单方专利被无效的概率更大

按争议专利组分表征的程度划分并统计无效请求占比与无效成功率分值，发现复方专利整体被无效的几率高于单方专利，其中尤以复方提取物为最高。中药专利组分大类分为复方与单方两类，其中复方指两种或两种以上药物按照中医药理论针对病情有机地组合而成的方剂，与单方（单味药）相对而言。[1]同时单方或复方再分别根据提取程度分为原料、提取物、有效成分或有效部位三类，其中原料是药材只通过洁净、粉碎等简单工艺直接制剂；提取物是用溶剂对药材进行提取分离，但产物组成部分仍不明确，如提取的浸膏、清膏、稠膏等；有效成分或有效部位是更精制的提取分离，能够用天然药物化学意义上的次生代谢产物表征其提取分离产物，如生物碱、黄酮、蒽醌、香豆素、萜类、皂苷、强心苷、挥发油等物质。[2]统计每类无效请求占比与无效成功率分值，从总体来看，复方专利的无效请求占比共计80.6%，远高于单方专利占比19.4%，且复方三类专利无效成功率分值高于同类单方专利，其中尤以复方提取物专利的为最高（见表Ⅱ-5）。

---

[1] 欧阳德方，潘卫三. 实用药品专利［M］. 北京：人民卫生出版社，2006：37.

[2] 吴继洲，孔令义. 天然药物化学［M］. 北京：中国医药科技出版社，2008：4.

表Ⅱ-5　不同组分表征程度的无效请求占比及无效成功率分值

保护客体		无效请求频率（%）	无效成功率分值
单方专利	单方有效成分或有效部位	14.2	0.030
	单方提取物	2 2	0.007
	单方原料	3.0	0.004
复方专利	复方有效成分或有效部位	9 7	0.056
	复方提取物	59.7	0254
	复方原料	11.2	0.063

但若按争议专利的组分数量划分并统计无效请求占比与无效成功率分值，发现组分数量的多少与无效成功率无显著关系。中药量效学中将中药方剂根据药味数量不同而划分为大小方之说，大方是指药味多或用量大，以治邪气方盛所需的重剂，小方是指药味少或用量小，以治病浅邪微的轻剂。[1]将无效案件按争议专利技术方案药味组成数量的不同进行分类，统计每类无效请求占比与无效成功率分值。从总体来看，不超过10味药的争议专利占无效案例总数的76.2%，表明中药无效案件的争议焦点仍是药味少的小方，中药复方专利被认为属于组合物专利，组成复方的药味即是该组合物专利的要素，通常要素数量越多的组合物专利越容易引发争议，而中药复方的无效请求占比显然与此并不符合。结合无效成功率分值来看，虽然小方的无效提出频率高于大方，但无效成功率并不显示明显差距，表明方剂药味数量的多少对无效判定结果无明显影响（见表Ⅱ-6）。

表Ⅱ-6　不同组分数量的无效请求占比及无效成功率分值

药味数量	无效请求占比（%）	无效成功率分值
1—5味	46.3	0.395
6—10味	29.9	0.488
11—15味	17.2	0.326
15味以上	6.7	0.333

7. 以制备方法表征产品的权利要求撰写方式存有隐患

中药专利的保护方式共有四种，包括产品保护方式、制备方法保护方式、产品联合方法保护方式（包括制备方法与检测方法）、产品联合方法及

[1] 仝小林. 方药量效学［M］. 北京：科学出版社，2013：5.

用途保护方式。分别统计每种保护方式的无效请求占比与无效成功率分值，其中产品联合方法保护的中药专利被提出无效请求最为频繁，无效成功率分值也最高（见表Ⅱ-7）。在实践中，仅用结构和/或组成无法清楚描述很多中药技术方案，因此常用制备方法来表征产品权利要求，最终实现产品联合方法保护的目的。对无效案件中产品联合方法保护的中药争议专利作进一步分析，发现通过制备方法表征产品的占到绝大多数（84.3%），表明这种保护方法虽然被广泛运用，但可能对中药专利的稳定性造成一定的隐患。

表Ⅱ-7　不同保护形式的无效请求占比及无效成功率分值

保护形式	无效请求占比（%）	无效成功率分值
产品联合方法	66.4	0.269
制备方法	16.4	0.071
产品联合方法及用途	9.0	0.030
产品	8.2	0.045

8. 权利要求数对专利稳定性具有正反影响力

将无效案件按争议专利的权利要求个数进行分类，统计各类的无效请求占比与无效成功率分值。当权利要求个数在12个以内时，若权利要求数越多，则其无效请求占比与无效成功率反而越小；当权利要求个数为1—3个时，无效请求占比和成功率分值均为最高值；当权利要求个数超过12时，其无效请求占比虽然较低，但无效成功率同时明显回升。说明在中药专利中，权利要求个数对于专利权的稳定性具有正反的影响力，从统计数值看，权力要求个数为1—3个时最不稳定，为10—12个时最稳定（见表Ⅱ-8）。

表Ⅱ-8　不同权利要求数的无效请求占比及无效成功率分值

权利要求数	无效请求占比（%）	无效成功率分值
13个以上	7.5	0.022
10—12个	8.2	0.000
7—9个	11.2	0.049
4—6个	33.6	0.146
1—3个	39.6	0.190

9. 引证文献的数量对专利稳定性起到积极作用

中药专利引证的文献分为专利文献与非专利文献两种，分别统计这两种类型不同引证数量下的无效请求占比及无效成功率分值，从无效请求占比来看，有引证专利文献的争议专利约占 70%，而无引证专利文献的争议专利约占 30%（见表Ⅱ-9）；有引证非专利文献的争议专利约占 50%，与无引证非专利文献的争议专利数量基本持平（见表Ⅱ-10），表明中药争议专利对于专利文献的引证率高于非专利文献的引证率。但从引证文献的具体数量来看，专利文献的引证量并不高，平均仅引用 1—2 个。从无效成功率分值来看，无论是专利文献还是非专利文献，无引证的争议专利无效成功率分值最大，且无效成功率分值随引证文献数量的增多呈下降趋势，表明引证文献数量对中药专利稳定性具有积极作用。

表Ⅱ-9 引证不同数量专利文献的无效请求占比及无效成功率分值

引证专利文献数	无效请求占比（%）	无效成功率分值
无引证	29.9	0.138
引证 1 个	27.6	0.101
引证 2 个	27.6	0.116
引证 3 个	8.2	0.019
引证 4 个以上	6.7	0.014

表Ⅱ-10 引证不同数量非专利文献的无效请求占比及无效成功率分值

引证非专利文献数	无效请求占比（%）	无效成功率分值
无引证	49.3	0.235
引证 1 个	7.5	0.026
引证 2 个	6.0	0.026
引证 3 个	8.2	0.030
引证 4 个	8.2	0.034
引证 5 个	6.7	0.015
引证 6 个	3.7	0.011
引证 7 个	1.5	0.007
引证 8 个	3.0	0.004
引证 9 个	0.7	0.007

续表

引证非专利文献数	无效请求占比（%）	无效成功率分值
引证 10 个	0.7	0.000
引证 12 个	1.5	0.000
引证 13 个	0.7	0.007
引证 23 个	2.2	0.004

附表

附表 A　中药专利复审行政纠纷司法案例汇总

序号	专利申请号	专利申请日	专利申请名称	区别特征类型	司法案号	司法级别	司法结论	是否与复审决定一致
1	200410037630.2	2004-04-28	一种鱼腥草注射液的制备方法及质量控制方法	制备方法	（2011）一中知行初字第 87 号 （2011）高行终字第 1655 号	二审	维持驳回	是
2	200810110910.X	2008-06-13	汞化物在制备抗病毒药物中的应用	用途	（2012）一中知行初字第 154 号 （2012）高行终字第 1395 号	二审	维持驳回	是
3	200910091355.5	2009-08-20	药物组合物在制备治疗糖尿病溃疡药物中的用途	用途	（2015）京知行初字第 694 号	一审	维持驳回	是
4	201210044062.3	2012-02-16	丹杞颗粒在制备降低血糖药物中的应用	组分 用途	（2015）京知行初字第 3438 号	一审	撤销驳回	否
5	200910045173.4	2009-01-12	一种治疗高血脂组分中成药制备方法	制备方法	（2015）京知行初字第 4773 号 （2018）京行终 3908 号	二审	维持驳回	是
6	201110080281.2	2011-03-31	牙疼立治散	组量配比 制备方法	（2015）京知行初字第 5115 号 （2017）京行终 1738 号	二审	维持驳回	是
7	201310176169.8	2013-05-14	一种健胃消食保健酒	组分	（2015）京知行初字第 5813 号	一审	维持驳回	是
8	200810042190.8	2008-08-28	天然药物治疗耐药性肺结核疾病制剂及制备方法	制备方法	（2016）京 73 行初 464 号	一审	维持驳回	是
9	201210060214.9	2012-03-02	一种抗癌抗衰老和治疗烧烫伤的药液及其制备	组分 制备方法	（2016）京 73 行初 1255 号 （2017）京行终 2517 号 （2018）最高法行申 6085 号	再审	维持驳回	是

续表

序号	专利申请号	专利申请日	专利申请名称	区别特征类型	司法案号	司法级别	司法结论	是否与复审决定一致
10	201310236110.3	2013-06-14	茶配方	组分	（2017）京73行初820号	一审	维持驳回	是
11	201110171818.6	2011-06-24	白芝中药组合物及其制备方法	组分 组量配比	（2017）京73行初1309号 （2018）京行终3931号	二审	维持驳回	是
12	201110171811.4	2011-06-24	灵芝复合孢子粉及其制备方法	组分 组量配比	（2017）京73行初1310号 （2018）京行终3927号	二审	维持驳回	是
13	201210596362.2	2012-12-22	万寿春茶	组分	（2017）京73行初7635号	一审	维持驳回	是
14	201610079288.5	2016-02-04	一种防治绝经后骨质疏松性髋部骨折的中药制剂	组分 制备方法	（2017）京73行初7777号	一审	维持驳回	是
15	201410003765.0	2014-01-06	抗毒熏药	组分 制备方法	（2017）京73行初9657号 （2019）京行终487号	二审	维持驳回	是

附表 B 中药专利无效行政纠纷司法案例汇总

序号	专利申请号	专利申请日	专利名称	区别特征类型	司法案号	司法级别	司法结论	是否与无效审查决定一致	药品名称
1	93104701.3	1993-04-22	一种灯盏花注射液制备工艺	制备方法	（2002）一中行初字第 479 号	一审	全部无效	是	灯盏花注射液
2	93106319.1	1993-05-29	灯盏花素粉针剂及制备方法	剂型 制备方法	（2003）一中行初字第 427 号 （2004）高行终字第 19 号	二审	维持有效	一审：否 二审：是	灯盏花素粉针剂
3	89104492.2	1989-06-27	口服药物牛膝多糖的生产方法	制备方法	（2003）一中行初字第 721 号 （2004）高行终字第 316 号	二审	维持有效	是	牛膝多糖、康复灵
4	02113191.0	2002-06-15	治疗急、慢性胆囊炎、胆石症的药片及其制作方法	剂型 制备方法	（2007）一中行初字第 1568 号 （2008）高行终字第 216 号	二审	全部无效	是	益胆片
5	01114136.0	2001-06-24	苦碟子注射液及其制备方法	制备方法	（2008）一中行初字第 26 号 （2008）高行终字第 707 号	二审	部分无效	是	苦碟子注射液
6	01114136.0	2001-06-24	苦碟子注射液及其制备方法	制备方法	（2008）一中行初字第 211 号 （2009）高行终字第 124 号	二审	全部无效	否	苦碟子注射液
7	01114136.0	2001-06-24	苦碟子注射液及其制备方法	制备方法	（2010）一中知行初字第 2957 号 （2011）高行终字第 394 号	二审	全部无效	是	苦碟子注射液
8	200510051424.1	2005-03-04	一种治疗盆腔炎的药物及其制备方法	组量配比 制备方法	（2010）一中知行初字第 215 号 （2010）高行终字第 1039 号	二审	全部无效	是	无
9	200410050135.5	2004-06-28	一种治疗皮肤瘙痒的中药组合物及其制备方法	制备方法	（2010）一中知行初字第 767 号 （2011）高行终字第 267 号	二审	全部无效	是	湿毒清胶囊
10	200410026011.3	2004-04-05	治疗原发性血小板减少性紫癜的药物及其制备方法	制备方法	（2010）一中知行初字第 2379 号 （2011）高行终字第 1530 号	二审	全部无效	是	升血小板胶囊

续表

序号	专利申请号	专利申请日	专利名称	区别特征类型	司法案号	司法级别	司法结论	是否与无效审查决定一致	药品名称
11	200510008600.3	2005-02-23	一种治疗乙型肝炎的药物及其制备方法	组量配比 制备方法	（2010）一中知行初字第 2922 号 （2011）高行终字第 370 号	二审	全部无效	是	乙肝舒康胶囊
12	200610138563.2	2006-11-09	参坤养血颗粒及其制备	制备方法	（2011）一中知行初字第 348 号 （2011）高行终字第 1737 号	二审	全部无效	是	参坤养血颗粒
13	200510096361.1	2005-11-17	一种治疗崩漏的药物及其制备方法	组分 制备方法	（2011）一中知行初字第 573 号 （2011）高行终字第 1691 号	二审	全部无效	是	血平胶囊
14	200510000429.1	2005-01-11	治疗乳腺增生性疾病的药物组合物及其制备方法	制备方法 剂型	（2011）一中知行初字第 675 号 （2011）高行终字第 1704 号 （2013）知行字第 77 号	再审	全部无效	一审：否 二审：是 再审：是	乳块消颗粒
15	95116146.6	1995-10-25	一种岩陀提取物及其作为有效成分的消炎止痛药物	制备方法	（2011）一中知行初字第 1063 号 （2012）高行终字第 511 号	二审	全部无效	是	岩鹿乳康胶囊
16	200510096351.8	2005-11-17	一种治疗癫痫抽搐、小儿惊风、面肌痉挛的药物及其制备方法	组分 制备方法	（2011）一中知行初字第 2150 号 （2011）高行终字第 1692 号	二审	全部无效	是	痫愈胶囊
17	2127953.5	2002-12-02	一种治疗痹症的药物	组量配比	（2011）一中知行初字第 2291 号（2012）高行终字第 741 号	二审	维持有效	是	黑骨藤追风活络胶囊
18	03117614.3	2003-04-01	治疗前列腺炎、前列腺增生、泌尿系统感染的药物及制法	制备方法 剂型	（2012）一中知行初字第 671 号 （2013）高行终字第 651 号	二审	全部无效	是	前列倍喜胶囊
19	200910215815.0	2009-12-30	一种复方血栓通中药制剂及其制备方法	制备方法 组分	（2012）一中知行初字第 1717 号	一审	维持有效	是	复方血栓通
20	200910215814.6	2009-12-30	一种活血化瘀、益气养阴的中药制剂及其制备方法	制备方法 组分	（2012）一中知行初字第 1833 号	一审	维持有效	是	复方血栓通

续表

序号	专利申请号	专利申请日	专利名称	区别特征类型	司法案号	司法级别	司法结论	是否与无效审查决定一致	药品名称
21	00103132.5	2000-03-20	宫炎平异形薄膜包衣片及其制造方法	剂型 制备方法	（2012）一中知行初字第 2087 号 （2013）高行终字第 134 号	二审	全部无效	是	宫炎平片
22	200410034163.8	2004-04-26	治疗妇科疾病的药物组合物	组分	（2012）一中知行初字第 2226 号 （2014）高行终字第 1219 号	二审	全部无效	是	消结安胶囊
23	200710151989.6	2007-09-21	治疗口腔炎症的中药制剂及其制备方法	组分	（2012）一中知行初字第 3190 号 （2013）高行终字第 640 号 （2014）知行字第 29 号	再审	全部无效	一审：否 二审：是 再审：是	口炎清颗粒
24	200810146980.0	2008-08-29	一种用于淤血阻滞、脉管不通的中药制剂及其制备方法	组量配比 剂型	（2015）京知行初字第 4395 号	一审	维持有效	否	脉管复康胶囊
25	200510080293.X	2005-07-01	一种药物金刚藤微丸及其制备方法	剂型 制备方法	（2015）京知行初字第 5537 号 （2015）高行（知）终字第 3375 号	二审	维持有效	是	金刚藤微丸
26	03124080.1	2003-04-29	一种治疗泌尿系统疾病的药物组合物及其制备方法、用途	组分 组量配比	（2016）京 73 行初 888 号 （2017）京行终 2273 号	二审	维持有效	是	三金片
27	200910215815.0	2009-12-30	一种复方血栓通中药制剂及其制备方法	制备方法 组分	（2017）京 73 行初 6789 号	一审	全部无效	是	复方血栓通

附表 C　中药专利侵权纠纷司法案例汇总

序号	专利申请号	专利申请日	专利名称	区别特征类型	司法案号	司法级别	司法结论是否构成侵权	所涉专利是否被提出无效及审查决定	药品名称
1	93106319.1	1993-05-29	灯盏花素粉针剂及制备方法	制备方法	（2002）昆民六初字第 049 号 （2003）云高民三终字第 48 号	二审	侵权	是 / 维持有效	灯盏花素粉针剂
2	96101652.3	1996-02-17	一种三七皂甙粉针剂	有效成分	（2003）哈民五初字第 71 号 （2004）黑知终字第 8 号	二审	不侵权	否	注射用血塞通（冻干）
3	92110554.1	1992-09-08	亮菌糖浆的生产方法	制备方法	（2004）合民三初字第 10 号 （2005）皖民三终字第 9 号 （2010）民提字第 149 号	再审	不侵权	是 / 维持有效	亮菌口服液
4	93100050.5	1993-01-09	一种治疗头痛的中药	组量配比	（2005）一中民初字第 5108 号 （2006）高民终字第 1221 号	二审	侵权	是 / 维持有效	养血清脑颗粒
5	200410031071.4	2004-04-20	藏药独一味软胶囊制剂及其制备方法	剂型 制备方法	（2007）成民初字第 249 号 （2010）川民终字第 63 号 （2010）民提字第 158 号	再审	不侵权	是 / 维持有效	独一味胶囊
6	95116146.6	1995-10-25	一种岩陀提取物及其作为有效成分的消炎止痛药物	制备方法	（2008）昆知民初字第 70 号 （2009）云高民三终字第 36 号 （2011）云高民再终字第 6 号	再审	不侵权	是 / 全部无效	岩鹿乳宝胶囊
7	03146381.9	2003-07-11	头花蓼提取物及其药物组合物制剂	剂型	（2009）筑民三初字第 102 号	一审	不侵权	否	热淋清胶囊
8	02129686.3	2002-09-12	头花蓼提取物及其制备方法和用途	制备方法	（2009）筑民三初字第 102 号 （2010）黔高民三终字第 23 号	二审	不侵权	否	热淋清胶囊

续表

序号	专利申请号	专利申请日	专利名称	区别特征类型	司法案号	司法级别	司法结论是否构成侵权	所涉专利是否被提出无效及审查决定	药品名称
9	03110091.0	2003-04-21	灯盏花素滴丸及其制备方法	制备方法	（2009）筑民三初字第 112 号 （2010）黔高民三终字第 33 号	二审	不侵权	否	灯盏花素滴丸
10	200410060988.7	2004-10-18	一种治疗妇科疾病的中药复方制剂及其制备方法	组量配比剂型	（2010）南市民三初字第 240 号	一审	侵权	是 / 维持有效	妇炎净胶囊
11	201110066170.6	2011-03-18	一种中药组合物肿痛外擦酊及其制备方法	制备方法	（2012）长中民五初字第 0142 号 （2014）湘高法民三终字第 66 号	二审	不侵权	是 / 维持有效	肿痛外擦酊
12	200510107853.6	2005-10-08	一种治疗缺血性中风的中药组合物及其制备方法	组分	（2017）晋 01 民初 739 号	一审	不侵权	否	豨莶通栓胶囊
13	01115699.6	2001-05-08	野芙蓉中药材制品	制备方法	（2018）冀 01 民初 18 号 （2018）冀民终 809 号	二审	不侵权	是 / 部分无效	黄葵胶囊

附表 D 中西医病名对照表

科别	西医病名	中医病名
内科类	甲状腺功能亢进	瘿气、瘿病
	冠状动脉粥样硬化性心脏病	胸痹、真心痛
	高血压病	风眩、眩晕、头风
	心律失常	心动悸
	慢性心功能不全	心悸、怔忡、水肿、痰饮、心痹
	病态窦房结综合征	心悸、眩晕、厥证
	风湿性心脏病	心痹
	慢性肺源性心脏病	喘证、痰饮、心悸、水肿
	慢性阻塞性肺气肿	肺胀
	急性肺部炎性病变	肺热病
	气管、支气管炎	肺咳
	支气管哮喘	哮病
	肺脓肿	肺痈
	肺结核	肺痨
	胸腔积液	悬饮
	肺性脑病	肺厥
	胃溃疡	胃疡、胃脘痛
	胃炎	胃脘痛、痞满、纳呆
	胃下垂	胃缓
	胃石	胃结石
	幽门梗阻	胃反
	溃疡性结肠炎	腹泻、腹痛、大瘕泄
	肠结核	肠痨
	习惯性便秘	脾约
	急性胰腺炎	胰瘅
	慢性胰腺炎	胰胀
	乙型病毒性肝炎	黄疸、胁痛、积聚、虚劳
	肝硬化	肝积、胁痛、积聚、膨胀
	肝硬化腹水	膨胀

续表

科别	西医病名	中医病名
内科类	肝脓肿	肝痈
	肝结核	肝痨
	脂肪肝	肝癖、肝痞
	肝昏迷	肝厥
	慢性肾盂肾炎	肾着、淋证
	肾病综合征	肾水、水肿
	急性肾小球肾炎	皮水、水肿
	慢性肾小球肾炎	石水、水肿
	慢性肾功能衰竭	关格、虚劳、水肿、呕吐、癃闭
	糖尿病	消渴
	肾结核	肾痨
	尿潴留	癃闭
	再生障碍性贫血	虚劳、血证
	髓劳血小板减少性紫癜	紫癜病
	神经性失眠	不寐
	三叉神经痛	面风病
	脑血管性痴呆	痴呆、呆病
	血管神经性头痛	偏头风、偏头痛
	脑动脉硬化症	脑络痹、健忘、眩晕
	面神经麻痹	口僻
	帕金森病	颤病、脑风表
	脑血栓	中风、偏枯
	脑出血	中风
	高血压脑病	厥头痛、真头痛
	过敏性休克	风厥
	流行性感冒	时行感冒
	流行性脑脊髓膜炎	春温
	流行性乙型脑炎	暑温

续表

科别	西医病名	中医病名
外科类	睾丸（附睾）炎	子痈
	附睾结核	子痰
	睾丸恶性肿瘤	子岩
	隐睾	子隐
	阴囊急性化脓性感染	（肾）囊痈
	阴囊部特发性坏疽	脱囊
	阴囊湿疹	绣球风、肾（阴）囊风
	阴囊血肿	血疝
	精索静脉曲张	精疝
	睾丸鞘膜积液、精索鞘膜积液	水疝
	阴茎海绵体硬结	阴茎痰核、玉茎疽
	包茎	包茎
	包皮炎	旋螺风
	龟头炎	阴（龟）头痈
	阴茎癌	肾岩翻花、阴茎岩
	尿道口下裂	马口异位
	性神经衰弱症	遗精、梦遗、滑精
	单纯性弥漫性甲状腺肿、地方性甲状腺肿	气瘿
	甲状腺瘤、结节性甲状腺肿	肉瘿
	亚急性甲状腺炎	瘿痈
	甲状腺癌	石瘿
	甲状腺功能亢进	瘿气
	甲减	瘿劳
	状旁腺功能亢进	侠瘿瘅（瘤）
	急性乳腺炎	乳痈
	乳房深部脓肿	乳疽
	浆细胞乳腺炎、乳腺导管扩张症	粉刺性乳痈
	乳房结核	乳痨
	乳房瘘管和窦道	乳瘘

续表

科别	西医病名	中医病名
外科类	乳房部急性蜂窝织炎、乳房部坏死性蜂窝织炎	乳发、脱壳乳痈
	乳腺囊性增生症	乳癖
	男性儿童乳房异常发育症	乳疬
	乳腺纤维腺瘤	乳核
	乳腺癌	乳癌
	乳头乳晕湿疹样癌	乳疳
	溢乳症	乳泣
	乳头皴裂	乳头风、乳头破碎
	乳晕部湿疹	乳头湿疹
	颜面部急性化脓性感染	颜面部疔疮
	手足部急性化脓性感染	手足部疔疮
	急性淋巴管炎	红丝疔
	气性坏疽	烂疔
	全身性化脓性感染、颅内化脓性感染	疔疮走黄
	丹毒、网状淋巴管炎	丹毒
	浅表脓肿、急性淋巴结炎	痈
	口底部急性蜂窝织炎	锁喉痈
	臀部蜂窝织炎	臀痈
	手背部急性化脓性炎症	手背发
	痈	有头疽
	背痈	对脐发疽
	肘尖部痈	石榴疽
	足跗部痈	历疽
	急性化脓性感染之毒血症、脓毒血症、败血症、脓毒性休克	痈毒内陷
	化脓性骨髓炎、骨关节炎	无头疽、附骨疽
	急性血源性骨髓炎	急性附骨疽
	慢性骨髓炎	慢性附骨疽
	化脓性髋关节炎	环跳疽

续表

科别	西医病名	中医病名
外科类	胸骨骨髓炎	井疽
	胫骨骨髓炎	胫疽
	化脓性距小腿关节炎	足踝疽
	急性、慢性化脓性腮腺炎	发颐
	多发性转移性肌肉深部脓肿	流注
	多发性深部脓肿	暑湿流注
	转移性肌肉深部脓肿	余毒流注
	血肿感染之脓肿	淤血流注
	髂窝脓肿	髂窝流注
	骨与关节结核	流痰（骨痨）
	髋关节结核	附骨痰
	胸椎结核	龟背痰
	腰椎结核	肾俞虚痰
	腰椎结核所致结核性瘘管	肾俞瘘
	指关节结核	蜣螂蛀
	膝关节结核	鹤膝痰（风）
	距小腿关节结核	穿拐痰
	跟骨结核	足跟疽
	颈部淋巴结核	瘰疬
	结核性瘘管	鼠瘘
	锁骨上窝淋巴结核	缺盆疽
	胸腋部淋巴结核	渊疽
	小腿慢性溃疡	臁疮
	丝虫病感染所致下肢淋巴水肿	大脚风
	血栓闭塞性脉管炎、闭塞性动脉硬化症	脱疽
	下肢血栓性深静脉炎	股肿
	血栓性浅静脉炎	静蛇毒
	下肢静脉曲张	青筋腿

续表

科别	西医病名	中医病名
妇儿科类	更年期综合征	绝经前后诸征
	先兆流产	胎漏、胎动不安
	难免流产	胎动欲堕
	不全流产	堕胎、小产
	完全流产	堕胎、小产、暗产
	过期流产	胎死不下
	习惯流产	滑胎
	妊高征	子肿、子晕、子痫
	产褥感染	产后发热
	子宫脱垂	阴挺
	营养不良	疳积
	婴儿腹泻	腹泻
	急性呼吸道感染	小儿感冒
	急性支气管炎	咳嗽
	急性肾小球肾炎	水肿
	泌尿感染	淋证
	营养性缺铁性贫血	血虚、萎黄、虚痨、疳证
	麻疹	麻疹
	风疹	风沙
	流行性腮腺炎	痄腮
	急惊风（惊厥）	惊风、抽风